PRÄZISIONSMUNITION FÜR WIEDERLADER

Robert Albrecht

Motor
buch
Verlag

Einbandgestaltung: Frank Zähringer

Bildnachweis: Die zur Illustration dieses Buches verwendeten Aufnahmen stammen – wenn nicht anderes vermerkt ist – vom Verfasser beziehungsweise von den Herstellern der gezeigten Artikel.

ISBN: 978-3-613-03892-9

1. Auflage 2016

Sie finden uns im Internet unter www.motorbuch-verlag.de

Lektorat: Martin Gollnick
Innengestaltung: WS – WerbeService Linke, 76185 Karlsruhe
Druck und Bindung: Graspo CZ, 76302 Zlin
Printed in Czech Republic

Inhaltsverzeichnis

Theoretisch besteht kein Unterschied zwischen Theorie und Praxis. In der Praxis dagegen schon![1]

1 Das Zitat wird im Allgemeinen Yogi Berra bzw. Jan van de Snepscheut zugewiesen, stammt aber wohl von Walter J. Savitch

Vorbemerkung

Vielleicht gehören Sie, lieber Leser, so wie der Autor zu den Menschen, die Vorworte meist ungelesen überspringen. Machen Sie diesmal eine Ausnahme. Im Gegenzug verspreche ich, mich kurz zu fassen.

Wenn Sie »Präzisionsschießen – Ein Leitfaden für alle Langwaffenschützen« gelesen haben, werden Sie feststellen, dass im vorliegenden Buch – das gewissermaßen Band 2 zu genanntem Titel darstellt – einige Passagen wiederholt werden. Das schien mir angebrachter, als immer wieder »Siehe Band 1« zu schreiben, zumal der ja in vielen Fällen nicht einmal zur Hand sein mag.

»Präzisionsmunition« beschreibt sehr detailliert, wie akkurat schießende Munition geladen wird. Die gesetzlichen Rahmenbedingungen und Voraussetzungen habe ich dagegen außen vor gelassen. Die vermittelt der Wiederladekurs, den jeder Anwärter auf einen Sprengstofferlaubnisschein nach § 27 Sprengstoff-Gesetz in jedem Fall durchlaufen muss.

Warum überhaupt Wiederladen? Schließlich gibt es ein schier unüberschaubares Angebot an fabrikgeladener Munition. Hier wird meist der preisliche Vorteil von »Handloads« ins Feld geführt. Das ist meist auch richtig – aber es ist nicht das entscheidende Argument. Es mag überraschen, aber: handgeladene Munition ist besser! Jedenfalls dann, wenn der Wiederlader alles richtig gemacht hat. Das ist wie in der Mode, nur noch viel ausgeprägter. Die Hersteller von Textilien haben inzwischen nämlich begriffen, dass ihre Kunden nicht alle den gleichen Körperbau haben, und ihr Sortiment um Sondergrößen für kleine Beleibte und dürre Bohnenstangen erweitert. SAAMI und CIP arbeiten aber noch immer nach denselben Kriterien wie vor 90 bzw. 100 Jahren. Die Patrone am äußersten, oberen Toleranzbereich muss in das Lager mit unterstem Toleranzbereich passen. Deshalb verhält sich handgeladene Munition zur Konfektionsware so wie ein Maß-Schuh zu einem Treter aus dem Online-Katalog.

Ich habe mich redlich bemüht, die praktischen Aspekte des Wiederladens in den Vordergrund zu stellen. Aber so ganz ohne Theorie geht es auch diesmal nicht. Außenballistik ist nun mal angewandte Physik. Anders als in Band 1 werden diesmal aber auch die Neueinsteiger fündig. Die »alten Hasen« mögen mir verzeihen, aber auch den Schützenbrüdern, die bereits mehr über das Wiederladen vergessen haben, als die meisten anderen überhaupt lernen wollen, wird ein kurzer Rückblick auf ihre ersten »Gehversuche« kaum schaden.

Zuletzt noch ein Hinweis. Dies ist kein Wiederladehandbuch im klassischen Sinn. Sie benötigen nach wie vor eines der – wie ich meine – sehr guten Bücher von Nosler, Hornady, Sierra, Berger oder VihtaVuori, um nur einige zu nennen. Bei der Auswahl ist zu bedenken: Handbücher von Pulverherstellern listen nur deren eigene Pulver. Hersteller von Geschossen führen verschiedene Pulver auf, aber nur ihre eigenen Geschosse. Und alle laden nach SAAMI oder CIP und weisen bestenfalls in der Einführung darauf hin, dass es möglich ist, höhere Schussleistungen bei gleichem oder gar geringerem Druck zu erzielen.

Robert Albrecht
Quickborn, 2016

Haftungsausschluss

Dieses Buch gibt keine Empfehlungen ab. Auf den folgenden Seiten wird beschrieben, was andere Schützen und Wiederlader getan haben, um die Leistung und Treffsicherheit ihrer Waffe zu verbessern.

Benchrestschützen z. B. verschießen – nicht nur gelegentlich, sondern dauernd – Ladungen, die am absoluten Maximum liegen. Benchrestschützen verwenden andererseits handgefertigte Systeme, die von kompetenten Büchsenmachern aus hochlegiertem, wärmebehandelten Werkzeugstahl gefertigt wurden.

Darüber hinaus – und das ist einmal eine Regel ohne Ausnahme – sind Benchrester absolute Experten, wenn es ans Wiederladen geht.

Ich kann jedem Novizen in Fragen der Ladungsentwicklung nur dringend raten, die in den Wiederladehandbüchern angegebenen Maximalladungen mit größtem Respekt und sehr vorsichtig anzugehen und sich anfangs strikt an das zu halten, was ihm im Wiederladekurs vermittelt wurde. Der Zeitpunkt für Experimente jedenfalls ist frühestens gekommen, wenn er gelernt hat, die Zeichen von Überdruck sicher zu lesen und zu deuten und er in der Lage ist, die Widerstandsfähigkeit seiner Waffe objektiv zu beurteilen.

Die Verantwortung für die Sicherheit der von Ihnen geladenen Munition kann und wird Ihnen niemand abnehmen: nicht der Autor dieses Buches, nicht der Verlag und auch nicht der Beamte, der Ihre Wiederladeerlaubnis ausgestellt hat. Deshalb gilt:

Verlag und Autor übernehmen keinerlei Haftung für materielle Schäden einschließlich direkter oder indirekter Folgeschäden oder Personen-Schäden, die sich aus der Verwendung von Daten und/oder Angaben, die in diesem Buch aufgeführt oder gemacht werden, in direkter oder indirekter Weise ergeben könnten. Das Risiko, die Verantwortung sowie die Haftung für alle vorstehend beschriebenen Schäden trägt ausschließlich der Wiederlader.

Jede Änderung an einer Schusswaffe, die die Sicherheit dieser Waffe in irgendeiner Weise beinträchtigen könnte, darf nur von einem zugelassenen Büchsenmacher ausgeführt werden. Unter Umständen ist eine Überprüfung durch das zuständige Beschussamt erforderlich.

Die gesetzlichen Vorschriften für die Lagerung von Schießpulver sind einzuhalten.

Die Nennung von Lieferanten stellt weder eine positive noch eine negative Empfehlung dar.

Sicherheitsgebote für Wiederlader

Diejenigen Mitbürger, die ein reges Interesse am Schießen und Wiederladen erkennen lassen, sind in den Augen vieler von Gutmenschen dominierten Medien entweder Waffennarren oder von Minderwertigkeitskomplexen geschüttelte Individuen, denen man genau auf die Finger schauen muss. Eine schlechte Presse haben wir also schon; es wäre deshalb mehr als bedauerlich, wenn jemand durch Unachtsamkeit einen Unfall verursacht und auf diese Weise Journalisten wie Politikern weitere Munition in die Hände spielt, um unser verbrieftes Recht auf Waffenbesitz weiter auszuhöhlen.

Es ist deshalb in unserem ureigensten Interesse, die nachfolgenden 20 Gebote für Wiederlader nicht nur zu befolgen, sondern sie auch dem Nachwuchs – bzw. unseren Kindern – nahezubringen.

1. Pulver sind immer im Original-Behälter zu verwahren. Verwahren heißt: Lagern im Waffenschrank, zu dem niemand außer uns selbst den Schlüssel hat.
2. Zünder sind in den Originalbehältern zu verwahren. Ein mit Zündern gefülltes Gurkenglas ist eine tickende Zeitbombe. (Das mit der Bombe dürfen Sie ruhig wörtlich nehmen!)
3. Auch wenn Sie passionierter Raucher sind: Schießpulver und offenes Feuer (Heizlüfter) passen nicht gut zusammen.
4. Achten Sie darauf, dass Sie beim Wiederladen nicht abgelenkt werden. Hannibal Lecter im Fernsehen schauen und Wiederladen sind beides vergnügliche Beschäftigungen: aber bitte nicht gleichzeitig. Auch die Kinder sollten sich dran gewöhnen: Wenn Papa oder Mama laden, haben sie Sendepause. Wenn der Hund unter dem Tisch liegt, Ihnen bei der Arbeit zuschaut und froh ist, dabei zu sein, dann spricht wenig dagegen. Wenn allerdings Ihre Katze auf der Werkbank herumturnt, voller Begeisterung den (natürlich) offenen Behälter mit Zündern vom Tisch schiebt, sich dann königlich amüsiert, wie Sie auf allen Vieren herumkrabbeln und nie ganz sicher sind, ob sie jetzt wirklich alle Zünder gefunden haben: Glauben Sie mir; so etwas fördert die Konzentration nicht im Geringsten.
5. Stellen Sie nur die Komponenten zusammen, die sie für den anstehenden Ladevorgang brauchen. Alle anderen werden weggeräumt.
6. Inspizieren Sie alle Hülsen auf Schäden. Das können Risse oder Falten sein. Wenn sie für ein reduziertes Lager laden: sind die Hälse auf Maß gedreht? Nehmen Sie ein Geschoss als Grenzlehrdorn und kontrollieren Sie, ob sich am Übergang Hals/Schulter ein Donut, d. h. ein Metallwulst gebildet hat.
7. Verwenden Sie den richtigen Geschossdurchmesser? Dass man ein Geschoss für die 8 x 57 J Mauser aus der 8 x 57 JS verschießen kann, aber nicht umgekehrt, hat sich ja allgemein herumgesprochen. (Die JS ist 0,127 mm dicker). Aber es gibt auch die (meist finnische) Mosin Nagant im Kaliber 7,62 x 53R, die .308"-Geschosse verschießt, und die aus russischer Produktion (7,62 x 54R) mit einem Kaliber von .312". Hier haben wir die gleiche Situation wie bei der 8mm Mauser. Ähnliches gilt für eine ganze Reihe von Kalibern, die mit

Geschossen im Kaliber .312" geladen werden. Verwenden wir da das dünnere Geschoss, leidet unter Umständen die Präzision. Aber im umgekehrten Fall (soll heißen, ein Geschoss mit D = 0.312" in einer 30-06)??? Da steigt der Verbrennungsdruck weit über das sichere Maximum.

8. Wie wir noch sehen werden, sind nicht alle Pulverlose gleich. Wenn wir also eine neue Dose Pulver (mit neuer Losnummer) kaufen, ist eine Reduzierung der Ladung um 5 % angesagt.
9. Bei sehr degressiven (langsamen) Pulvern sollte die Maximalladung um nicht mehr als 15 % unterschritten werden.
10. Pistolenzünder bitte nur in Pistolen, Büchsenzünder nur in Büchsen verwenden.
11. Wenn Sie eine Maximalladung unter Verwendung eines Standardzünders ermittelt haben, bewirkt das Umsteigen auf Magnum-Zünder einen weiteren Druckanstieg. Also Ladung reduzieren.
12. Verwenden Sie niemals Pulver unbekannter Herkunft und/oder Abbrandrate.
13. Wenn Sie Blei-Geschosse laden, stellen Sie sicher, dass die verwendete Legierung eine für den vorgesehenen Druck ausreichende Härte hat.
14. Nach dem Laden ist die Munition sauber und erkennbar zu kennzeichnen (Kaliber, Pulver, Geschossgewicht, Zünder).
15. Es ist ein Trugschluss, zu glauben, eine Patrone ohne Pulver sei ungefährlich. Wenn Sie diese Patrone abfeuern, entwickelt der Zünder unter Umständen genügend Druck, um das Geschoss einige Zentimeter weit in den Lauf zu treiben. Das allein ist schon ärgerlich genug. Aber richtig aufregend wird die Angelegenheit, wenn Sie – leicht verwirrt vom Wettkampfstress – eine neue, diesmal mit Pulver gefüllte Patrone nachladen und abfeuern. Also: vor dem Geschosse setzen durch Augenschein überprüfen, ob alle Hülsen befüllt sind.
16. Wenn Sie vergessen, eine zu lange Hülse auf ihre Länge zu überprüfen, sie laden und anschließend ins Patronenlager würgen, dann können Sie davon ausgehen, dass sich die ganze Chose verkeilt. Bis dahin ist nicht viel passiert. Aber wenn sie jetzt auch noch den Abzug betätigen, wird es aufregend.
17. Eine Maximalladung, die Sie bei kühlem Wetter ermittelt haben, wird im wahrsten Sinne des Wortes zu heiß, wenn sie die Patronen im Sommer einige Stunden bei 60 °C im Auto gelagert haben.
18. Machen Sie aus Vollmantelgeschossen keine Dum-Dum-Geschosse. Wenn Sie vorne den Geschosskopf abfeilen und dieses Geschoss anschließend abfeuern, besteht die gute Möglichkeit, dass der Kern aus dem Mantel flutscht wie eine Banane. Der Mantel bleibt im Lauf zurück, und beim nächsten Schuss: siehe Punkt 15.
19. Bleiben Sie skeptisch. Falscher Optimismus beim Dosieren der Pulvermenge kann der Gesundheit abträglich sein. Beim Wiederladen gibt es kein »Wird schon schiefgehen«.
20. Hinterfragen Sie die Ladedaten im Handbuch. Der Setzer war auch nur ein Mensch. Druckfehler kommen überall vor. Wenn ihnen ein Wert seltsam vorkommt, seien Sie skeptisch. Bei der Pulvermenge z. B. können Sie schnell einen Abgleich mit den Werten anderer Pulver ähnlicher Abbrandrate vornehmen.

Bevor es jetzt endlich richtig losgeht, noch ein Wort vom Verfasser. Der nachfolgende erste Teil heißt »Wiederladen für Einsteiger«. Die alten Haudegen unter meinen Lesern mögen mir verzeihen, wenn ich mich in diesem Kapitel fast nur an der Oberfläche bewege. Aber das »für Einsteiger« ist wörtlich gemeint. Wenn jemand schwimmen lernt, dann fühlt er sich in aller Regel in flacherem Wasser, in dem er zur Not noch stehen kann, wohler.
Doch ich verspreche hoch und heilig: Ab dem Kapitel »Die Herstellung gegossener Bleigeschosse«, also noch vor Beginn des zweiten Teils, wird es anspruchsvoller.

Teil 1: Wiederladen für Einsteiger

Aufbau einer Patrone

Hülsen

Alle Patronen (hülsenlose Testmunition für das Militär lassen wir mal außen vor) bestehen aus vier Komponenten.

Hülse (case, cartridge case, als Sammelbegriff auch: brass)
Geschoss (bullet)
Pulver (powder)
Zünder (primer)

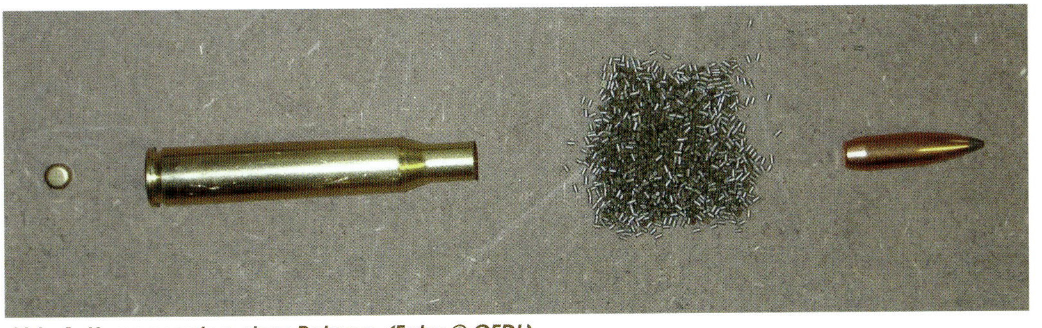

Abb. 1: Komponenten einer Patrone. (Foto: © GFDL)

Von diesen vier Komponenten ist die Hülse bei der Herstellung mit Abstand am teuersten. Wer also wiederlädt, reduziert die Kosten seiner Munition ganz erheblich. Denn eine Hülse kann sehr oft wiedergeladen werden, bevor sie endgültig unbrauchbar wird.
Hülsen bestehen meist aus Messing, blank oder vernickelt, gelegentlich auch aus vernickeltem Stahl bzw. aus Aluminium. Es gibt fünf grundsätzlich verschiedene Formen, was kein Problem darstellt, solange die Formen von Patronenlager und Hülse aufeinander abgestimmt sind.

Der eine oder andere Leser mag sich fragen: eingezogener Rand?? Halbrand?? Warum macht man so was? Die Antwort ist ziemlich einfach. Fast alle existierenden Patronen gehen auf vier oder fünf Ausgangspatronen zurück. Dann wurde experimentiert, d. h. Kaliber wurden geändert, oder die Patrone musste für einen anderen Waffentyp modifiziert werden, der zum Beispiel einen Patronenrand erforderlich machte. Man hätte natürlich auch die Waffen an die neue Patrone anpassen können.
Die Waffenindustrie machte da aber nicht mit. Ein gegebenes System hat nun mal eine gegebene Länge und einen vorgegebenen Stoßboden. Die Kosten ließen und lassen es nicht zu, dass man die Waffen an die Patronen anpasst. Also passte man die Patronen an.

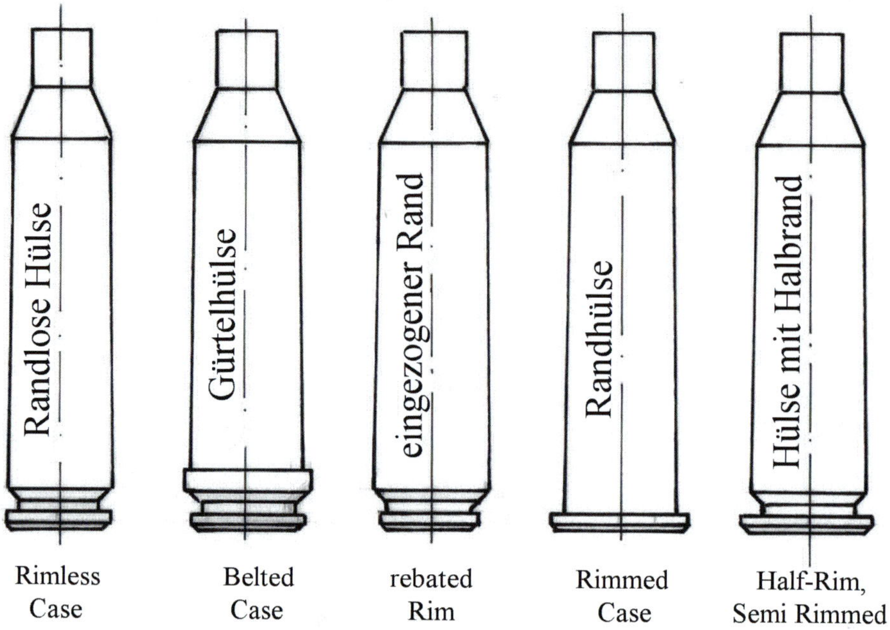

Abb. 2: Hülsenformen.

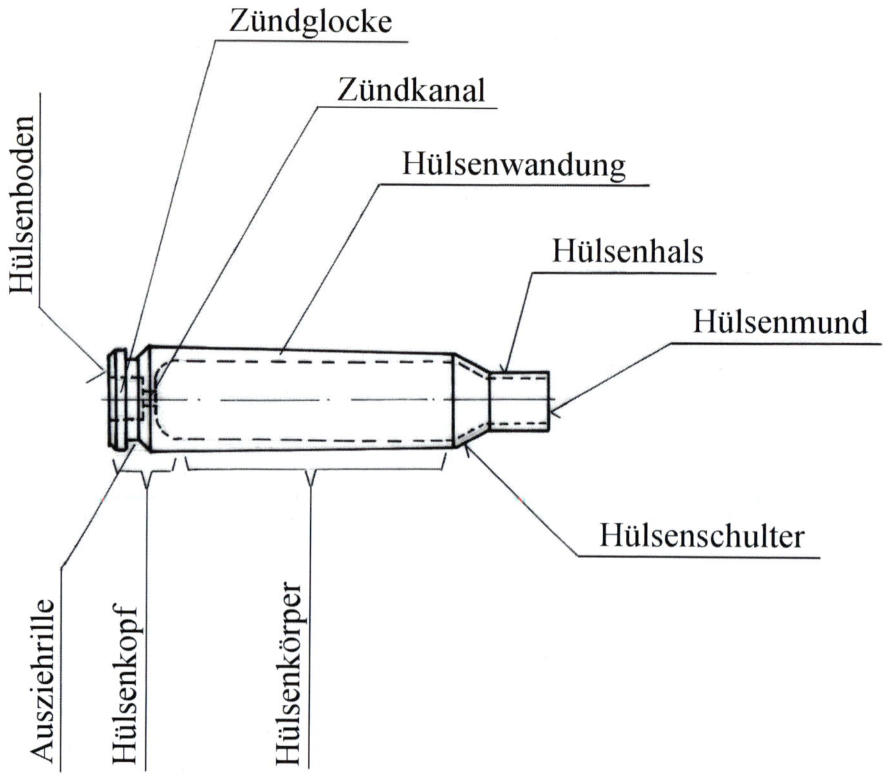

Abb. 3

Patronen, bei denen das Kaliber fast so groß ist wie der Hülsendurchmesser, haben keinen Hals und keine Schulter. Beispiele hierfür sind die 505 Gibbs, 458 Win Mag, die 50 Beowulf, die 500 Nitro Express, die 45-70 Government, die 444 Marlin sowie die meisten Hülsen für Faustfeuerwaffen.
Die einzelnen Bereiche einer Patronenhülse haben ihre eigenen Namen, die man als Wiederlader kennen sollte.

Falls Sie einmal ein englischsprachiges Fachbuch aufschlagen, hier sind die Übersetzungen:
Hülsenmund = Case Mouth
Hülsenhals = Neck
Hülsenschulter = Shoulder
Hülsenkörper = Body
Hülsenwandung = Case Wall
Hülsenkopf = Case Head
Hülsenboden = Case Base
Ausziehrille = Extractiongroove
Zündglocke = Primerpocket
Zündkanal = Flashhole
Das Stück, in dem sich der Zündkanal befindet, heißt auf Englisch »Web«.
Auf eines müssen wir achten. Hülsen aus Militärbeständen haben gelegentlich einen sogenannten Berdan-Zünder. Meist (aber nicht immer) für Faustfeuerwaffen.

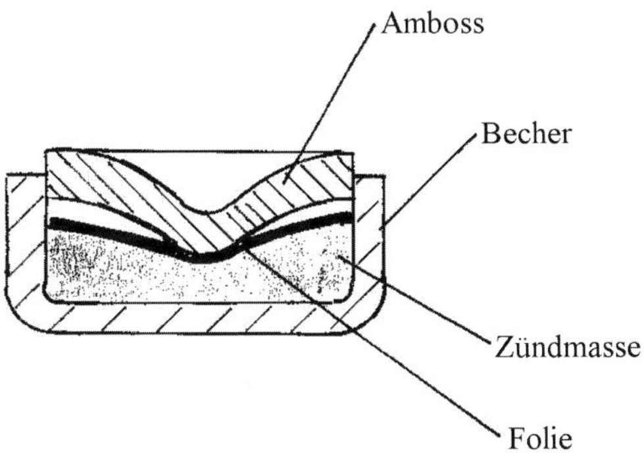

Abb. 4: Boxer-Zünder.

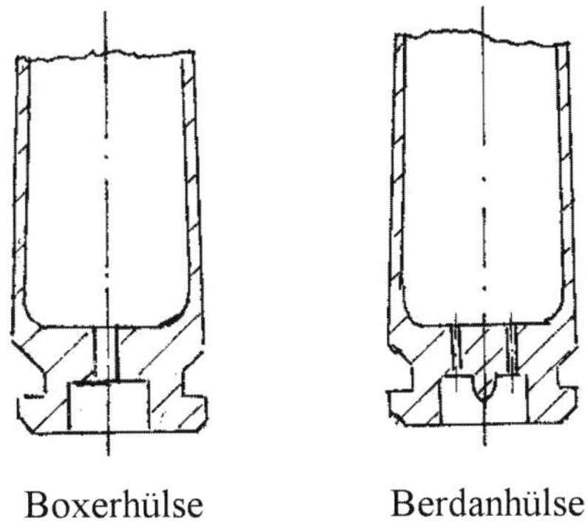

Abb. 5

Anders als Boxer-Zünder haben Berdan-Zünder keinen eigenen Amboss. Dieser ist bei der Berdan-Zündung Teil der Hülse. Aus diesem Grunde hat man hier zwei sehr kleine Zündkanäle, die im Außenbereich der Zündglocke untergebracht sind. Folge: Man kann den abgerannten Zünder nicht einfach mit einem Dorn ausstoßen. Es stimmt zwar nicht, dass man diese Hülsen nicht wiederladen kann, aber es ist mühsam.
Prinzipiell gibt es dafür zwei Methoden. Bei der ersten bohrt man irgendwie einen spitzen Dorn in den Zünder, schiebt, bis man einigermaßen Grip hat, und versucht dann, den Zünder herauszuhebeln. Bei der zweiten Methode stellt man die Hülse in einen Ring, der den Zünder aufnehmen kann, füllt sie bis zum Hülsenmund mit Wasser, steckt einen kalibergroßen Holzdübel in den Hülsenhals und versucht, den Zünder mit einem Hammer hydraulisch auszustoßen. Das geht.

Abb. 6: Delle am Hülsenmund.

Aber glauben Sie mir; es ist ein mühsames Geschäft. Also, selbst wenn Sie solche Hülsen preiswert angeboten bekommen: Finger weg.
Fortgeschrittene Wiederlader wiegen ihre Hülsen und gruppieren nach Gewicht. Dann werden die Hülsenhälse auf Wanddickenschwankungen gemessen. Ausreißer werden eliminiert. Für diese Messung verwendet man entweder eine Mikrometerschraube zum Messen von Rohrwanddicken oder eine Messuhr.
Die beiden vorgenannten Messungen kann man auch als Anfänger machen. Von allem, was darüber hinausgeht (Feuerformen, Hülsenhälse abdrehen, Hülsenboden plandrehen etc.), lassen wir zunächst aber mal die Finger.
Bevor wir unsere Hülsen wiederladen, werden sie auf Beschädigungen kontrolliert. Leichte Dellen am Hülsenmund (Abb. 6) sind kein Problem. So eine Delle verschwindet beim Kalibrieren. Falten oder Lunker sind eine andere Sache. Solche Hülsen gehen in den Müll. Hülsen, die Risse aufweisen, sind natürlich Schrott und können nicht wiedergeladen werden.

Speziell bei Hülsen für Faustfeuerwaffen kann es vorkommen, dass das Messing im Hülsenmundbereich durch Kaltverfestigung zu hart wird. Solche Hülsen reißen dann gern im Bereich des Hülsenmundes. Wenn sich solche Ausfälle häufen, kann man sich helfen, indem man die Hülsenhälse weichglüht. Dazu Hülsen mit dem Mund nach oben auf ein Backblech stellen, mit Wasser auffüllen, bis nur noch 5 bis 6 mm Hülse herausschauen. Dann mit einer Löt- oder Flambier-Lampe die Hälse erwärmen, bis sie graublau werden (nicht bis auf Rotglut). Anschließend stößt man sie um, sodass sie im Wasser abgeschreckt werden. Wenn Sie keine Lötlampe haben, versuchen Sie es mit dem Grill und 300 °C.
Bei den Sicherheitsgeboten wurde bereits der Donut angesprochen. Das ist ein Messingwulst im Übergangsbereich von der Schulter zum Hals, der dadurch entsteht, dass bei wiederholtem Laden Schultermaterial nach vorn in den Hals fließt. Auch wenn wir beim Rekalibrieren den Wulst an die Außenseite drücken: Der Hals bleibt an dieser Stelle dicker. Wenn wir jetzt ein (langes) Geschoss so tief setzen, dass der zylindrische Führungsteil des Geschosses innerhalb des Donuts liegt, wird es im Patronenlager festgeklemmt. Bei der Schussabgabe erhöht sich der Verbrennungsdruck dramatisch. Und selbst, wenn die Erhöhung noch im sicheren Limit liegt: die Schusspräzision geht auf jeden Fall über Bord. Was ist also zu tun?
Zunächst benutzen wir ein Geschoss als Grenz-Lehrdorn und schieben es mit dem Boden voran in den Hülsenmund. Dort ist der Innendurchmesser nach der Schussabgabe größer als nach dem Kalibrieren. Das Geschoss sollte sich deshalb mit (geringem) Spiel einführen lassen. Wenn Sie dann feststellen, dass die Halsöffnung im unteren Bereich so eng wird, dass Sie das Geschoss nur mit Kraft oder gar nicht weiterschieben können, liegt ein Donut vor.
Wie beseitigen? Messen Sie den Innendurchmesser des Halses oberhalb des Donut (VOR dem Rekalibrieren, bitte). Dann erwerben Sie (gibt's anno 2016 bei ebay ab 10 €) eine verstellbare Reibahle für eben diesen Durchmesser. Mit der entfernen Sie den Donut so weit, bis Ihr »Grenzlehrdorn« auf dem ganzen Weg das gleiche Spiel hat.

Das klingt komplizierter, als es wirklich ist. Und es ist überhaupt nicht gesagt, dass Sie jemals Donut-Probleme haben werden. Falls aber doch: Sie wissen jetzt, wie man das kontrolliert und beseitigt.

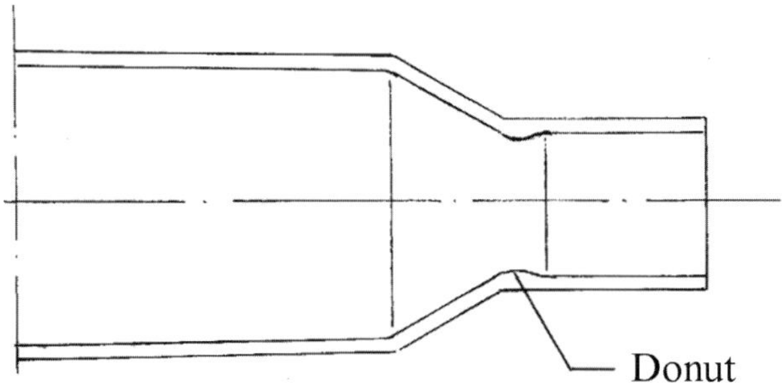

Abb. 7

Aber ob wir nun irgendwann Donut-Probleme bekommen oder nicht. eines geschieht in jedem Fall: Unsere Hülsen werden bei jedem Wiederladen ein wenig länger. Die im Wiederladehandbuch angegebene Hülsenlänge darf aber auf keinen Fall überschritten werden, sonst passt die Patrone nicht mehr ins Lager. Im Falle der 30-06 beträgt die Maximallänge der Hülse 63,35 mm. Es hat aber überhaupt keinen negativen Einfluss, wenn die Hülse etwas kürzer ist. Jedes Maß zwischen 63,0 und 63, 35 ist okay.

Geschosse

Bei den Geschossen gibt es grundsätzlich zwei Typen, und von denen dann unzählige Varianten, je nach Verwendungszweck. Zunächst einmal haben wir die Wahl zwischen Blei- und Mantelgeschossen. Letztere sind Geschosse mit einem Bleikern und einem Mantel aus Messing, Bronze oder Stahl. Außerdem gibt es noch aus Bronze oder Kupfer gedrehte Monolith-Geschosse – aber die sind etwas für fortgeschrittene Wiederlader und interessieren uns erst später. Der grundlegende Unterschied zwischen Blei-und Mantelgeschossen liegt in der Härte des Führungszylinders. Mantelmaterialien sind viel härter als jede noch so hochgezüchtete Bleilegierung und deshalb gegen alle bei der Schussabgabe auftretenden Belastungen widerstandsfähiger.
Deshalb kann man grundsätzlich sagen: Bleigeschosse werden für kurzläufige Waffen verwendet, die mit niedrigen Drücken und geringer Mündungsgeschwindigkeit operieren. Beispiele sind die 9mm Para, 10mm Auto, 45 Auto, 38 Special, 44 Special (Gruppe 1). Hier sind Bleigeschosse völlig ausreichend. Das Gleiche gilt (mit Einschränkung) auch für die heißeren Kaliber wie 357 Magnum, 357 Remington Maximum, 375 Super Magnum, 44 Rem Magnum und unter Umständen auch noch für die 454 Casull (Gruppe 2). Alle bisher genannten Patronen kann man natürlich auch mit Mantelgeschossen laden, muss aber nicht.
Wenn hier von Bleigeschossen die Rede ist, dann ist nicht reines Blei gemeint, sondern eine Bleilegierung, der Zinn, Antimon und meist auch etwas Wismut zugefügt wurde. Auf die Eigenschaften von Bleilegierungen komme ich später detailliert zurück. Im Moment reicht es uns, zu wissen, dass Patronen aus der ersten Gruppe Geschosse benötigen, die so hart sind, dass man sie mit dem Daumennagel nicht mehr anritzen kann.
Dabei ist zu bedenken, dass gekaufte Bleigeschosse entweder gegossen oder fließgepresst (swaging) sein können. Gegossene Geschosse – und selbst gemachte Geschosse sind gegossen – können jede mit einer Bleilegierung erzielbare Härte haben. Gepresste Geschosse sind dagegen viel weicher und auch mit einer Beschichtung auf Mündungsgeschwindigkeiten von ≤ 330 m/s (also den Unterschallbereich) beschränkt. In der Folge ist also von gegossenen Geschossen die Rede.

Geschosse, die die »Nagelprobe« bestanden haben, reichen in der Regel auch für Patronen der Gruppe Zwei, vorausgesetzt, die Geschosse wurden sauber kalibriert und gefettet, liegen in der oberen Hälfte des Gewichts-Bereiches für diese Patrone und werden einigermaßen unter Maximum geladen. Als Grenzwert gilt eine Mündungsgeschwindigkeit von ungefähr 460 m/s (1500 f/s). Wird diese v_0 überschritten, ist ein Gas Check und eventuell eine Geschossbeschichtung mit MoS_2 oder WS_2 angesagt. Einfacher ist es, eine härtere Legierung zu verwenden. Dazu später mehr.

Das gleiche gilt für Langwaffen. Auch aus diesen lassen sich Bleigeschosse verschießen. Wir dürfen hier aber keine Mündungsgeschwindigkeiten im Magnum-Bereich und keine Benchrest-Präzision erwarten.

Eine feste Grenze gibt es hier nicht. Man muss ausprobieren, bis zu welcher Ladung der Aufwand erträglich bleibt, den man betreiben muss, um die Bleiablagerungen aus dem Lauf zu entfernen. Wenn diese Grenze überschritten wird, müssen wir eine härtere Legierung (genannt Letternmetall) anmischen. Also auf jeden Fall eine Legierung, deren Druckfestigkeit über dem Verbrennungsdruck liegt. Dazu mehr im Kapitel »Blei und Bleilegierungen«.

Nicht alle Faustfeuerwaffen akzeptieren Bleigeschosse. »Pistolen« wie die Thompson/Center Contender oder die T/C Encore, die Remington XP-100 oder die Wichita, die mit Lauflängen von zehn bis zwölf Zoll (254–305 mm) eher Büchsen ohne Hinterschaft darstellen, wird man immer mit Mantelgeschossen laden. Die werden zur Jagd bzw. zum Metallic-Silhouette-Schießen verwendet. Da kommt es einzig auf die Performance an.

Das Gleiche gilt für die wirklich heißen Kaliber: 480 Ruger, 475 Linebaugh oder 500 Smith & Wesson Magnum. Wer sich so eine Kanone anschafft, will es natürlich krachen lassen, und das Maximum holt man aus einer Waffe nun mal mit Mantelgeschossen heraus.

Es gibt noch einen weiteren grundlegenden Unterschied zwischen gegossenen Blei- und Mantelgeschossen. Bei ersteren ist es eine Kleinigkeit, Schmier- und Crimp-Rillen am Umfang anzubringen. Bei Mantelgeschossen ist das nur nachträglich möglich. Umgekehrt ist die Ausführung einer Hohlspitze bei Mantelgeschossen ein Kinderspiel, bei Gießkokillen für Bleigeschosse dagegen mit viel Aufwand verbunden.

Bleigeschosse kommen in den unterschiedlichsten Formen daher. Die wichtigsten sind:
Typische Anwendungen sind:

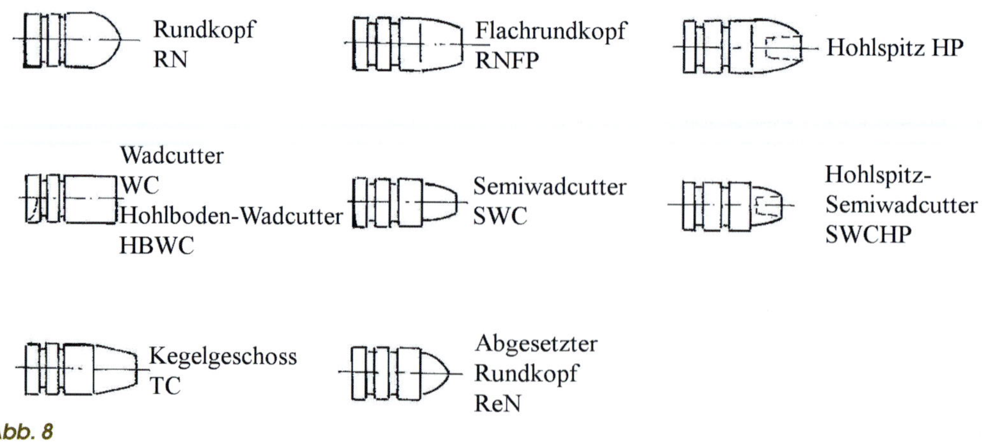

Abb. 8

Rundkopf (Round Nose, RN): Standarddesign für halbautomatische Pistolen. Diese Geschossform ergibt bei hinreichender Härte maximale Sicherheit gegen Ladehemmungen sowie bei der Zufuhr ins Patronenlager minimale Verformung des Geschosskopfes durch die Zufuhrrampe. Allzweck-Geschoss.
Flacher Rundkopf, (Round Nose Flat Point, RNFP): Variabler Ogivenradius mit flacher Spitze. Basisdesign für viele Hohlspitzgeschosse für Faustfeuerwaffen. Standardgeschossform für halbautomatische Pistolen im Kaliber 40 bzw. 10 mm. Verwendung wie RN.
Hohlspitz-Geschoss (Hollow Point, HP): Äußere Form wie RNFP. Durch die Hohlspitze besseres Aufpilzen. Verwendung vorwiegend zur Selbstverteidigung und zur Jagd.
WadCutter, WC, und Minie Wadcutter, HBWC: Die scharfe Schnittkante ergibt auf der Scheibe maximale Lochgröße. Deshalb (über kurze Entfernungen) gut geeignet als Sportmunition, solange auf Papier geschossen wird. Nicht für Halbautomaten geeignet.
Semi Wadcutter, SWC: Kombiniert die Vorteile des RN-Geschosses mit denen des Wadcutters. Allzweckgeschoss.
Hohlspitz-Semiwadcutter, HPSWC: Wadcutter mit verbessertem Aufpilzvermögen. Vorwiegend für die Jagd und zur Selbstverteidigung.
Kegelgeschoss (Truncated Cone, TC): Universalgeschoss für Halbautomaten, Revolver und Langwaffen.
Abgesetztes Rundkopfgeschoss (Rebated Nose, ReN): RN-Geschoss mit scharfer Schnittkante. Verwendung wie SWC, aber mit verbesserter Zufuhr ins Patronenlager.
Mantelgeschosse haben – wie der Name schon sagt – einen Mantel. Der Mantel ist nichts als ein Messing- oder Bronzebecher mit einem Kern aus nichtlegiertem Blei, die dann gemeinsam in die gewünschte Form gepresst wurden. Dazu gleich mehr.
Es gibt aber eine Zwischenform, den bereits oben erwähnten Gas Check. Das ist im Prinzip ein sehr kurzer Mantel aus Kupfer von zirka 2–3 mm Länge. Der Gas Check wird vor dem Kalibrieren eines gegossenen Geschosses auf den Geschossboden gesetzt. Aus Kalibrieren und Fetten wird dann Gas Check setzten, Kalibrieren und Fetten.
Der Gas Check erfüllt gleich zwei Aufgaben.

1. Er ist härter als Blei, verkraftet also höhere Gasdrücke. Der Geschossboden verformt sich weniger.
2. Er wirkt dem sogenannten Gas Cutting entgegen.

Ich vermute, letzteres ist auch der Grund für die Bezeichnung »Gas Check«. Das Gas Cutting ist die Tendenz der Verbrennungsgase, sich am Geschoss vorbeizudrängeln. Besonders bei Bleigeschossen führt das verstärkt zu Ablagerungen von Blei im Lauf. Auch bei Mantelgeschossen tritt dieser Effekt auf (besonders bei Bootsheck-Geschossen). Aber da ist er nicht so dramatisch wie bei Blei. In Bezug auf die Pulvergase benimmt sich ein Bleigeschoss mit Gas Check also fast wie ein Mantelgeschoss.
Wenn man also sagen kann, für Faustfeuerwaffen sind Bleigeschosse eine überlegenswerte, preiswerte Alternative, so ist das bei Langwaffen nicht so. Hier sind Bleigeschosse eher die Ausnahme.
Geschossmäntel bestehen in der Regel aus Gilding Metal, im Prinzip ein Messing mit extra hohem (95 %) Kupferanteil. In der Regel, nicht immer. Die TIG- und TUG-Geschosse von Brenneke zum Beispiel haben einen vernickelten Stahlmantel, und viele Vollmantel-Geschosse verwenden kupferplattierte Stahlmäntel. Man sagt, plattierte Stahlmäntel reduzierten die Lebensdauer von Läufen. Das ist sicher richtig, aber ob man aus einer Jagdbüchse 23.000 oder 26.000 Schuss abfeuern kann, das ist für mich Jacke wie Hose.

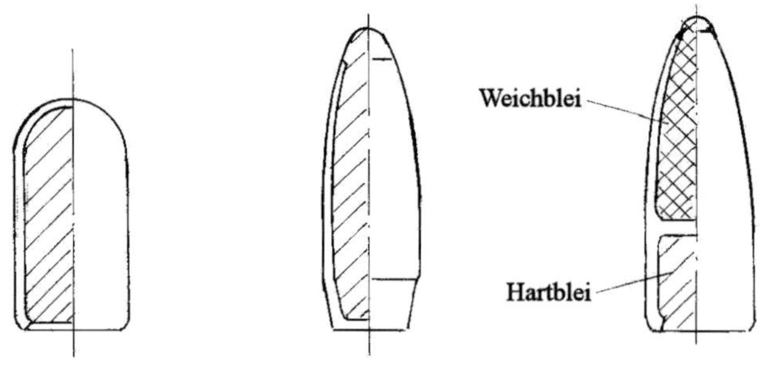

Abb. 9

Aber damit sind wir beim ersten, groben Unterscheidungsmerkmal von Geschossen: Es gibt Vollmantel- (engl.: Solids) und Teilmantel-Geschosse (kein direktes englisches Äquivalent). Um Missverständnissen vorzubeugen: Beide haben prinzipiell den gleichen Aufbau: Ein Bleikern wird in einen Becher gesteckt, bevor man Kern und Mantel in die endgültige Form presst. Der Unterschied liegt darin, dass beim Vollmantel-Geschoss die Einfüllöffnung vorn liegt, beim Teilmantel-Geschoss hinten.

Vollmantel-Geschosse werden in der Regel als Rundkopfgeschosse ausgeführt. Man benutzt sie zur Jagd auf gefährliches, dickhäutiges Wild wie Elefant, Nashorn, Kap-Büffel und Flusspferd. Hier schießt man üblicherweise auf kurze bis sehr kurze Entfernungen. Da ein möglichst tiefer Schusskanal unverzichtbar ist, benötigt man ein Geschoss, das nicht aufpilzt oder sich gar zerlegt, sondern von vorn herein viel Durchmesser und Gewicht mitbringt. Der Mantel muss also einiges aushalten. Die erhöhte Festigkeit von Stahl kommt da sehr gelegen.
Teilmantel-Geschosse sind im Sinne dieser Definition alle anderen.
Der nächste grundlegende Unterschied bei den Geschossformen ist die Ausführung des Hecks. Das Heck kann flach sein, wie oben beim Vollmantel- und Partition-Geschoss, oder es kann sich kegelförmig verjüngen. Flachboden-Geschosse (Flat base bullets, FB) sind über kurze Distanzen (≤ 250 m) präziser. Bootsheck-Geschosse (Boattail bullets, BT) haben einen geringeren Luftwiderstand.
Der Luftwiderstand setzt sich aus drei Teilwiderständen zusammen:

1. Strömungsdruck auf die Geschossspitze
2. Reibung am zylindrischen Führungsteil und
3. Bodensog.

Der prozentuale Anteil des Bodensoges ist keine feste Größe; er ist aber um ein Vielfaches kleiner als der Druck auf die Geschossspitze. Weniger als Vakuum ist am Geschossboden nicht möglich. Der maximal mögliche Sog beträgt also

$$Bodensog_{max} = 10{,}13 \frac{N}{cm^2} \times \frac{d^2\pi}{4},$$

wobei d = Geschossdurchmesser.

Wenn man das Heck als Boattail ausführt, folgt der Luftstrom dieser Verjüngung, und das heißt nichts anderes, als das der wirksame Geschossquerschnitt und damit auch der Luftwiderstand kleiner wird.
Das Bootsheck bringt aber auch Nachteile mit sich:

1. Reduzierte Maßhaltigkeit des Geschosses. Das bedeutet erhöhte Geschossunwucht, schlechtere Schusspräzision. Oder wie sie bei Berger Bullets sagen: Flat is flat!
2. Reduzierung der zylindrischen Führungslänge des Geschosses. Dadurch erhöhter Leistendruck, erhöhte Kippneigung.
3. Erhöhte Tendenz zum Gas Cutting.
4. Erhöhte Störanfälligkeit beim Mündungsaustritt.
5. Beim Laden muss das Geschoss tiefer gesetzt werden. Das bedeutet Reduzierung des verfügbaren Pulverraumes. De facto machen wir unsere Hülse kleiner.

Die Liste der Vorteile von Boattail-Geschossen ist deutlich kürzer:

1. Gestrecktere Flugbahn. Größere Günstigste-Einschieß-Entfernung (GEE). Das bedeutet auch: Schätzfehler der Schussentfernung schlagen weniger zu Buche.
2. Geringere Seitenwindempfindlichkeit.

Generalisierend kann man folgende Tabelle für Sportschützen, die meist über bekannte Entfernungen schießen, und für Jäger aufstellen:

	Entfernung	**Wind**	**Heckform**
Sportschützen	100 m	windstill/windig	FB
	200 m	windstill	FB
		windig	FB oder BT
	300 m	windstill	FB oder BT
		windig	BT
	≥ 300 m	windstill/windig	BT
Jäger	≤ 250 m	windstill/windig	FB oder BT
	≥ 250 m	windstill/windig	BT

Wir haben gesehen, dass der Löwenanteil des Luftwiderstandes durch den Staudruck entsteht, der vorn auf die Geschossspitze wirkt. Jeder kennt das. Wenn man beim Autofahren bei Tempo 200 die Hand aus dem Seitenfenster hält, dann übt der Fahrtwind einen nicht unerheblichen Druck auf unsere Hand aus. (Bei 3600 km/h – das ist die Mündungsgeschwindigkeit eines Büchsengeschosses – würde der Fahrtwind wahrscheinlich die Hand von unserem Arm trennen.) Wenn man dann die Hand dreht, sodass der Daumen nach vorn zeigt, sinkt der Luftwiderstand dramatisch. Was ist passiert? Wir haben dem Fahrtwind nicht nur eine kleinere Widerstandsfläche sondern auch eine windschnittigere Form (mit einem kleineren c_W-Wert) geboten.

So ähnlich geht man auch bei Geschossen vor. Es ist offensichtlich, dass ein Rundkopf-Geschoss mit einem Ogivenradius von 0,5 Kalibern (Abb. 9 links) einen deutlich größeren Luftwiderstand haben wird als ein Geschoss mit einer sehr langgezogenen Spitze (Abb. 9 Mitte). Ogive (engl. ogive, sprich o-jive) ist die Bezeichnung für den Bogen (wenn denn einer da ist), der die Geschossspitze bildet.

Es kommt darauf an, wie viel ein Geschoss relativ zu seinem Kaliber wiegt. Ein schweres Geschoss ist lang und hat somit mehr Platz für eine lange Ogive. Denn etwa 1,5 Kaliber Länge sollten für den zylindrischen Führungsteil übrig bleiben. Bei vergleichsweise leichten Geschossen kann man dann noch eine Ogive mit einem Radius von ca. 7 Kalibern unterbringen. Bei schweren vielleicht 9. Bis zu dieser Grenze ist es möglich, den Ogivenradius tangential – als ohne Übergang – in den Führungszylinder münden lassen. Dann ist Schluss. Möchte man eine noch schlankere Geschossspitze, dann wählt man eine sogenannte Sekanten-Ogive. Bei der Ausführung nimmt man einen kantigen Übergang in den Führungszylinder in Kauf. Die Kante wird dann mit einem kleinen Radius verrundet. Sekanten-Ogiven können mit Radien bis zu 24 Kalibern ausgeführt werden. (Bekannte Vertreter sind das A-Max von Hornady, das Match-King von Sierra und das VLD-Geschoss von Berger.) Es gibt noch eine dritte Variante, die Hybrid-Ogive. Mit der befassen wir uns später, dann aber ausführlich.

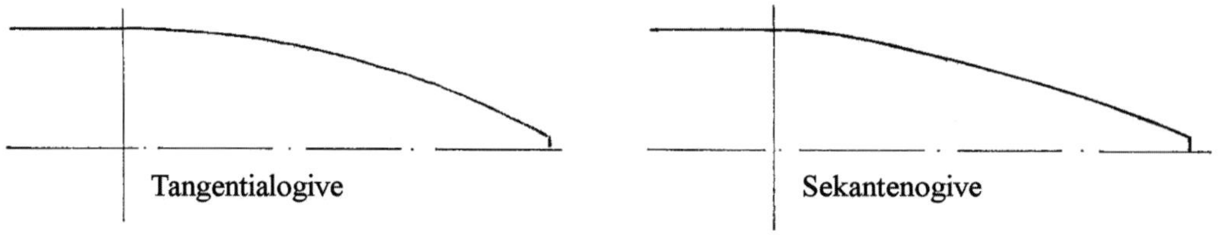

Abb. 10

Langwaffen-Sportschützen verwenden fast ausschließlich Hohlspitzgeschosse mit oder ohne Boattail. Diese Hohlspitzgeschosse sind, anders als der Name vermuten lässt, aber nicht wirklich spitz. Auch bei diesem Geschosstyp findet sich vorn an der Spitze eine kleine Abflachung. Im Französischen nennt man so was einen »méplat« (sprich: me-plah). Die Amerikaner haben in Ermangelung eines eigenen Wortes das französische Lehnwort übernommen und sogar die Aussprache beibehalten. Ich tue jetzt dasselbe: Geschossspitzenabflachung ist mir zu umständlich. Von hier an benutze auch ich: Meplat.

Also dieser Meplat hat einen Durchmesser von 1,4–1,7 mm. Das ist sicher nicht viel, macht sich aber in einer Erhöhung des Luftwiderstandes im Vergleich zu einer theoretischen Spitze bemerkbar. Die Geschosshersteller bieten deshalb Geschosse mit eingepresster Polymer-Spitze an, die aber noch immer einen wirksamen Meplatdurchmesser von etwa einem Millimeter haben und die bei der Herstellung natürlich einer zusätzlichen potenziellen Fehlerquelle ausgesetzt sind. (Als Beispiel sei das Hornady V-Max genannt). Als Jagdmunition über kurze Distanzen sind derartige Geschosse kaum zu toppen. Für wirklich weite Schüsse sowie für Match-Munition würde der Autor aber eine mit einer BCI-Matrize auf 0,8 mm eingezogene Geschossspitze vorziehen, aber dieses Thema wird ausführlich im Kapitel »Nachträgliche Verbesserung des Ballistischen Koeffizienten« behandelt.

Bis zu diesem Punkt waren die Unterschiede der verschiedenen Geschosstypen klar und nachvollziehbar. Und für Sportschützen – für die die Zielballistik in der Regel keine Rolle spielt – ist die Sache damit auch weitgehend abgeschlossen.

Anders sieht es bei der Munition für die Jagd und für die sogenannten taktischen Disziplinen aus. Dort ist die Zielballistik (auch Wundballistik, engl. terminal ballistic) ein entscheidendes Thema. Die Anforderungen, die an das Geschoss gestellt werden, sind zum Teil widersprüchlich, gelegentlich schließen sie sich sogar gegenseitig aus:

1. Das Geschoss soll möglichst windschnittig sein, um das Ziel mit möglichst gestreckter Flugbahn zu erreichen und dort die maximal mögliche Energie abzugeben.
2. Das Geschoss soll klein und leicht sein, um den Rückstoß zu minimieren.
3. Das Geschoss soll möglichst groß und schwer sein, um maximale Energie abgeben zu können.

4. Das Geschoss soll eine maximale Splitterwirkung (Geschoss-Zerlegung) garantieren, um einen möglichst großen Wundkanal zu gewährleisten.
5. Das Geschoss soll möglichst gut zusammenhalten, um so eine maximale Eindringtiefe und – wenn möglich – sicheren Ausschuss zu gewährleisten.

Das sind längst nicht alle Anforderungen, aber ich denke, der Trend ist klar.

Umso überraschender ist es, wie gut die Industrie es geschafft hat, diese sich widersprechenden Anforderungen tatsächlich unter einen Hut zu bringen. Der grundsätzliche Trick ist der, Geschosse zu bauen, die außenballistisch andere Eigenschaften haben als zielballistisch. Die Rede ist natürlich von Geschossen, die stromlinienförmig fliegen, dabei nur wenig abgebremst werden und dann beim Auftreffen auf das Doppelte bis Dreifache ihres Ursprungsdurchmessers aufpilzen, dabei aber trotzdem durch geeignete Maßnahmen zusammenhalten. Diese geeigneten Maßnahmen machen das Know-how der Hersteller aus.

Einer der ersten überhaupt, der sich – erfolgreich – Gedanken darüber machte, wie man die Wirkung von Infanterie-Geschossen für jagdliche Zwecke optimieren könnte, war Wilhelm Brennecke. Seine Untersuchungen ergaben schließlich ein Geschoss, das so gut war, dass es sich bis heute nicht hinter den Neuentwicklungen zu verstecken braucht. Die Rede ist vom Torpedo Ideal Geschoss, kurz TIG, das immerhin schon 1919 in Produktion ging. Das hatte ursprünglich einen Nickel-plattierten Stahlmantel, der inzwischen zu einem Nickel-Kupfer-plattierten Stahlmantel wurde; ansonsten blieb die Konstruktion unverändert (Abb. 11).

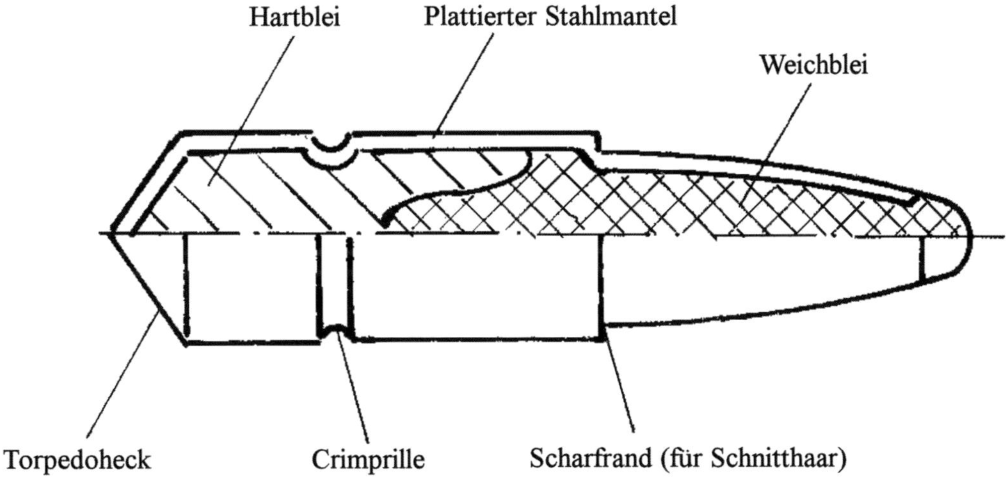

Abb. 11: Torpedo Ideal Geschoss (TIG).

Das von Brennecke angewandte Prinzip: Hartes Blei am Geschossboden, weiches Blei in der Spitze, dicker Mantel im hinteren Teil, nach vorn dünner werdend, möglichst feste Verbindung (mechanisches Verkrallen oder Verkleben) von Blei und Mantel. Dieses Prinzip ist bis heute gültig und wird in mehr oder weniger abgewandelter Form von allen Herstellern angewendet.

Wenn wir uns das Nosler Partition in Abb. 9 noch einmal ansehen: das sieht nur auf den ersten Blick ganz anders aus. Die Überlegungen Brenneckes wurden hier von Anfang bis Ende umgesetzt, wenn auch auf unterschiedliche Weise.

Für den Moment soll das genügen. Wir werden uns später im Abschnitt für fortgeschrittene Wiederlader noch eingehend mit diesen Fragen befassen.
Dennoch scheint hier ein abschließender Einschub über das leidige Thema Nomenklatur 8 x 57mm Mauser angebracht.
Mit dem neugewonnen Rüstzeug sehen wir uns jetzt noch einmal die schon in den Sicherheitsgeboten erwähnte Mauser-Patrone an. Die wurde von der deutschen Heeresleitung im Jahr 1888 als Antwort auf die französische Lebel eingeführt. Die offizielle Bezeichnung war 8 x 57 I. Das »I« stand für Infanterie. Das Geschoss hatte einen Durchmesser von 8,08 mm und war als Rundkopfgeschoss ausgelegt. 1905 setzte sich dann die Erkenntnis durch, dass eine Ogive mit möglichst vielen Kalibern Radius (also ein Spitzgeschoss) erkennbare außenballistische Vorteile brachte. Die neue Patrone erhielt also einen neuen Namen, nämlich 8 x 57 IS (Infanterie Spitzgeschoss), und einen neuen Durchmesser: 8,22 mm.
Das Leben könnte einfach sein, aber einige Zeitgenossen machten aus dem »I« ein »J«, und andere ließen das »I« gleich ganz weg. (8 x 57 I oder J ist also ein und dasselbe.) Die 8 x 57 oder auch 7,92 x 57 (nach dem Feldmaß) bzw. die 8 x 57 IS oder JS, gelegentlich auch nur 8 x 57 S sind alles Bezeichnungen für die gleiche Patrone mit Geschossdurchmesser 8,22 mm. Um dem Wirrwarr noch eins oben drauf zu geben, kam für Kipplaufwaffen eine Version mit Hülsenrand auf den Markt. Die heißt dann JR oder IR bzw. JRS oder IRS.
Sie finden das alles ziemlich verwirrend? Ist es auch. Aber es gibt eine Eselsbrücke: wenn in der Bezeichnung ein S (oder überhaupt kein Buchstabe) vorkommt, dann hat man es mit den großen Durchmesser zu tun (8,22). Steht das I (oder J) für sich allein, ist das Kaliber 8,08; das R zählt hier nicht mit.
Übrigens möchte ich den Leser an dieser Stelle um einen Gefallen bitten: Sprechen Sie niemals von Kugeln. Ich denke, das sollten wir den Damen und Herren von Film, Fernsehen und Presse überlassen. Wir laden Geschosse. Ein Projektil ist ein Geschoss, das sich auf dem Weg von der Mündung zum Ziel befindet. Dort angekommen, wird es wieder zum Geschoss.

Zünder

Boxer- und Berdanzünder haben wir bei den Patronenhülsen schon kennen gelernt. Der Aufbau eines Boxerzünders (Abb. 4) ist typisch und unabhängig vom Hersteller. Die korrekte deutsche Bezeichnung ist eigentlich Zündhütchen, aber der Begriff Zünder (engl. primer) ist seit einigen Jahren auf dem Vormarsch.
Grundsätzlich gibt es (Schwarzpulver- und Schrotflinten-Schützen bleiben hier mal außen vor) vier verschiedene Typen: Große und kleine sowie dünnhäutige und dickhäutige. Die Großen sind für größere Hülsen, die kleinen für kleine. Die dickhäutigen heißen Büchsenzünder, die mit der dünnen Schale Pistolenzünder. Dann gibt's noch welche mit einer größeren Zündladung, das sind dann die Magnum-Zünder.
Einige Hersteller wie Federal bieten auch noch Match-Zünder an. Die sollen mit besonders engen Toleranzen gefertigt sein. Ich kann nicht sagen, ob das stimmt, habe aber trotz des leicht höheren Preises immer Match-Zünder verwendet.
Pistolen- und Büchsen-Zünder haben zwar die gleichen Außenabmessungen, sind aber nicht austauschbar. Für Büchsenzünder in einer Pistole mag die Energie des Schlagbolzens nicht ausreichend sein, um jede Patrone zuverlässig zu zünden. Umgekehrt besteht die Gefahr, dass der höhere Verbrennungsdruck in Büchsen-Patronen bei einem Pistolen-Zünder zu Durchbläsern führt.

Aber auch der Hersteller spielt eine Rolle. Nicht alle Zünder sind gleich »hart«. Manch ältere Kipplaufwaffe mit einer nicht mehr ganz jugendfrischen Schlagbolzenfeder schoss mit den ziemlich weichen Hirtenberger HP1225 ganz ausgezeichnet, während andere Schützen sich über gelegentliche Durchbläser beschwerten. Auch die Remington 9 ½ steht in dem Ruf, einen vergleichsweise weichen Boden zu haben. Das kann ein Vorteil, aber auch ein Nachteil sein. Schlechte Zünder wird kein renommierter Hersteller auf den Markt bringen.
Auf der Packung finden wir vermutlich die Aufschrift »Non Abrasive, Non Corrosive, Non Mercuric«. D. h., der Zünder enthält kein Glas- oder Korund-Pulver, kein Kaliumchlorat, welches korrosive Salze hinterlässt, und kein Quecksilber, welches, wenn eingeatmet, der Gesundheit des Schützen nur bedingt gut tut.
Eine Übersicht liefert nachstehende Tabelle.

	Pistolen-Zünder				**Büchsen-Zünder**		
Hersteller	Kleiner Pistolen-Zünder	Kleiner Pistolen-Zünder Magnum	Großer Pistolen-Zünder	Großer Pistolen-Zünder Magnum	kleiner Büchsen-Zünder	kleiner Büchsen-Zünder Magnum	großer Büchsen-Zünder
Federal	100	200	150	155	205 205 M *		210 210 *
Remington	1 ½	5 ½	2 ½		6 ½	7 ½	9 ½
Fiocchi	080430 080431 **	080432 080433 **			080434	080435 080436 **	080551 080552 **
CCI	500	550	300	350	400 BR4 *	450	200
Magtech	PR-SP PR-SPCR **	PR-SPM	PR-LP		PR-SR		BR2 *
Winchester	WSP	WSPM	WLP		WSR		WLR
RWS	4031	4047	5337		4033		5341

***** = Match-Zünder**
****** = umweltfreundlicher Zünder (bleifrei)**

Außer den genannten Typen liefert CCI noch Zünder 35 für .50 BMG und Zünder 41 für 6,8 SPC.

Pulver

Damit sind wir bei der Auswahl eines geeigneten Pulvers angelangt. Die Auswahl ist, sagen wir mal: unübersichtlich. Aber für den Anfang begnügen wir uns damit, vielleicht 90 % Leistung aus unserer Waffe herauszuholen. Da fällt die Auswahl relativ leicht. (Das ist wie in jedem Sport: die letzten Prozent sind immer die schwierigsten.)
Zunächst mal brauchen wir ein gutes und neues Wiederlade-Handbuch. Ich würde als Einsteiger eines von einem Geschoss-Hersteller wählen, da die nicht nur ihre eigenen Pulver auflisten. Nosler, Berger, Sierra, Lee sind eine gute Wahl. Lee und Speer geben Drücke an; das kann sehr nützlich sein, wenn Sie Bleigeschosse verschießen wollen. Berger gibt prozentuale Füllstände. Das ist immer nützlich, denn eine Ladedichte von 100 % ist optimal.

Aber es gibt ein paar Kriterien, über die in den Handbüchern kein einziges Wort verloren wird:

1. Zunächst einmal muss Ihr Händler das gewünschte Pulver überhaupt am Lager haben, oder es zumindest kurzfristig beschaffen können.
2. Wenn wir für mehr als eine Waffe laden, sollten wir checken, ob es eine Pulver/Geschoss-Kombination gibt, bei der wir mit einer Pulversorte auskommen. Angenommen, Sie wollen für eine Jagdwaffe Kaliber 30-06 mit einem 190-Grain-Geschoss (12,31 Gramm) sowie für eine Matchwaffe Kaliber 6,5-284 mit einem Geschoss von 140 grn (9,07 g) laden. IMR 4831 wäre dann ein Pulver, das Sie für beide Waffen einsetzen können. Das spart nicht nur Geld, es minimiert auch die Verwechslungsgefahr.
3. Wenn Sie große Mengen Munition laden, weil Sie beispielsweise praktische Pistole im Kaliber 45 Auto schießen, dann kann der Einsatz eines sehr offensiven Pulvers sinnvoll sein. Für die 45 Auto mit 185-grn-Geschossen kostet das Pulver bei einer v_0 = 275 m/s pro Patrone Alliant Bullseye = 4,15 ct und mit Hodgdon HS-6 = 6,41 ct. Das sind deutsche Preise von 2016. Aber an der Relation wird sich auch in Zukunft nicht viel ändern. Wenn man also pro Wochenende 200 Schuss verballert, macht sich der Unterschied am Jahresende bemerkbar.

Aber wenn die vorstehenden Argumente nicht greifen, wählen wir ein Pulver, das die Hülse möglichst zu 100 % füllt, wenig bis keinen Schmauch hinterlässt und mit dem Schützenfreunde, die wir gefragt haben, gute Erfahrungen gemacht haben.
Also die nötigen Komponenten für unsere Munition haben wir jetzt zusammen. Welche Werkzeuge und Geräte brauchen wir?

Erforderliche Geräte und Materialien für Einsteiger

Als Anfänger ist man geneigt, erst einmal mit simplen Geräten anzufangen. Wenn man dann einigen Durchblick gewonnen hat, kann man ja immer noch auf bessere Geräte umsteigen. Da ist was dran. Aber bedenken Sie, es ist immer ärgerlich, 100 Euro auszugeben – die dann auf Jahre im Schrank verstauben –, wenn 150 Euro den Job für alle Zeit wunderbar erledigt hätten. Also was benötigen Sie? Zunächst einmal Messwerkzeuge: einen Messschieber (Schieblehre) 150 mm mit 0,01 mm Auflösung und eine Mikrometer-Messschraube (Messbügel) mit 25 mm Messbereich.

Wiederlade-Pressen

Später werden wir Dornpressen kennen lernen, wie sie vorwiegend von Benchrestern und anderen Präzisionsschützen verwendet werden. Zunächst aber ist von Kniehebelpressen die Rede. Das Wiederladen kommt aus den USA. Deshalb darf es uns auch nicht verwundern, dass alle Matrizen und damit alle Pressen für ein Aufnahmegewinde 7/8 – 14 UNF ausgelegt sind.

Das ist ein Gewinde mit 7/8 Zoll Außendurchmesser und 14 Gang pro Zoll Länge. UNF heißt Unified National Fine Thread.
Es gibt Pressen in C- und in O-Ausführung. Bei der C-Ausführung ist das Oberteil nur einseitig mit dem Unterteil verbunden. Unter starker Belastung kann sich eine solche Presse leichter Aufbiegen als eine O-Presse, die beidseitig gelagert ist (Abb. 12).
Die Anzahl an Anbietern ist erheblich. Ich nenne hier mal nur die bekanntesten Amerikaner: RCBS, Hornady, Lee, Dillon, Lyman, Forster, Redding. Diese Liste ist natürlich alles andere als vollständig, und wenn Sie sich jetzt vor Augen halten, dass jeder dieser Hersteller mindestens ein halbes Dutzend verschiedene Pressen im Angebot hat, ist klar, dass die Auswahl schnell unübersichtlich wird.
So macht man mit der Rock-Chucker von RCBS sicher nichts verkehrt, ist sie doch ein seit Jahrzehnten bewährtes Schlachtschiff. Aber auch bei RCBS macht man sich

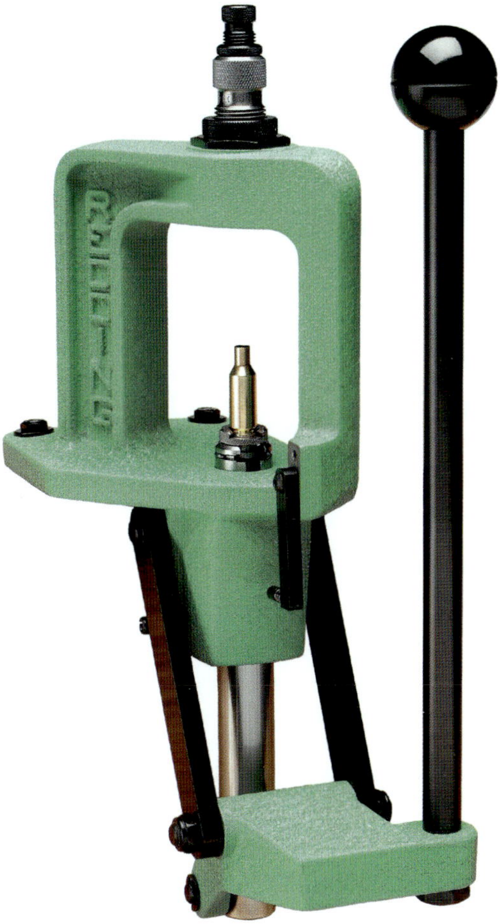

Abb. 12: O-Presse.

Abb. 13

Gedanken über die Zukunft. Das Ergebnis dieser Gedanken ist eigentlich eine C-Presse mit Namen Summit (Summit = Gipfel, Abb. 13). Aber wenn man sich die Konstruktion ansieht, kommt man nicht umhin zuzugeben: das Ding macht einen ziemlich stabilen Eindruck. Praktisch alle Pressen arbeiten von unten nach oben. Das soll heißen, in den Pressenstempel kommt ein Hülsenhalter (shell holder), der seinerseits die Patronenhülse aufnimmt. In den Pressenkopf wird dann die jeweils benötigte Matrize geschraubt. Die Matrize steht fest, und der Pressenstempel bewegt sich – wenn der Hebel betätigt wird – nach oben.

Abb. 14

Bei der Summit-Presse ist dieser Vorgang auf den Kopf gestellt. Das Pressen-Oberteil bewegt sich, und die Hülse ist stationär. Ob das wirklich Vorteile bringt, kann ich nicht sagen. Ich habe selbst nie mit der Summit gearbeitet. Aber immerhin lässt sich RCBS die Neuerung ordentlich vergüten. Zur Zeit (2016) kostet die Summit rund 90 € mehr als die Lee Classic Cast Presse.

Es gib noch einen weiteren Punkt, den man beim Erwerb einer Presse beachten sollte. Wie ist das Angebot an Hülsenhaltern? Und falls es für die von mir gewünschte Patrone keinen Hülsenhalter gibt: kann ich den Halter eines anderen Herstellers in dieser Presse einsetzen? Die meisten Halter passen in die meisten Pressen. Aber nicht immer und überall. Also vor dem Kauf klären!

Die bisher genannten Pressen sind die Typen, die man verwendet, wenn es um kleinere bis mittlere Mengen geht. 250 Schuss kann man in zwei bis drei Stunden laden. (Bei 250 Schuss wird man allerdings nicht mehr jede einzelne Pulvercharge wiegen, sondern volumetrisch dosieren. Aber dazu kommen wir noch.) Was aber, wenn wir größere Mengen laden wollen? Beispiel: Vater und drei Söhne schießen praktische Pistole. Da kommen schnell 1000 Schuss pro Woche zusammen. In einem solchen Fall sollte man über die Anschaffung einer Progressiv-Presse (rotary turret press) nachdenken (Abb. 14). Die Maßgabe 1000 Schuss allein reicht aber noch nicht aus. Die Progressiv-Presse macht nämlich nur dann Sinn, wenn es sich bei den 1000 Schuss auch um Patronen vom gleichen Kaliber handelt. Denn das Einrichten einer solchen Presse ist ein mühsamer Prozess und lohnt sich nur bei großen Stückzahlen und gleichbleibenden Ladedaten. Wenn aber erst einmal alles sauber justiert ist, dann liefert jeder Zug am Pressenhebel einer solchen Maschine eine fertige Patrone.

Pulverwaagen

Als Nächstes wird eine Pulverwaage benötigt. Da haben Sie die Wahl zwischen einem mechanischen Model (Abb. 15) und einer digitalen Waage (Abb. 16). Mechanische Waagen wiegen in Grain und haben eine Auflösung von 0,1 Grain = 6,48 mg. Digitalwaagen haben gelegentlich eine höhere Auflösung, lassen sich

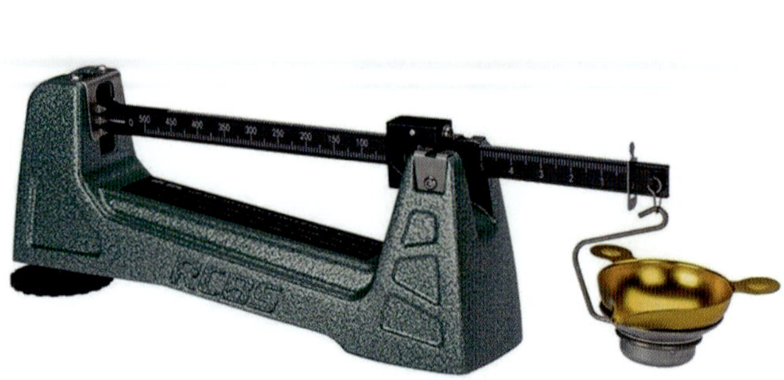

Abb. 15

zwischen Grain und Milligramm umschalten und sind durch die Bank empfindlicher in Hinblick auf Überlast, Stoßbelastungen und Temperaturen von über 40 °C. Der Leser sollte sich – gleichgültig, um welches Messwerkzeug es sich handelt – immer vor Augen halten, dass Auflösung und Genauigkeit zwei grundverschiedene Dinge sind.

Abb. 16

Neben Auflösung und Anzeigegröße ist der Messbereich wichtig. Mechanische Pulverwaagen gehen üblicherweise bis 500 grn (32,4 g). Viele Digitalmodelle wiegen bis 50 Gramm und darüber.

Unter dem Gesichtspunkt Kosten war es das schon beinahe. Wir benötigen natürlich noch Matrizen. Zu denen komme ich am Schluss dieses Kapitels. Es gibt aber eine ganze Reihe von Kleinwerkzeugen, die zum Teil notwendig, zum Teil einfach nur nützlich sind.

Um die Pulverschale der Waage zu befüllen, kann man einen Löffel verwenden, der etwas weniger Pulver fasst, als benötigt. Dann kann man aus einer befüllten Patronenhülse etwas Pulver langsam hinzufügen, bis das gewünschte Endgewicht erreicht ist. Mit etwas Übung geht das. Einfacher und genauer wird es mit einem sogenannten Pulvertröpfler (powder trickler, Abb. 17). Den stellt man -nachdem man ihn mit Pulver befüllt hat – so auf, dass die Mündung des Befüllrohres über der Pulverschale liegt. Dann dreht man langsam, und das Pulver rieselt in die Schale, bis der Nennwert erreicht ist.

Ein weiteres nützliches Hilfsmittel ist ein Pulverfülltrichter (powder funnel), um den Inhalt der Waagschale möglichst verlustfrei in den Hülsenmund zu transferieren (Abb. 18).

Abb. 17

Abb. 18

Hülsentrimmer

Abb. 19

Abb. 20

Weiter oben, im Abschnitt »Hülsen«, habe ich gesagt, dass die Hülsen bei jedem Wiederladen ein wenig länger werden. Der Betrag, um den sie sich längen, ist nicht groß, aber er summiert sich. Irgendwann ist der Zeitpunkt erreicht, an dem wir die Hülse kürzen müssen.

Theoretisch könnte man das mit drei, vier Feilstrichen erledigen, aber seien wir ehrlich: Wer ist heute noch in der Lage, einen geraden Strich zu feilen? Werkzeugmacher vielleicht.

Wenn wir eine Drehbank im Keller stehen haben, ist das Ganze natürlich kein Problem. In dem Fall stecken wir die Hülse in einen sogenannten case-holder (Abb. 19), spannen den in der Drehbank ein, fahren mit dem Drehmeißel bis an den Hülsenmund heran und stellen dann langsam 0,2 mm zu.

Mit dem Begriff »Hülsenhalter« werden im Deutschen zwei verschiedene Teile bezeichnet. Einmal der case holder, mit dem die Hülse am Umfang gespannt wird, um sie dann bearbeiten zu können, zum anderen aber auch der shell holder (Abb. 20), der in den Stempel unserer Wiederladepresse eingesetzt wird und der die Hülse am Hülsenkopf hält.

Abb. 21

Was aber, wenn wir keinen Zugriff auf eine Drehbank haben? Dann benötigen wir einen sogenannten Hülsentrimmer (engl. case trimmer, Abb. 21). Die gibt es von schlicht bis motorisiert. In den Augen des Autors ist ein Elektroantrieb rausgeschmissenes Geld, da der Kraftaufwand beim Trimmen vernachlässigbar ist, und wirklich schneller geht es mit elektrischem Antrieb auch nicht.

Bei den verschiedenen Geräten gibt es (mindestens) drei Arten, die Hülse zu spannen.

1. Die Patronenhülse wird von einer konischen, geschlitzten Spannhülse gefasst. An der Stirnfläche der Spannhülse befinden sich drei oder vier zylindrische Rezesse, in die der Hülsenkopf gesteckt wird. Dann wird die Spannhülse axial gespannt, wodurch sich die Rezess-Bohrungen schließen. Um sicherzustellen, dass die Patronenhülse wirklich axial gespannt wird, benötigen sie vor dem eigentlichen Fräskopf einen kaliberspezifischen Piloten, der die Hülse ausrichtet. Der Zustellweg des Fräsers wird durch einen Stellring begrenzt. Das System ist genial, hat aber einen kleinen Nachteil: Wenn Sie zehn Hülsen fräsen, sind alle zehn unterschiedlich lang. Warum? Wenn sie die Spannhülse spannen, bewegen Sie sie axial. Etwas mehr oder weniger Kraftaufwand, und der Rand der Patronenhülse ist 0,05 mm größer oder kleiner. Das schlägt sich schnell in einer Längendifferenz von 0,5 mm nieder. Wenn Sie meinen, dass 30 mm Waffenstreuung viel besser sind als erforderlich, dann ist so ein Gerät vielleicht ratsam. Aber in dem Fall würden Sie wahrscheinlich nicht dieses Buch lesen.
2. Als den Herstellern klar wurde, dass diese Methode nicht das Nonplusultra verkörpert, sannen Sie auf Abhilfe. Die axial bewegliche Spannhülse wurde durch eine Aufnahme für einen Hülsenhalter. ersetzt. Der kommt in den dafür vorgesehenen Schlitz. Dann wird (wieder nachdem ein Pilot in den Hülsenmund geschoben wurde) eine Spindel durch die Bohrung im Hülsenhalter gedreht, bis sie am Hülsenboden anliegt und dort Druck ausübt. Dabei kommen zwar eine ganze Menge Einzeltoleranzen zusammen, die aber immer gleich sind. Wenn wir jetzt die Kurbel drehen, erhalten wir eine Hülse, die in ihrer Länge nur um die Toleranz der Hülsenrandstärke von der vorhergegangenen abweicht. Das ist gut genug. Der Hülsentrimmer nach Abb. 21 arbeitet noch nach dem ersten Prinzip.

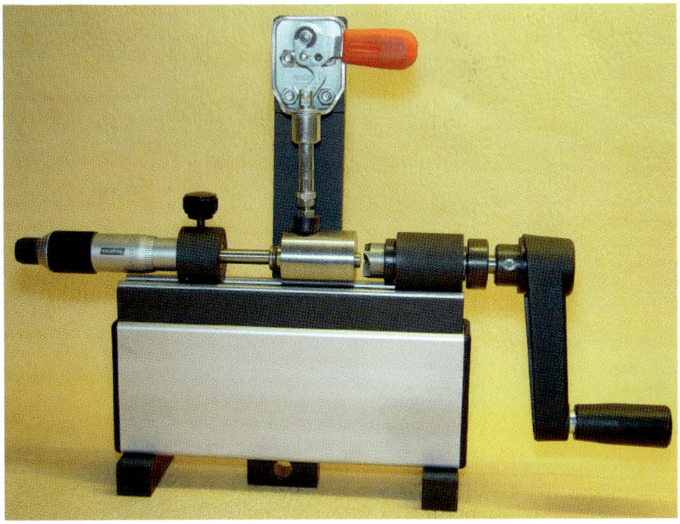

Abb. 22

3. Meine persönliche Präferenz ist eindeutig. Beim dritten Gerätetyp wird die Hülse in einem Hülsenhalter (case holder) nach Abb. 19 gehalten. Der Hülsenhalter wird mitsamt Hülse gegen eine Messspindel geschoben und mit einem Kniehebelspanner

fixiert. Auch dieses Gerät hat einen Stellring, der aber bereits vom Hersteller justiert wurde. Die Anschlagsveränderung erfolgt über die Messspindel und ist in hundertstel Millimetern reproduzierbar. Ein Pilot ist nicht erforderlich. Solche Geräte gibt es von Wilson, Sinclair International und ral-engineering. Das Gerät von ral-engineering (Abb. 22) hat einen weiteren Vorteil: Die meisten handelsüblichen Fräsköpfe sind um 2–3° nach innen geneigt. Dagegen ist der Kopfdurchmesser beim ral-Fräsgerät hinreichend groß und absolut plan, sodass man damit auch noch am Hülsenboden planfräsen kann. Für uns als Neueinsteiger im Wiederladen ist das natürlich noch Zukunftsmusik. Aber eines sollten Sie schon jetzt bei der Auswahl Ihrer Werkzeuge bedenken: Aus Lehrlingen (sorry: Azubis) werden eines Tages Meister …

Wenn man nur kleine Mengen Hülsen zu verarbeiten hat und diese Hülsen ihren Verschlussabstand über die Schulter bilden – dazu gleich mehr –, dann kann man sich mit einem einfachen Werkzeug von Wilson behelfen. Das ist zwar etwas langsam, funktioniert aber (siehe Abb. 23).

Abb. 23

Hülsenmund-Entgratwerkzeug

Wenn wir den Hülsenmund gekürzt haben, dann hat sich dort – unabhängig davon, welches Gerät wir verwendet haben – ein Grat gebildet. Der muss wieder weg. Das geht am einfachsten mit einem Hülsenmundentgrater (case mouth deburring tool, Abb. 24). So ein Werkzeug ist nichts anderes als ein Senker für Innen und Außen. Da die Patente für diese Werkzeuge längst abgelaufen sind, ähneln sie sich mehr oder weniger alle. Qualitativ gibt es da kaum Unterschiede. Und preislich auch nicht.

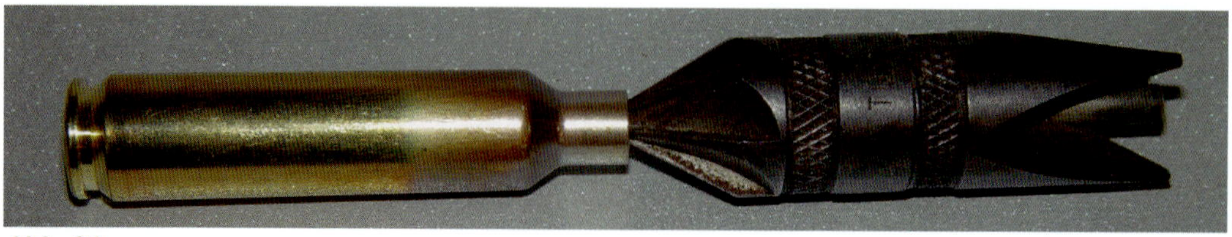

Abb. 24

Entladehammer
Beim Einrichten von Matrizen sowie für die Wiederverwendung falsch geladener Munition benötigen wir ein Werkzeug, mit dem wir die Geschosse wieder aus der Hülse bekommen. Im Prinzip gibt es zwei verschiedene Wege. Ein kinetischer Entladehammer (Abb. 25) nimmt die Hülse mit einer runden Spannzange auf, die für alle gängigen Hülsen passt. Man schraubt das Ding zusammen und klopft drei bis vier Mal auf eine harte Unterlage. Um Beschädigungen an der Geschossspitze zu vermeiden, lege ich immer ein Stück Schaumstoff oder Tuch in den Hammer, um die Geschossspitze etwas zu schützen. Ich habe noch nie davon gehört, dass bei einer scharfen Patrone der Zünder auf diese Schlagbeanspruchung reagiert hätte.

Abb. 25

Wer ganz auf Nummer sicher gehen will, erwirbt einen sogenannten Bullet Puller. Das ist im Wesentlichen eine Geschossziehmatrize. Die wird in die Wiederladepresse geschraubt, dann wird das zu ziehende Geschoss in die Matrize gefahren, und eine Spannhülse wird angezogen, bis sie das Geschoss fest greift. Dem Zünder kann dabei nichts passieren, aber das Geschoss ist unter Umständen Schrott.

Matrizen

Damit sind wir beim wichtigsten Werkzeugsatz überhaupt angelangt, den Wiederlade-Matrizen (engl.: reloading dies). Hier ist die Auswahl nicht ganz einfach und hängt zunächst davon ab, was wir laden wollen. Für Hülsen für Faustfeuerwaffen sollte zumindest die Rekalibrier-Matrize hartmetallbestückt sein. Das reduziert die Reibung so weit, dass wir auf eine Schmierung der Hülse verzichten können. Das ist ein immenser Vorteil. (Wenn hier von Faustfeuerwaffen die Rede ist, dann schließt das die »abgesägten Büchsen« mit 30-cm-Lauf aus. Gemeint sind Thompson Center Contender und Konsorten.) Stahlmatrizen und alle Büchsen-Matrizen benötigen ein Schmiermittel. Das kann ein Gel oder ein Wachs sein.
Im Prinzip funktioniert jeder Matrizensatz auf dieselbe Weise. In der ersten Matrize wird die Hülse – die bei der Schussabgabe ja größer geworden ist – auf ihr ursprüngliches Maß zurückgepresst. In der Regel wird dabei auch der alte Zünder ausgestoßen. Im Anschluss wird ein neuer Zünder gesetzt. Das kann im selben Arbeitsgang erfolgen oder mit einem separaten Zündersetzgerät. In einem zweiten Schritt wird dann das Geschoss gesetzt und gegebenenfalls mit einem zusätzlichen Crimp (das ist eine Bördelung des Hülsenhalses) gesichert.
Natürlich ist es ratsam, zwischen Schritt 1 und Schritt 2 die Hülse mit Pulver zu füllen.
Bei Schritt eins habe ich gesagt, die Hülse wird auf ihr ursprüngliches Maß zurückgepresst. Das kann man natürlich wörtlich nehmen und tatsächlich tun. Das Ergebnis wäre dann eine Patrone, die in unserem Lager sitzt wie eine frisch gekaufte (Abb. 26).

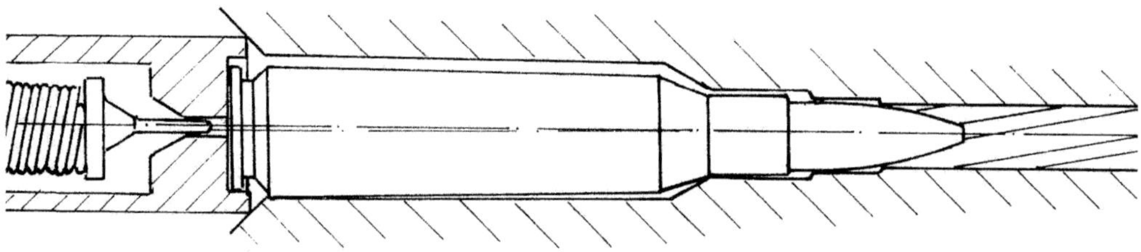

Abb. 26: Lagerspiel, zur Verdeutlichung stark übertrieben dargestellt.

Es gibt zwei Möglichkeiten, eine abgefeuerte Hülse wieder auf Maß zu bringen.

1. FL-Kalibrieren. FL steht für Full Length Resizing. Die Hülse wird auf voller Länge auf SAAMI- bzw, CIP-Maß gepresst.
2. Die andere Möglichkeit ist das NK-Kalibrieren. NK steht für Neck Sizing only. Hier sagt man sich: die Hülse hat jetzt das genaue Maß des Patronenlagers angenommen. Es macht Sinn, nur den Hülsenhals zu kalibrieren.

Es ist noch gar nicht so lange her, da galt das Necksizing unter präzisionsbewussten Schützen als das Maß aller Dinge. Die Wahrheit liegt aber wie so oft in der Mitte. Wenn ich für einen Autolader oder einen Unterhebelrepitierer lade, ist FL-Kalibrieren die Antwort. Hier ist die erhöhte Sicherheit bei der Zufuhr der Patrone ins Lager ausschlaggebend.
Das Gleiche gilt in noch größerem Maße für Patronen, die für die Jagd auf gefährliches Großwild vorgesehen sind. Wenn Sie nachts in Afrika das Pech haben, zwischen einen schlecht gelaunten Nilpferdbullen und sein Rückzugsgebiet, das Wasser, zu geraten, dann haben Sie ein Problem. So ein Bulle läuft kurzzeitig bis zu 50 km/h, und er ist nicht nur willens, sondern auch in der Lage, Sie mit einem Happs zu halbieren. Sie machen also einen mehr oder weniger eleganten Sprung zur Seite und schießen dann auf sein Hüftgelenk. Wenn er anschließend kehrt macht und erneut angreift, muss die zweite Patrone im Lager sein. Präzision ist hier absolut nachrangig.

Sie schießen auf ein bis drei Meter Entfernung. Und das allerletzte, was Sie jetzt gebrauchen können, ist eine Waffenstörung, weil ihre Patrone nicht so schnell ins Lager will, wie sie soll.
Aber ich will mich nicht vor einer Stellungnahme drücken. Es gibt noch einen dritten Weg: Partial Resizing = Teilkalibrieren.
Also auf die Gefahr hin, dass meine Kritiker nach einem Eimer Teer und einem Beutel Federn rufen: kaufen Sie einen Satz FL-Matrizen. Stellen Sie die Kalibrier-Matrize so ein, dass sie gerade anfängt, Druck auf die Hülse auszuüben. Jetzt stecken sie die Hülse ins Patronenlager und schließen den Verschluss. Wenn der Kammerstängel auf der zweiten Hälfte der Abwärtsbewegung einen leichten Widerstand leistet, ist alles okay! Wahrscheinlich werden Sie die Matrize aber noch ein klein wenig tiefer stellen müssen, bis sich der eben beschriebene Zustand einstellt. Das kann klappen, muss aber nicht. Es kommt auf das Größenverhältnis zwischen Patrone und Patronenlager an. Messen Sie den Durchmesser der Hülse etwa 5–6 mm über dem Patronenboden. Wenn Ihre FL-Matrize in der tiefsten Stellung diesen Durchmesser um mehr als 0,03 reduziert, müssen Sie doch auf NK-Kalibrieren umsteigen
Im Inneren der Matrize befindet sich eine Spindel mit dem Aufweitknopf (engl.: expander button). Dieser kann mehr oder weniger kugelförmig oder elliptisch sein. Kugelknöpfe kamen allerdings mit silbernen Schnupftabaksdosen aus der Mode.
Wenn die Hülse in die Matrize einfährt, wird zunächst einmal der Hülsenhals auf Untermaß kalibriert. Wenn man dann den Aufweitknopf wieder aus der Hülse herauszieht, wird der Hals auf das endgültige Maß aufgeweitet. Der Aufweitknopf sollte also etwa Geschossdurchmesser haben oder 0,01 mm kleiner sein als des Geschoss. Nach dem Herausziehen des Knopfes springt der Hülsenhals nämlich um 0,25 mm zurück, d. h., das Geschoss hat jetzt 0,25 bis 0,35 mm Übermaß. Wenn Sie für eine Waffe mit Magazin laden, dürfen es auch 0,5 mm sein.
Wenn sie eine Waffe mit ordentlichem Bumms (300 RemUltra Mag, 338 Lapua Mag oder gar 458 Lott) schießen, besteht die Möglichkeit, dass der Rückstoß die Setztiefe der Patrone(n) im Magazin oder im zweiten Lauf verändert. Deshalb kann es bei diesen Kanonen sinnvoll sein, ein Geschoss mit Crimprille zu wählen und den Hülsenmund in diese Rille zu bördeln (crimpen.)
Wenn man geradwandige Hülsen für Faustfeuerwaffen lädt, die den Verschlussabstand über den Hülsenmund bilden (9mm Para, 40 Smith & Wesson, 10mm Auto, 44 Auto Mag oder 45 Auto, um einige Beispiele zu nennen), dann ist ei solcher Roll-Crimp natürlich nicht möglich. Bei diesen Hülsen wählt man eine Matrize mit einem eingebauten Taper-Crimper oder man verwendet eine separate Taper-Crimp-Matrize.
Abgesehen vom Crimpen sind es also zwei Arbeitsgänge (Rekalibrieren und Geschosssetzen), die zu erledigen sind. Je nach Hülsenform wird diese Arbeit auf zwei, drei oder vier Matrizen verteilt. Für gerade Hülsen, die keinen separaten Hülsenhals haben, benötigt man eine zusätzliche Aufweitmatrize. Weiterhin haben Versuche ergeben, dass die Verwendung einer separaten Crimp-Matrize präzisere Munition ergibt, als wenn man das Crimpen mit dem Geschosssetzen gemeinsam erledigt. Für höchste Präzisionsansprüche ist das Crimpen ohnehin ganz generell mit einem extra dicken Fragezeichen zu versehen.
Keine zwei Matrizen verschiedener Hersteller sind wirklich gleich. Aber die prinzipielle Wirkungsweise ist doch überall dieselbe (Abb. 27).
Es gibt allerdings noch einen ganz anderen Matrizen-Typ: Handmatrizen, die vorwiegend von Benchrestschützen und anderen Präzisionsfanatikern verwendet werden. Mit diesen Matrizen werden wir uns später eingehend auseinandersetzen. Handmatrizen haben den früheren Standardmatrizen zwei Dinge voraus: Einen auswechselbaren Kalibrierring, der den »Grip« des Hülsenhalses auf das Geschoss variabel macht, und eine gerade Geschossführung, die das

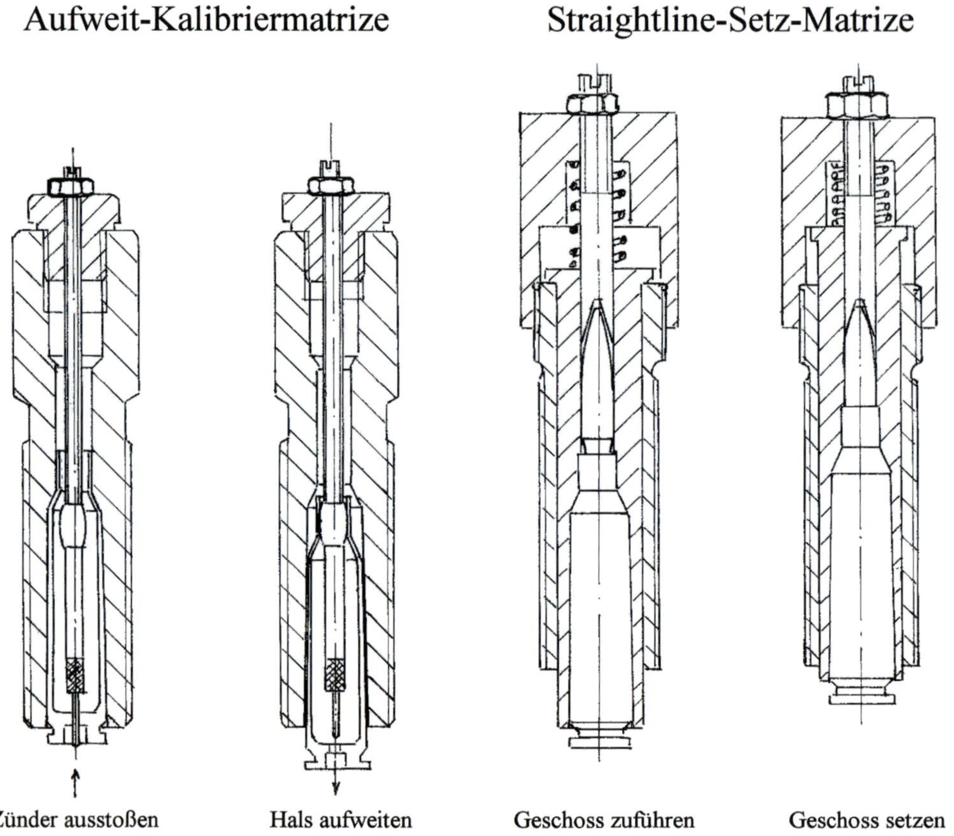

Abb. 27

Abb. 28

Geschoss ausrichtet, bevor es gesetzt wird. (Dies sind die sogenannten »straight line seater«, ein äquivalentes deutsches Wort ist mir nicht bekannt.) Bei der klassischen Setzmatrize sitzt das Geschoss nämlich noch schief auf dem Hülsenmund, wenn das Setzen beginnt. Ein Teil der Schiefstellung wird dann gerade gebogen. Präzision geht allerdings anders.

Inzwischen haben die Hersteller von Standardmatrizen nachgerüstet. Straight line seating ist inzwischen Stand der Technik, und einige Hersteller (Vorreiter ist hier die Firma Redding) bieten inzwischen Matrizen mit auswechselbaren Kalibrieringen an (Abb. 28).

Schmierstoffe und diverse Helferlein

Abb. 29

Wir haben jetzt alles beisammen; aber es gibt da noch einige Kleinteile, die fast nichts kosten, uns das Leben aber doch einigermaßen erleichtern.
Zünder setzen können wir mit unserer Presse. Praktisch alle Modelle haben ein rohrförmiges Zünder-Magazin, aus dem nach dem Ausstoßen des alten Zünders der neue der Zündglocke zugeführt wird. So weit, so gut, nur: wie kriegt man die Zünder in das Magazin?
Mit einer Zünder-Wendebox (Abb. 29). Offiziell Zündhütchen-Wendebox (engl.: primer flip tray.) Das ist ein flaches Tablett, zirka 150 x 150 mm groß, mit ringförmigen Rillen. Ähnlich wie eine schwarze Schallplatte, nur gröber. Auf dieses Tablett geben wir 50 bis 100 Zünder und schütteln die Box ein wenig hin und her. Nach einer halben Minute haben sich alle Zünder mit der offenen Seite nach oben gedreht. Jetzt kommt die Verschlussfeder ins Magazin, und dann können wir einen Zünder nach dem anderen mit dem Rohr aufnehmen. Dann kommt das gefüllte Rohr in die Presse. Verschlussfeder raus, und wir können Zünder setzen. Wie beschrieben funktioniert das bei der RCBS Rock Chucker. Aber das Prinzip ist fast überall gleich.

Ein weiteres Teil, das man nicht haben muss, das das Leben aber erheblich erleichtert (zumindest beim Wiederladen von Munition) ist ein Ladebrett (engl.: loading tray, Abb. 30). So ein Teil kann man sich zur Not auch aus einem Stück Hart-PVC selbst machen, aber das lohnt sich kaum.

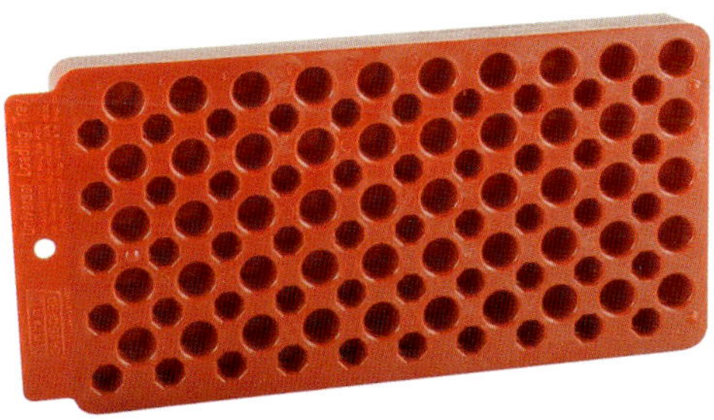

Abb. 30

Abb. 31

Und schließlich müssen wir die fertig geladene Munition ja irgendwie lagern und transportieren. Da gibt es natürlich ganz vornehme Kästen, aber eine einfache Plastikbox wie die in Abb. 31 gezeigte Munitionsbox (engl.: ammo-box) von mtm case guard erledigt den Job hervorragend. Natürlich gibt es da sehr viel aufwändigere Lösungen, und wer sucht, wird bestimmt fündig. Aber zunächst ist eine Box wie die hier vorgestellte völlig ausreichend.

Schmierstoffe

Bei den Matrizen wurde schon angedeutet: Wenn diese nicht hartmetallbestückt oder von innen mit einem Hartstoff wie z. B. TiN (Titannitrid) beschichtet sind, muss ein Schmiermittel den direkten metallischen Kontakt zwischen Hülsenmaterial und Matrize unterbinden. Wenn man sich nicht daran hält, kriegt man die Hülse zwar in die Matrize rein, aber nicht unbedingt wieder heraus.

Im Prinzip könnte man ein Maschinenöl oder ein Kugellagerfett nehmen. Das Zeug muss anschließend aber auch wieder runter. Wir hätten es mit einer ziemlichen Schweinerei zu tun.

Ähnliches gilt für Trockenschmierstoffe wie MoS_2, WS_2 und hBN. Die schmieren zwar hervorragend, lassen sich aber nicht wieder restlos entfernen, es sei denn spanabhebend.

Eine solche Hülse wäre nicht mehr in der Lage, im Patronenlager ordentlich zu lidern. Unter Liderung versteht man das Verkrallen des Hülsenmaterials mit der Wandung des Patronenlagers. Die Folge wäre eine deutliche Zusatzbelastung des Verschlusses. Zusätzlich würden heiße Verbrennungsgase nach hinten entweichen. Glauben Sie mir: das wollen Sie nicht.

Allgemein akzeptierte Schmiermittel sind Hülsenfett (case lube) und Hülsenwachs. Hülsenfett (Hersteller sind u. a. Redding und RCBS) gibt es in allen erdenklichen Variationen. Wasserlöslich, umweltfreundlich oder schlicht Standard. Man bringt das Zeug auf ein Stempelkissen auf und rollt dann die Hülsen ein paar Mal darauf hin und her. Flaschenförmige Hülsen kriegen natürlich am Hals nichts ab. Den muss man dann in einem zweiten Arbeitsschritt separat benetzen. Hülsenfett gibt es auch als Aerosol aus der Sprühflasche. Da kriegen auch die Hülsenhälse ihr Fett ab, aber leider gehen 90 % Fett daneben.

Hülsenwachs gibt es in den USA von Redding. Das Zeug heißt Imperial Sizing Die Wax. In Deutschland gibt es ein vergleichbares Produkt von ral-Engineering. Das nennt sich Rekalibrierwachs (Abb. 32).

Abb. 32

Hülsenwachs ist weißlich und hat die Konsistenz einer harten Schuhcreme. Die Anwendung ist denkbar einfach. Man nimmt die Hülse in die linke Hand, streicht mit dem rechten Zeigefinger einmal über das Wachs in der Dose und überträgt diese geringe Menge auf die Hülse. Fertig. Man benötigt für eine einwandfreie Funktion wirklich nur extrem wenig. Bleibt die Frage: muss man Hülsenhälse von innen schmieren? Antwort: Kommt darauf an. Wenn sie mit einer Standard-Matrize mit Aufweitknopf arbeiten, dann ja. Verwenden Sie überdrehte Hülsenhälse, die per Kalibrierring von außen kalibriert werden? Dann ist das nicht nötig.

Wie macht man das? Der Handel bietet da tolle Geräte an, bei denen man den Hülsenhals in Moly-saturiertes Keramikpulver taucht. Das geht schnell und einfach. Nur hat mir bisher noch niemand erklären können, wie man da das Moly von der Außenseite der Hülse fernhält. (siehe Themenpunkt Liderung).

Eine einfache Methode geht so: Man nimmt zwei Laufbürsten aus Bronze. Eine davon bestäubt man mit ein wenig Moly oder rollt sie zwei bis dreimal über das Hülsenwachs. Mit der ersten Bürste fahre man dreimal in den Hülsenhals, um ihn zu säubern; dann fährt man mit der getränkten Bürste zweimal in den Hals, um ein wenig Schmierstoff auf die Innenseite des Halses zu übertragen.

Es geht aber noch viel einfacher. Man fährt mit den Finger erst über das Wachs, dann quer über den Hülsenmund. Das zurückbleibende Wachs wird dann vom Aufweitknopf mitgenommen.

Krazy Kloth

Das gehört eigentlich nicht zu den Schmierstoffen, aber wegen der darin enthaltenen Chemie führe ich es hier auf. Es ist ein blaues Stück Tuch (Abb. 33), das mit was auch immer imprägniert wurde. Man kann es zum Silberputzen, am Auto und natürlich zum Blankpolieren von angelaufenen Patronenhülsen verwenden. Das Tuch verfärbt sich im Lauf der Zeit schwarz, aber je länger man es benutzt, umso besser scheint es zu funktionieren.

Abb.:33 (Werksfoto, © Cadie)

Im Netz kursiert die Behauptung, die meisten Benchrester entschmauchten ihre Hülsen mit feiner Stahlwolle. Stimmt nicht. Benchrester haben viel Mühe darauf verwandt, ihre Hülsenhälse auf ein bestimmtes Maß zu bringen. Die werden einen Teufel tun und diese Hälse anschließend spanabhebend mit Stahlwolle bearbeiten.

Natürlich kann man Hülsen im Tumbler mit Mais-Schrot oder Walnuss-Schalen polieren. Das wird sogar etwas blanker. Aber das blaue Tuch macht einen Riesenjob, nimmt nicht viel Platz weg und kann auch unterwegs prima verwendet werden. Ist aber nicht ganz einfach zu bekommen. In den USA kann man es direkt beim Hersteller erwerben, ebenso bei Amazon.com oder auch bei Sinclair International. Um Streit mit der Hausfrau zu vermeiden, empfiehlt es sich, gleich das Dreier-Pack zu nehmen. Kostet (2016) 15,77 $ zuzgl. Porto.

Innenballistik

Gasdruck und das Konzept des Verschlussabstandes

Mir ist klar, Sie haben gerade Ihren Wiederlade-Schein gemacht und wurden dort mit an Sicherheit grenzender Wahrscheinlichkeit mit dem Thema »Verschlussabstand« genervt, bis es Ihnen zum Hals heraushing. Es hilft aber nichts. Da müssen wir noch einmal durch. Ich verspreche aber, mich kurz zu fassen.

Druck

Zunächst einmal: Was ist Druck? Was ist zu hoher Druck?
Druck ist die Kraft pro Flächeneinheit, die ein Körper auf einen anderen ausübt, wenn dieser ihn in seiner Bewegung hindert. Bei ruhenden Festkörpern ist das die Kraft pro Fläche, die auf den unterstützenden Boden wirkt, der der Fallbewegung entgegen wirkt. Bei bewegten Festkörpern (Projektil) ist Druck die Kraft pro Fläche, die auf den abbremsenden Körper (Ziel) ausgeübt wird. Bei Gasen ist es wie bei bewegten Festkörpern: Druck ist die Summe aller Stoßkräfte der einzelnen Atome auf jedes Stück der Fläche, die das eingeschlossene Gas an seiner Ausbreitung hindert. Ohne Gasdruck gäbe es keinen Verbrennungsmotor und keine Feuerwaffen, denn es ist der Gasdruck, der das Geschoss aus der Mündung treibt.
Druck wird heute in MPa angegeben, in der englischsprachigen Literatur in p.s.i. (Pound per Square Inch = Pfund pro Quadratzoll). Dabei gilt:

$$1\ Mpa = 145{,}038\ p.s.i.; \qquad 1\ p.s.i. = \frac{1\ Mpa}{145{,}038} = 0{,}0069\ Mpa$$

Kraft hat man früher in kg angegeben. Da musste man aber zwischen kg (Masse) und kg (Kraft) unterscheiden. Deshalb hat man dann irgendwann gesagt: 1 kg (Kraft), also das Gewicht der Masse 1 kg hier auf der Erde bei 9,81 m/s^2, nennen wir 1 kp (Kilopond), getreu der newton'schen Gleichung

$$1\ kp = 1\ kg \times 9{,}81\ \frac{m}{s^2}$$

Man kann auch sagen: 1 kp ist die Kraft, die der Masse 1 kg eine Beschleunigung von 9,81 m/s^2 verleiht.
Noch später ging dann auch das kp über Bord und man führte das Newton (N) ein:

$$1\ N = 1\ kg \times 1\ \frac{m}{s^2}$$

Analog zu oben ist also 1 N die Kraft, die der Masse 1 kg die Beschleunigung 1 m/s^2 verleiht. Für den alltäglichen Gebrauch gilt näherungsweise: 1 N $\approx$ 0,1 kp.
1 Pascal (1 Pa) ist der Druck, wenn 1 N auf einen Quadratmeter wirkt. Das ist ein sehr geringer Druck.
1 Megapascal (MPa) sind also eine Million N/m^2. Und da ein Quadratmeter ja auch eine Million mm^2 hat, ist also 1 MPa = 1 N/mm^2 oder ungefähr = 10 kp/cm^2 = 10 bar.

Zurück zum Verbrennungsdruck bei der Schussabgabe. Der kann ziemlich hoch sein, bis zu 450 MPa. Das ist schon 'ne ganze Menge. Solange der Druck jedoch die vom Waffenkonstrukteur vorgegebenen Parameter nicht überschreitet, ist alles in Ordnung. Tut er es doch, dann haben wir möglicherweise ein handfestes Problem. Dazu gleich mehr.
So viel erst einmal zum Druck im Allgemeinen. Wie aber misst man eigentlich den Gasdruck, der beim Abfeuern einer Schusswaffe entsteht? (Neueinsteiger können diese Seite zunächst einmal überspringen.)
Bis vor ein paar Jahren verwendete man hierfür spezielle Waffen, die im Bereich des Patronenlagers angebohrt waren. In diese Bohrung kam ein genormtes Stück Kupfer oder Blei. Dann wurde von oben mit einer Druckschraube verschlossen. Der beim Abfeuern entstehende Gasdruck quetschte den Prüfkörper zusammen. Der wurde hinterher sorgfältig gemessen. Da die Druckfestigkeit des Prüflings bekannt war, konnte man somit sagen: die Probe war so und so vielen MPa oder p.s.i. ausgesetzt.
Dann schlug der Fortschritt zu. Man ersetzte den Metallprüfling durch einen Piezo-Kristall. Die Dinger geben bekanntlich, wenn man sie zusammendrückt, eine Spannung proportional zum Druck ab. (Alternativ kann man auch mit Dehnungsmessstreifen arbeiten, die man außen auf das System klebt. Da sind überhaupt keine Änderungen an der Waffe erforderlich. Man benötigt aber erst mal eine Patrone mit bekanntem Gasdruck, um das System zu kalibrieren.)
Die Quetsch-Methode lieferte natürlich nur den Maximaldruck. Wenn man den Piezo-Geber an einen Oszillographen anschließt und den Verlauf speichert, bekommt man eine Kurve, die nicht nur den Maximaldruck, sondern auch den Druckverlauf in der Zeit wiedergibt. Mit anderen Worten: das Abbrandverhalten des Pulvers lässt sich direkt ablesen.
Dann fiel jemandem auf, dass die auf die neue Methode ermittelten Drücke nicht mit den alten übereinstimmten. Die Piezo-Werte waren größer.
Eigentlich ist das klar und war zu erwarten. Während der Kristall den Druckverlauf mit hinreichender Genauigkeit in Echtzeit wiedergibt, ist das Quetsch-System mit einer gewissen Trägheit belastet. Der Maximaldruck steht für vielleicht 1/10.000 Sekunde an, und nach einer Millisekunde ist eh alles vorbei. So schnell kann keine Metallprobe fehlerfrei reagieren.
Seitdem unterscheidet man: Werte, die nach der neuen Methode gemessen wurden, werden in MPa oder p.s.i. angegeben. Werte, die nach der alten Methode mit Kupfer- oder Bleiproben ermittelt worden sind, werden jetzt in CUP (oder LUP) angegeben. (Das sind Copper Units of Pressure bzw. Lead Units of Pressure).
Bleibt anzumerken: Amerikaner (SAAMI) und Europäer (CIP) ermittelten ihre jeweiligen CUP- und LUP-Werte auf unterschiedliche Weise. Deshalb stimmen sie nicht überein. Wenn jemand also CUP in MPa umrechnen will, muss er zunächst wissen, ob ihm amerikanische oder europäische Zahlen vorliegen.
Eine genaue Umrechnung ist nicht möglich. Einige kluge Leute sind aber hergegangen und haben die Messungen, die nach beiden Systemen ermittelt wurden, in eine Graphik übertragen und dann versucht, eine Korrelation herzustellen.
Bei SAAMI-Werten funktioniert das nach D. Bramwell für CUP-Werte zwischen 28.000 und 54.000 wie folgt:

Piezowert in p.s.i. = 1,52 × CUP - 18.000

Einem CUP von 45.000 würde demnach ein Piezowert von 50.400 p.s.i. entsprechen.
Bei den CIP-CUPs scheint der Gültigkeitsbereich der Umrechnung größer zu sein, er reicht dort von 14.000 bis 57.000 CUP. Da habe ich folgende Umrechnung ausgegraben:

$$Piezowert\ in\ MPa = \frac{1{,}2091 \times CUP - 2807}{139{,}5}$$

Einem CUPcip von 16.800 würde demnach ein Piezowert von 125,49 MPa entsprechen.
Für die meisten Wiederlader ist das Thema Druck damit abgeschlossen. Wer Bleigeschosse für Langwaffen lädt, für den geht es auf Seite 49 weiter.
Bevor wir jetzt zu den Vorgängen bei der eigentlichen Schussabgabe kommen müssen wir erst noch das Reizthema »Verschlussabstand« aus dem Weg räumen.

Verschlussabstand

In der angloamerikanischen Literatur sind sich die Autoren der Bedeutung des Ausdrucks »Verschlussabstand« (englisch headspace) offensichtlich nicht ganz sicher. (Ich selbst habe übrigens in Band 1 den Begriff ebenfalls mehrdeutig verwendet. Asche auf mein Haupt!)
Die offizielle und einzig korrekte Definition geht so:
Der Verschlussabstand eines Patronenlagers ist der Abstand vom Stoßboden bis zu dem Teil des Lagers, das die Vorwärtsbewegung der Hülse begrenzt.
Die Hülse ist hier ausschlaggebend. Der Verschlussabstand wird nie durch das Geschoss definiert, auch dann nicht, wenn es vor der Hülse Kontakt macht.
Im Wesentlichen sind es vier verschiedene Varianten, wie der Verschlussabstand gebildet werden kann (Abb. 34).

1. Direkt gegen die Schulter (ob man wie gezeichnet gegen die Schulterkante oder – korrekter – gegen einen Punkt in der Schultermitte dimensioniert, ist letztlich Geschmackssache)
2. Gegen den Hülsenrand
3. Gegen den Hülsenmund
4. Gegen den Gürtel

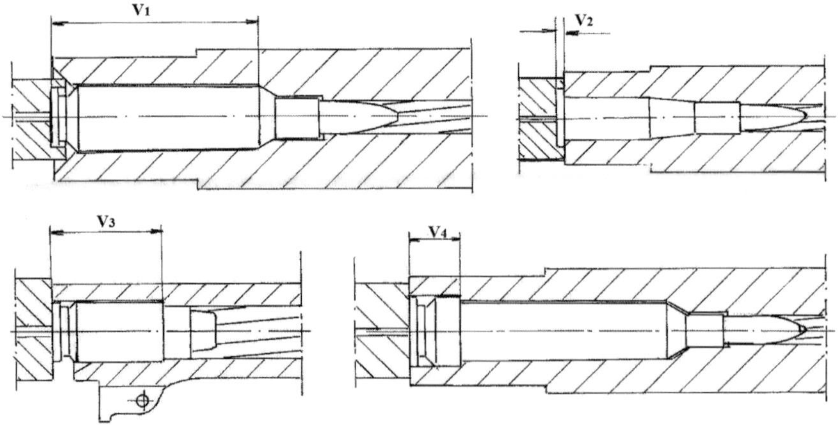

Abb. 34 (Vereinfachte Darstellung. Übergangskegel und Felddurchmesser sind aus Platzgründen nicht eingezeichnet)

In der angloamerikanischen Literatur beschreibt derselbe Ausdruck aber oft (und fälschlicherweise) etwas anderes: nämlich das Spaltmaß zwischen dem Stoßboden des Verschlusses und dem Hülsenboden. Dieser Spalt ergibt sich, wenn der Verschlussabstand im Patronenlager länger ist als der korrespondierende Abstand an der Hülse. Ich werde dieses Maß künftig als Verschluss-Spalt bezeichnen, denn das ist es.
Feuern wir also eine fabrikgeladene (oder FL-kalibrierte) Patrone (Abb. 26) ab und sehen uns die Vorgänge bei der Schussabgabe an.
Diese Patrone, die nach SAAMI- oder CIP-Standard hergestellt wurde, hat notwendigerweise radiales wie axiales Spiel, denn auch eine Patrone, die am oberen Ende des vorgegebenen Toleranzfeldes liegt, muss ja immer noch in ein Lager passen, welches seinerseits am untersten Ende seines Toleranzfeldes liegt.

Vorgänge bei der Schussabgabe

Der Schuss beginnt in dem Augenblick, in dem der Abzugsstollen den Schlagbolzen freigibt. Die Zeit, die verstreicht, bis der Schlagbolzen auf den Zünder trifft, ist die sogenannte Schlosszeit. Das dauert nicht lange (so etwa 0,5 Millisekunden), aber doch lange genug, um die Waffe messbar nach hinten zu bewegen und erste Schwingungen loszutreten. Man kann die Schlosszeit verkürzen, in dem man die Feder stärker macht und gleichzeitig Gewicht und Schlagbolzenweg reduziert.
Nehmen wir an, der Schlagbolzen hatte eine mittlere Federkraft von 125 N und einen Weg von 6 mm. Nehmen wir weiter an, er hinterlässt im Zünder eine 0,5 mm tiefe Delle. 6 dividiert durch 0,5 gibt 12. 12 x 125 N ergibt eine mittlere Bremskraft von 1500 N. Diese Kraft bringt den Schlagbolzen wieder zum Stillstand. Nicht nur das. Sie bremst auch die Rückwärtsbewegung der Waffe ab, was ebenfalls nicht ohne Erschütterungen abläuft.
Diese 1500 N schieben jetzt die Patrone so weit nach vorn, wie das Lager es zulässt. Da können Sie das Geschoss so lang setzen, wie Sie wollen. Bei 1500 N schiebt sich das Geschoss so tief in den Hülsenhals, dass die Hülse irgendwo anliegt.
Gleichzeitig werden zunächst der Zünder und wenig später die Pulverladung gezündet. Das Pulver wird in Gas umgewandelt, welches mehr Raum beansprucht als der Festkörper Schießpulver. Da dieser Raum nicht zu Verfügung steht, steigt der Druck. Bei einer modernen Hochleistungspatrone können das 450 MPa sein.
Wäre die Hülse nicht allseitig abgestützt, würde sie zerplatzen. Im wirklichen Leben bläht sie sich so weit auf, bis sie an der Wandung des Patronenlagers anliegt. Natürlich beginnt dieses Aufblähen dort, wo die Hülsenwand am dünnsten ist, an Hals und Schulter. Dort ist der Anpressdruck so stark, dass sich die Hülse unverrückbar im Patronenlager verkrallt. Das ist die weiter oben schon erwähnte Liderung.
Am Geschosskopf ist die Hülse dagegen so kräftig, dass eine solche Liderung nicht auftritt. Wir erinnern uns: Die Hülse wurde gerade durch den Schlagbolzenaufprall nach vorn geschleudert. Zwischen Stoßboden und Hülsenboden ist also ein Spalt entstanden, der Verschluss-Spalt. Zunächst einmal wird der Zünder um dieses Spaltmaß nach hinten geschoben, wo er auf den noch immer vorstehenden Schlagbolzen trifft. Ist die Aufprallenergie groß, bildet sich ein Krater. Ist sie zu groß, kann der Zünder sogar durchstoßen werden, und es ergibt sich ein sogenannter Durchbläser. Da die Hülse vorn lidert, hinten aber nicht, und da bis zu 450 MPa auf den inneren Hülsenboden wirken (bei der .308 ergeben sich immerhin rund drei Tonnen, die hält keine Messinghülse aus), bleibt dem Hülsenkopf nur eine Option. Er bewegt sich ebenfalls nach hinten, bis er wieder am Stoßboden anliegt.

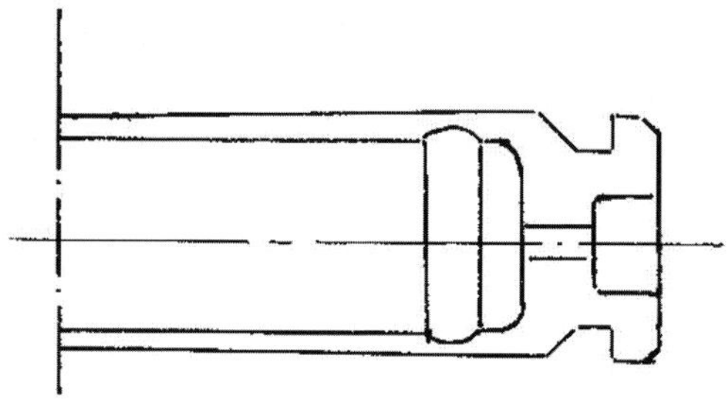

Abb. 35

Die Hülse ist jetzt länger als zuvor. Das wäre nicht weiter schlimm, wenn sich diese Längung gleichmäßig auf die ganze Hülse verteilen würde. Tut sie aber nicht. Das für diese Längung erforderliche Material muss irgendwo herkommen. Das Stück Hülse zwischen dem vergleichsweise soliden Hülsenkopf und dem Hülsenteil, der lidert, ist ziemlich kurz. So etwa 1 cm ist typisch. In diesem Bereich streckt sich die Hülse, oder anders ausgedrückt, sie wird dort dünner (Abb. 35). Diese Einschnürung ist eine bleibende Verformung und liegt überdies auf der Innenseite, ist also von außen nicht zu erkennen. Zweite Erkenntnis: Wenn ich jetzt die geschwächte Hülse wieder auf das alte Maß zurückdrücke, wiederholt sich der Vorgang von neuem. Das kann ich einige Male machen, dann ziehe ich irgendwann nur noch den Hülsenkopf aus dem Lager, der Rest der Hülse bleibt drin.

Es gibt, so sagt man, zwei Hilfsmaßnahmen. Erstens, ich kann eine Gürtelhülse verwenden. Bei dieser ist der Verschlussabstand deutlich geringer als bei einer Hülse, bei der er gegen die Schulter gebildet wird. Ein kleines Maß kann man enger tolerieren als ein großes. Außerdem wird die Hülse unmittelbar über dem Kopf durch den Gürtel verstärkt. Das sind die Gründe, die überhaupt zur Entwicklung von Gürtelhülsen geführt haben. Von etwa 1960 bis 2000 waren Gürtelhülsen deshalb absolut »in«. Die angeblichen Nachteile, die im Netz allgemein kolportiert werden, stammen zum großen Teil von Leuten, die selbst nie Gürtel geschossen haben. Von lausiger Präzision ist da die Rede. (Die 7mm Rem. Mag ist eine der präzisesten Jagdpatronen überhaupt.) Zufuhrprobleme beim Repetieren? Dann müssten eine Menge Großwildjäger, die mit einer 375 H&H Mag oder einer 458 Win. Mag gefährliches Wild gejagt haben, ahnungslose Trottel gewesen sein. Der einzige Nachteil, den ich sehe: der Gürtel kann beim Hantieren mit der Hülse beschädigt werden. Dann muss man ihn mit einer Schlüsselfeile etwas glätten. Das kann einem aber mit jeder Randhülse auch passieren.
Andererseits darf man sich auch nicht in falscher Sicherheit wiegen. Der Verschluss-Spalt bei einer Gürtelhülse ist kleiner; das stimmt. Der Teil des Mantels, der die Verformung aufnehmen kann, ist es aber auch. Wenn wir eine solche Hülse mehrfach FL-rekalibrieren, wird sie genauso über dem Gürtel abreißen, wie bereits oben beschrieben. Wirkliche Abhilfe liefert also nur Maßnahme Nummer 2. (Übrigens, wenn man das mit einer Gürtelhülse macht, bildet auch die den Verschlussabstand über die Schulter und nicht mehr über den Gürtel).
Die zweite Hilfsmaßnahme, um Probleme mit dem Verschluss-Spalt zu vermeiden, ist, ihn zu minimieren. Das geht ganz einfach.
Nach der Schussabgabe hat die Hülse die genaue Form des Patronenlagers angenommen. Ergo: Ich darf halt NICHT hergehen und die Schulter wieder zurückdrücken. Wir kalibrieren nur so weit, dass sich die Kammer gerade mit leichtem Widerstand schließen lässt. Dann haben wir einen Verschluss-Spalt in der Größenordnung von wenigen hundertstel Millimetern. Und eine derart geringe Längung der Hülse liegt im elastischen Bereich, ergibt also KEINE bleibende Verformung. Was aber tun, wenn wir fabrikgeladene Munition verschießen wollen? Wie kann man prüfen, ob hier ein exzessiver Verschluss-Spalt vorliegt?
Schneiden Sie mit einer Fingernagelschere einige runde Papierplättchen, gerade so groß,

dass sie in den Stoßboden Ihrer Waffe passen. Legen Sie eines zwischen Stoßboden und Hülse. Verspüren Sie beim Schließen der Kammer einen leichten Widerstand? Alles okay.
Sie spüren nichts? Dann legen Sie ein zweites und, wenn nötig, ein drittes Plättchen in die Waffe. Das wiederholen Sie so oft, bis Sie beim Schließen der Kammer Widerstand verspüren.
Bis zu 0,15 mm Spalt stellen kein Problem dar. Ist der Spalt deutlich größer, sollten Sie überlegen, ob Sie das Geschoss nicht ziehen (vgl. Seite 31) und mit einer reduzierten Menge Pulver laden, mit Klopapier verdämmen und die Hülse dann – im vorderen Drittel mit einem Hauch Hülsenwachs leicht gefettet – feuerformen.
Aber auch mit einer feuergeformten, passenden Hülse müssen wir den maximal zulässigen Druck einhalten. Ein zu hoher Druck führt mindestens zum vorzeitigen Verschleiß der Waffe, ein viel zu hoher Druck führt zu Zerstörungen an der Waffe und, wenn wir Pech haben, an uns selbst.
Damit sind wir bei der Knackpunktfrage dieses Kapitels angelangt: Wie erkenne ich eigentlich zu hohen Gasdruck?

Anzeichen für zu hohen Verbrennungsdruck
Wenn Sie den Maximaldruck versehentlich um 5 % überschritten haben, geht noch nicht gleich die Welt unter. Bedenken Sie: Wenn das Beschussamt Ihre Waffe prüft, laden die auf 20 % höheren Druck.
Moderne Systeme vertragen eine Menge an Misshandlung. Aber wenn Sie Ihre 7 x 64 Brenneke nicht mit 3,85 gr. Viht. N160, sondern mit der gleichen Menge N310 geladen haben, dann waren Sie schuld und nicht Sako, wenn Ihnen das System um die Ohren fliegt.
Aber fangen wir am unteren Ende des Spektrums an. Sie sollten stutzig werden, wenn die Waffe stärker schlägt als gewohnt, wenn der Report lauter oder das Mündungsfeuer größer ist als normal oder wenn sich der Verschluss nur schwer öffnen lässt. Trifft eines dieser Symptome zu, ist das ein guter Grund, die abgeschossene Hülse sehr sorgfältig zu inspizieren.

1. Wie sieht der Zünder aus? Ist die Rundung an der Außenkante kleiner geworden, weil der Zünder flachgedrückt wurde? Hat sich um die Aufschlagdelle ein Krater gebildet? Oder hat der Schlagbolzen ein Loch in den Zünder gestanzt? Sind Schmauchspuren um den Zünder sichtbar? Sitzt der Zünder lockerer in der Zündglocke als zuvor? Fällt er möglicherweise heraus? (In den letzten beiden Fällen ist die Hülse Schrott.)
2. Haben sich die Bearbeitungsriefen des Stoßbodens auf den Hülsenboden übertragen? Hat sich die Aussparung im Verschlusskopf, in der die Ausziehkralle sitzt, auf die Hülse übertragen?

Abb. 36

Die Punkte unter 1. und 2. können auch auftreten, wenn der Druck noch zulässig ist. Umgekehrt kann der Druck (geringfügig) zu hoch sein, ohne dass eines der vorgenannten Zeichen erkennbar ist. Aber es gibt ein quantitativ fassbares Zeichen für zu hohen Druck:

3. In den meisten Handbüchern ist für (SAAMI-)genormte Hülsen, die den Verschlussabstand über die Schulter bilden, 0,2 Zoll (≈ 5 mm) über dem Hülsenboden ein Durchmesser angegeben. Bei der .308 sind das .470 Zoll. (Bei

Gürtelhülsen nimmt man das Maß direkt über dem Gürtel.) Diese 0,47 Zoll sind nach SAAMI der maximale Durchmesser einer Hülse, die gerade noch in das kleinstzulässige Patronenlager passt (Abb. 36). Eine handelsübliche Hülse wird also immer kleiner als dieses Maß sein. Beim Abfeuern wird die Hülse auf das Maß des Patronenlagers aufgeblasen. Dann springt sie um 0,025 mm zurück. Wenn Sie fabrikgeladene Patronen verwenden, notieren Sie sich dieses Maß. Es ist für diese Waffe Ihr künftiger Referenzpunkt, der nie überschritten wird. Nehmen Sie die .470 und rechnen Sie 0,001 Zoll dazu. Dann haben Sie das Minimum-Maß des SAAMI-Patronenlagers. Verwenden Sie neue, leere Hülsen, dann sind die .470 Zoll (11,94 mm) das Größtmaß, das Sie nie überschreiten sollten. Bei anderen Kalibern gelten natürlich andere Zahlenwerte.

Was bedeuten diese Zahlen? Stahl hat eine sogenannte Streckgrenze. Das ist die Spannung, bei der er sich um 0,2 % dehnt bzw. staucht. Unter Berücksichtigung eines Sicherheitsfaktors darf man den Stahl bis zu diesem Wert belasten. Wird die Spannung (gelegentlich) größer (z. B. 0,3 % Dehnung), passiert auch noch nichts. Der Stahl verformt sich elastisch, d. h., er schrumpft nach der Belastung auf das alte Maß. Ist der Druck in einem Patronenlager D = 12,5 mm so hoch, dass dies eintritt, dann dehnen sich Hülse und Lager kurzzeitig um 0,0375 mm. Anschließend schrumpft das Lager wieder um 0,0375, die Hülse aber nur um 0,025 mm. Hatte sie vorher 0,01 mm Spiel, so ist sie jetzt um 0,0025 mm größer als das Lager. Bei dem Betrag heißt das: Der Verschluss lässt sich nur schwer öffnen. War der Druck noch höher, benötigt man unter Umständen einen Hammer.

Erste Wiederladeversuche

Nehmen wir an, wir wollen für das Kaliber .308 Winchester laden. Das Gewehr soll für die Jagd auf mittleres Wild über kurze Distanzen (bis maximal 300 Meter) genutzt werden. Match- und Jagdmunition für große Distanzen geht im Prinzip genauso, aber da sind noch ein paar Kleinigkeiten extra zu beachten, um die wir uns im Teil für Fortgeschrittene kümmern werden.

Vor uns aufgereiht stehen in einem Ladebrett 50 Hülsen (von RWS), die wir im Vorjahr gesammelt haben, des Weiteren ein Wiederlade-Handbuch. Für dieses Beispiel nehmen wir mal das von Hornady. Die Testwaffe im Handbuch hatte einen 22-Zoll-Lauf. Unser eigenes Gewehr hat einen Lauf von 600 mm Länge, die zu erwartenden Mündungsgeschwindigkeiten dürften also um etwa 10 m/s höher liegen als im Handbuch angegeben.

Hornady verwendete einen Zünder Größe 210 von Federal. Dem haben wir uns angeschlossen und ebenfalls diesen Zünder erworben.

Die Maximallänge der Hülse ist mit 2,015 Zoll (51,18 mm) angegeben, die Trimmlänge (das ist das Maß, auf das wir – falls erforderlich – alle Hülsen kürzen), beträgt 2,005 Zoll (50,9 mm). Dann steht da noch Maximum C.O.L. = 2,810 Zoll (71,37 mm). In einigen anderen Handbüchern heißt diese C.O.L. auch C.O.A.L. Gemeint ist in beiden Fällen die Cartridge Overall Length (die Patronen-Gesamtlänge), gemessen vom Patronenboden bis zur äußersten Geschossspitze.

Zunächst einmal fällt auf: die Amerikaner rechnen in anderen Maßeinheiten. (Die meisten jedenfalls. Beim Militär und bei der NASA wird teilweise metrisch gemessen. Das hat dann unter Umständen zur Folge, dass ein Pilot denkt, er hätte 5000 Gallonen Kerosin getankt; es sind aber nur 5000 Liter ...)

Uns soll das nicht passieren. Die Umrechnungsfaktoren sind:

1 Zoll = 1 Inch = 25,4 mm

1 Grain = 1 grn = 1/7000 lbs = 0,06479891 Gramm ≈ 0,0648 g

Die Amis kürzen das Avoirdupois-Grain gern mit »gr« ab. Ich benutze »grn«, um Verwechslungen mit unserem Gramm zu vermeiden. Außer dem Avoirdupois-Grain gibt es auch noch das Troy- und das Apotheker-Grain, die aber weniger gebräuchlich sind.
Sollten Sie ein anderes Handbuch z. B. von VihtaVuori verwenden, dann finden Sie da gegebenenfalls für die Gesamt- sowie für die Trimmlänge leicht unterschiedliche Zahlen. Das liegt hauptsächlich daran, dass die einen SAAMI-Maße und andere die von CIP angeben. Aber wirklich übereinstimmende Maße findet man ohnehin kaum.
Ein Freund von uns, der das gleiche Kaliber schießt, sagte, er hätte gute Erfahrungen mit dem Geschoss Hornady SST im Gewicht von 11,66 Gramm gemacht. Also haben wir eine Schachtel davon erworben und zugegeben: aussehen tun die Dinger schon mal gut. Wenn sie sich im Revier genauso bewähren, haben wir bestimmt nichts falsch gemacht.
Auf der Seite mit den 180-grn-Geschossen (180 grn = 11,66 g) ist VihtaVuori 150 Pulver aufgeführt. Da unser Händler dies Pulver vorrätig hat, nehmen wir es.
Wir haben Hülsen, Zünder, Pulver und Geschosse. Es kann losgehen.
Bei einer ersten Inspektion der Hülsen fällt auf, dass sie ein wenig fleckig und angelaufen sind. An den Hülsenhälsen befinden sich Schmauchrückstände. Das meiste davon lässt sich mit dem Krazy Kloth mühelos entfernen. Einige wenige haben dann noch immer Flecken, denen man mit ganz normaler Scheuermilch aus der Küche beikommt.
Mit einer Laufreinigungsbürste aus Bronze entfernen wir die Rückstände aus dem Hülsenhals.
Die Hülsen sehen jetzt noch immer nicht wie neu aus, aber das ist rein optisch. Mit der Funktion hat der restliche »Belag« nicht das Geringste zu tun. Wer sich dennoch daran stört: ein Vibrationstumbler mit Maisschrot lässt die Hülsen in ihrem ursprünglichem Glanz erstrahlen.
Jetzt folgt die eigentliche Inspektion. Weisen unsere Hülsen irgendwelche Beschädigungen auf? Wie lang sind sie? Messschieber-Genauigkeit ist hier völlig ausreichend. Die maximale Soll-Länge von 51,18 wird von drei Hülsen geringfügig überschritten. Alle anderen sind zwischen 51,05 und 51,15 mm lang. Wir entschließen uns, alle Hülsen auf 50,9 zu kürzen. (51,0 ginge natürlich auch, aber so haben wir einen längeren Zeitraum, bis wir wieder trimmen müssen.)
Bei der Längenmessung müssen wir darauf achten, dass wir tatsächlich vom Hülsenboden aus messen und nicht etwa von einem vorstehenden Zünder oder einem Kraterrand auf dem Zünder.
Als nächstes ermitteln wir den Durchmesser der abgeschossenen Hülse unmittelbar über dem Hülsenkopf. Dazu brauchen wir eine vernünftige Bügel-Messschraube. Bei der fabrikneuen Patrone betrug dieses Maß 11,938 mm. Jetzt messen wir knapp 11,945. So ganz genau ist der Messbügel nicht, aber es sind deutlich weniger als 11,95. Da sich das Maß bei den ersten 10 Messungen jedes Mal wiederholt, kann man davon ausgehen, dass alle 50 Hülsen gleich sind. Die 11,94–11,945 mm tragen wir in unser Wiederlade-Buch ein.
Als nächsten Schritt suchen wir eine passende Pulverladung. Das Hornady-Handbuch gibt für die 308 Winchester, 180 grn Geschossgewicht und Viht. N150 eine Maximalladung von 42,7 grn (2,767 gr) an. (Bei VihtaVuori selbst sind sie etwas mutiger und gehen auf 44,5 grn (2,88 g) als Maximalladung.)
Wie viel also nehmen?
Wir wollen die größtmögliche v_0, um eine möglichst gestreckte Flugbahn zu erzielen. Also laden wir fünf Schuss mit 41 grn (2,66 g), das sind 4 % unter Hornadys Maximum. Insgesamt laden wir:

5 Schuss mit 41,0 grn (davon 2 Ölschüsse)
3 Schuss mit 41,5 grn

3 Schuss mit 42,0 grn
3 Schuss mit 42,5 grn
3 Schuss mit 42,8 grn
3 Schuss mit 43,1 grn
3 Schuss mit 43,4 grn
3 Schuss mit 43,7 grn
3 Schuss mit 44,0 grn
3 Schuss mit 44,3 grn

Das sind 32 Schuss, die, wenn sie geladen sind, deutlich gekennzeichnet und getrennt voneinander verwahrt werden.

Die Presse ist bereits fest mit der Werkbank verschraubt. Die Kalibriermatrize ist in die Presse geschraubt, das Zünder-Magazin ist gefüllt und der Hülsenhalter in den Pressenstempel gedrückt. Mit einigen Leerhüben vergewissern wir uns, dass sich alles frei bewegt, nichts schabt, kratzt oder scheuert. Der Pressenstempel hat einen leichten Fettfilm.

Hülsen fetten

Bevor wir kalibrieren können, müssen wir die Hülsen fetten. Dazu streichen wir mit dem Finger über das Wachs und übertragen es auf die Hülse. Um den Hülsenhals von innen zu fetten, können wir die bereits angesprochene Bürste verwenden. Noch einfacher geht folgende Methode: Mit der Fingerkuppe etwas Wachs aus der Dose aufnehmen und dann mit dem Finger quer über den Hülsenmund fahren. Die Hülse dabei ein klein wenig schräg halten, sodass das Wachs von der Innenseite des Hülsenmundes abgekratzt wird. Von dort wird es dann vom Aufweitknopf der Matrize im Hülsenhals verteilt. Nicht vergessen: wir brauchen nur ganz wenig.

Kalibiriermatrize einrichten

Zweiter Arbeitsschritt ist das Einrichten der Kalibriermatrize. Beim Ersteinrichten ist es eine gute Idee, die Spindel mit dem Aufweitknopf vollständig aus der Matrize herauszuschrauben. Mit einer Kerze oder einem Streichholz rußen wir eine gefettete Hülse im Hals- und Schulterbereich ein. (Vorher Pulver und Zünder beiseiteschaffen, bitte.)

Bevor wir die Hülse in den Hülsenhalter schieben, vergewissern wir uns: im oberen Totpunkt des Pressenhubes haben wir noch etwa einen Zentimeter Luft bis Unterkante Matrize. Jetzt eingerußte Hülse in den Hülsenhalter schieben und den Pressenhebel bis zum Anschlag nach unten ziehen. Die Hülse sollte ohne Widerstand in die Matrize eintauchen. Mit der Hülse im oberen Totpunkt drehen wir die Matrize (noch immer ohne Aufweitknopf) nach unten, bis wir Widerstand spüren. Hülse nach unten bewegen und dann die Matrize eine Umdrehung tiefer stellen. Wenn wir jetzt die Hülse in den oberen Totpunkt (OT) fahren, merken wir, auf den letzten 1,8 mm tut sich was. Wir fahren mit der Hülse wieder nach unten, und durch das Einrußen kann man gut erkennen, auf welcher Länge der Hals und der Hülsenkörper kalibriert wurden. Dieses Spiel wiederholen wir so oft, bis sich die Halskalibrierung der Schulter nähert. Bei den letzten ein oder zwei Arbeitsschritten wurde im Idealfall auch der Hülsenkörper im oberen Drittel ganz leicht kalibriert. Wird der Körper schon kalibriert, bevor wir am Hals in Schulternähe sind, benötigen wir eine NK-Matrize (Vgl. S. 32).

Haben wir damit begonnen, den Körper zu kalibrieren und dabei fast, wenn auch noch nicht ganz die Schulter erreicht, dann stoppen wir und laden unser Gewehr mit dieser teilkalibrierten Hülse. Wenn wir den Verschluss betätigen und der Kammerstängel im letzten Stück der Schließbewegung einen leichten Widerstand bietet, haben wir die richtige Einstellung der Matrize gefunden. Schließt das System noch hart, müssen wir eine NK-Matrize verwenden und in kleinen Schritten tiefer stellen, bis die richtige Passung im Verschluss erreicht ist.
Achtung: Die Maximaltiefe ist erreicht, wenn die Matrizenschulter die Hülsenschulter gerade berührt.
Die so gefundene Tiefe wird mit dem Klemmring der Matrize dauerhaft fixiert.
Jetzt schrauben wir die Spindel mit dem Aufweitknopf zurück in die Matrize, etwa so tief, dass die Spitze des Zünderausstoß-Stiftes zirka zwei Zentimeter über dem unteren Matrizenrand steht. Wenn wir jetzt mit der Hülse in die Matrize einfahren, verspüren wir einen kräftigen Widerstand. Das ist die Kraft, die man benötigt, um den Hülsenhals auf das endgültige Maß aufzuweiten. Später, beim eigentlichen Rekalibrieren, erfolgt dies Aufweiten, wenn wir die Hülse nach unten bewegen. Dafür ist die Form des Knopfes optimiert. Beim Einrichten erfolgt das Aufweiten, wenn wir in die Hülse hineinfahren; da ist der erforderliche Kraftaufwand etwas größer.
So, wir sind drinnen.
Jetzt können wir die Spindel solange tieferstellen, bis wir einen metallischen Widerstand spüren. Das ist der Ausstoß-Stift, der jetzt auf dem Zünder aufsitzt.
Hülse um 10 mm nach unten bewegen, und in der Stellung den Stift zirka 5 mm tiefer stellen. Wenn wir jetzt die Hülse wieder in den OT bringen, wird der verbrauchte Zünder ausgestoßen. Der Ausstoß-Stift sollte jetzt gerade ein klein wenig aus der Zündglocke herausschauen.
Mit der Hülse im oberen Totpunkt drücken wir den Schwenkhebel mit dem frischen Zünder nach vorn und ziehen den Pressenhebel nach oben, bis der Zünder im Boden der Zündglocke fest aufsitzt.
Wir habe jetzt die richtige Stellung der Spindel, die jetzt ebenfalls mit der Kontermutter fixiert wird. Die Einstellung der Rekalibriermatrize ist damit abgeschlossen; wir können hergehen und die 32 Hülsen rekalibrieren und mit neuen Zündern versehen.
Beim regulären Laden würden wir jetzt die Hülsen mit Pulver befüllen. Bei diesem allerersten Durchgang aber werden wir zunächst die Setzmatrize einstellen.

Setztiefe einstellen

Eines vorweg: Wir lernen zunächst einmal krabbeln. Das schnelle Laufen auf zwei Beinen kommt im zweiten Teil an die Reihe. Zunächst also stellen wir die Setztiefe nach SAAMi bzw. CIP ein. Das ist nicht das erreichbare Optimum, aber so machen Sie auch nichts wirklich verkehrt. Wir erinnern uns: Die C.O.L., also die Patronengesamtlänge der .308, wird von SAAMI mit 71,37 mm angegeben. (Bei CIP ist diese Länge etwas kürzer, nämlich 71,12 mm). Wenn wir eine Waffe eines europäischen Herstellers schießen, dann ist die Wahrscheinlichkeit hoch, dass das Lager nach CIP gefertigt wurde. Wir halten uns aber zunächst an das SAAMI-Maß. Kürzer werden können wir immer noch.
Nehmen wir an, wir verwenden eine straightline-Setzmatrize ähnlich Abb. 27. Die Vorgehensweise ist ähnlich wie bei der Kalibriermatrize. Hülse in die Presse und Pressenstempel in OT. Jetzt setzen wir ein Geschoss auf die Hülse und drehen die Matrize in die Presse, und zwar so tief, bis wir Kontakt mit den Geschoss machen. Dann senken wir den Pressenstempel 10 mm nach

unten und drehen die Matrize um drei Umdrehungen tiefer. Da ein Gang 1/14" Steigung hat, entspricht das einem Zustellweg von knapp 5,5 mm. Wenn wir jetzt die Hülse wieder in den oberen Totpunkt bringen, schieben wir das Geschoss um diese 5,5 mm in den Hülsenhals.
Patrone aus der Presse nehmen und die Gesamtlänge (Geschossboden bis Geschossspitze) messen. Annahme: Unsere Dummypatrone sei jetzt 76,24 mm lang. Das ist eine Überlänge von 4,87 mm. Also drehen wir die Matrize zweizweidrittel Umdrehungen tiefer, setzen erneut und messen die Länge noch einmal. Die sei jetzt 71,45 mm, ist also noch immer etwas zu lang.
SAAMI hin, CIP her. Wir nehmen unsere Patrone, stecken sie ins Patronenlager unserer Waffe und schließen den Verschluss. Das geht ohne Mühe? Okay, vergessen wir die C.O.L. und fixieren mit dem Klemmring die Höhe der Matrize. (Bei einem Rundkopf-Geschoss könnte es allerdings sein, dass wir tatsächlich noch einen Tick tiefer stellen müssen, da hier das Geschoss viel früher im Übergangskegel Kontakt macht.)
Unsere Matrizen sind jetzt justiert. Wir können laden.
Eigentlich müssten wir jetzt die Hülse, die wir zum Einstellen verwendet haben, nach dem Geschossziehen noch einmal neu kalibrieren. Wenn wir sie aber kennzeichnen und als ersten Ölschuss verwenden, können wir uns das sparen. Mit dem Kennzeichnen machen wir nicht viel Gedöns. Wir kleben einen Streifen Tesakrepp auf die volle Länge der Innenseite unseres Patronenkastens und schreiben die Pulvermenge für jede Reihe auf. Unsere 32 Schuss teilen wir in 5 Patronen in Reihe 1 und je drei in die folgenden 9 Reihen.

1. Rekalibrieren und Zündersetzen: Alle 31 gefetteten Hülsen – plus die eine, die wir schon haben – kommen in der gleichen Anordnung ins Ladebrett.
2. Pulverfüllen: Später werden wir ein Pulverfüllgerät verwenden. Im Moment wiegen wir jede Charge ab. Dazu geben wir mit einen kleinen Löffel zirka 40 grn (2,60 g) in die Waagschale und dosieren den Rest mit dem Pulvertröpfler zu. Wenn das Gewicht stimmt, kommt das Pulver in die Hülse. (Bei der .308 geht das auch ohne Trichter.)
3. Sichtkontrolle: Doppelladungen können wir ausschließen. Dafür bietet die Hülse nicht genügend Platz. Aber haben wir alle Hülsen befüllt? Bei geringen Ladungen, die nicht sehr hoch stehen, benötigen wir unter Umständen eine Taschenlampe, um besser sehen zu können.
4. Geschosse setzen: Zunächst Rekalibriermatrize gegen die Setzmatrize austauschen Wir nehmen eine Hülse aus dem Ladebrett und schieben sie vorsichtig in den Hülsenhalter in der Presse. Geschoss auf den Hülsenmund setzen, mit der linken Hand festhalten und langsam mit der Rechten den Hebel bis zum Anschlag nach unten ziehen. Hebel wieder nach oben und fertige Patrone ins Ladebrett stellen.
5. Endkontrolle: Jetzt nehmen wir nacheinander alle Patronen, wischen mit einem sauberen Leinentuch alle Wachsrückstände von Wandung, Schulter und Hals und begutachten und bewundern unser Werk. Wenn alles gut ist, transferieren wir die fertigen Patronen in die dafür vorgesehenen Fächer der Lager- und Transportbox.

Die frisch geladenen Patronen sind allerdings nicht geeignet, im Revier getestet zu werden. Ich muss ja wohl nicht daran erinnern, dass wir einige mit mehr Pulver gefüllt haben, als im Hornady-Handbuch als sichere Maximalladung vorgegeben war.

Maximalladung ermitteln

Unser nächster Weg führt uns also auf den Schießstand. Wenn möglich, schießen wir von einem Anschuss-Tisch sitzend oder liegend aufgelegt. Außer Büchse und Munition benötigen wir einen Mikrometer-Messbügel, ein Lineal oder einen Messschieber sowie eine Fotokopie von Seite 43 f.: Anzeichen für zu hohen Verbrennungsdruck.
So vorbereitet, feuern wir den ersten Ölschuss. Das war die Hülse, bei der wir auf erneutes Kalibrieren verzichtet hatten. Nach dem zweiten Ölschuss richten wir die Waffe wieder auf die 10 ein und verstellen das Absehen des Zielfernrohrs auf Schussloch Nr. 2 –ohne dabei die Waffe zu bewegen. Unser Z.F. visiert jetzt die Stelle an, auf die die Waffe (mit dieser Ladung) schießt.
Wir geben die restlichen drei Schuss mit 41 grn ab. Alle mit demselben Haltepunkt. Die Ladung ist vergleichsweise moderat. Es sollten sich keine Anzeichen für Hochdruck ergeben.
Wir holen die Scheibe heran, messen die Streuung der Ladung, notieren diese sowie die Lage der Gruppe und kleben gegebenenfalls die Schusslöcher ab (Vgl. auch S. 129–131).
Dann feuern wir die nächsten drei Schuss. Selber Haltepunkt. Aufgrund der höheren Ladung wird sich die Treffpunktlage etwas ändern. Auch die Streuung kann zu- oder abnehmen. Wir stellen noch immer keine Anzeichen für zu hohen Gasdruck fest. Das neue Streumaß sowie die Lage derselben wird notiert. Die Schusslöcher werden abgeklebt, falls wir keine Mehrfachscheibe verwenden.
Das wiederholen wir solange, bis sich erste Anzeichen für Hochdruck einstellen: Das Mündungsfeuer nimmt deutlich zu. Die Zünder werden flacher. Es bildet sich aber noch kein Krater. Trotzdem: es ist an der Zeit, den Hülsendurchmesser unmittelbar über dem Kopf zu messen. Wir messen noch immer knapp 11,945. Also keine weitere Vergrößerung der Hülse.
Bei der maximalen Pulverladung von 44,3 grn schließlich haben wir eine deutliche Kraterbildung, und der Hülsendurchmesser ergibt jetzt 11,95. Der Verschluss lässt sich allerdings noch ziemlich leicht öffnen, wenn auch mit mehr Widerstand als am Anfang. Diese Ladung liegt zwar über dem Maximum von Hornady, aber noch immer knapp unter der maximalen CIP-Ladung bei VihtaVuori.
Den Ausschlag gibt schließlich das Schussbild. In diesem Beispiel haben wir die mit 24,8 mm auf 100 Meter kleinste Streuung mit 43,7 grn Pulver erzielt. Außerdem lag die Gruppe fast an derselben Stelle wie die mit 43,4 grn Das ist die Ladung, die wir mit diesem Geschoss und diesem Pulver bis auf weiteres verwenden werden.
Anmerkung: Hätte sich eine Vergrößerung des Hülsendurchmessers bereits bei 43,1 grn Pulver ergeben, dann hätten wir den Test selbstverständlich an dieser Stelle abgebrochen. Die verbleibenden Patronen werden in jedem Fall zu Hause entladen.

Die Herstellung gegossener Bleigeschosse

Blei und Bleilegierungen

Blei (Pb, lat. Plumbum) ist ein relativ schweres Element, das – außer bei Monolith-Geschossen – den Löwenanteil des Gewichts unserer Geschosse ausmacht. Es kommt in der freien Natur

Abb. 37. (Foto: Rob Lavinsky, iRocks. com, © CC BY-SA 3.0)

kaum in reiner Form sondern vielmehr als Bleiglanz (PbS, Bleisulfid, Abb. 37) vor. Reines Blei ist metallisch blank mit einem bläulichen Schimmer. Es ist schwer: Dichte = 11,342 g/cm^3, und es hat einen vergleichsweise niedrigen Schmelzpunkt von 327 °C. Blei reagiert sehr schnell mit anderen Elementen und bildet schon nach Minuten Oxide und Karbonate, die ihrerseits eine dichte, undurchdringliche Schutzschicht bilden und das darunterliegende Metall vor weiterer Korrosion schützen.

Blei wurde früher zu Wasserleitungen verarbeitet, ist aber in Verruf geraten, weil es im Kontakt mit Wasser angeblich zur Schwermetallvergiftung führt. Es findet aber nach wie vor Verwendung als Bestandteil von Batterien, Gleitlagern oder Kabelmänteln und als Abschirmmaterial zur Eindämmung radioaktiver Strahlung. Bis vor kurzem war es auch noch unverzichtbar als Ausgleichsgewicht an den Rädern unserer Autos. Dort ist die Verwendung von Blei aber seit 2005 verboten.

Blei ist toxisch, wenn es in größeren Mengen vom Körper aufgenommen wird. Auch geringe Mengen sind gefährlich, wenn sie über einen längeren Zeitraum absorbiert werden, da das Schwermetall im Körper angesammelt wird.

Man muss sich aber nicht verrückt machen. Wenn Sie mit Bleigeschossen hantieren, müssen Sie deshalb keine Gummihandschuhe tragen. Es ist aber empfehlenswert, sich vor dem Essen dann ordentlich die Hände zu schrubben.

Wenn Sie Bleigeschosse gießen, hält sich die Gefahr durch aufsteigende Dämpfe ebenfalls in Grenzen. Der entstehende Rauch stammt nämlich zu 99 % von Verunreinigungen und dem Wachs, das Sie der Schmelze beifügen. Aber wer auf Nummer sichergehen will, der trage eine Atemschutzmaske.

Blei ist überdies – verglichen mit anderen Metallen, die ähnlich schwer sind – relativ billig.

Alle bisher genannten Eigenschaften machen Blei zu einem sehr geeigneten Ausgangsmaterial für unsere Geschosse. Wenn wir es in Mantelgeschossen einsetzen, kommt es dem Ideal sogar sehr nahe. Für nicht ummantelte Geschosse ist es allerdings zu weich. Man kann es mühelos mit dem Daumennagel anritzen.

Technisch reines Blei enthält mindestens 99,9 % Blei. Den Rest herauszuholen, würde einfach zu teuer. Es hat (für die Techniker unter uns) einen E-Modul von zirka 14.000 N/mm^2 oder MPa, die Zugfestigkeit eines solches Bleis beträgt lediglich 12 MPa. Ein Baustahl der Güte St 37 hat im Vergleich dazu 363 MPa. Die Streckgrenze von Blei, das ist die Spannung, bei der es sich plastisch zu verformen beginnt, liegt sogar nur bei knapp 7 MPa. Auf die Brinell-Härte kommen wir noch zu sprechen, sie liegt aber lediglich bei 25 % der Härte von Reinaluminium.

Gelegentlich taucht die Frage auf: Gibt es eigentlich keine anderen Metalle, die den Job als Geschoss womöglich noch besser erledigen könnten? Doch, di gibt es. Aber nur, wenn – wie bei den Streitkräften mancher Länder – die Kosten keine Rolle spielen. Beispiele sind: abgereichertes Uran, Gold, Platin und wenn man sie ummantelt Iridium und Wolfram. Denken Sie also an die Alternativen, wenn Sie sich das nächste Mal über den Preis von Blei beschweren.

Technisch reines Blei ist also für gegossene Geschosse nicht zu gebrauchen. Da benötigen wir eine Bleilegierung, die eine höhere Festigkeit und Härte aufweist. Die wichtigsten Legierungselemente, um Blei zu härten, sind Antimon (Sb), gefolgt von Wismut (Bi), Zinn (Sn), Kupfer (Cu) und Tellur (Te). Davon sorgt Antimon für die nötige Härte, Zinn gibt der Legierung Festigkeit und Zähigkeit.

Früher, also vor Einzug des digitalen Zeitalters, konnte man in Druckereien sogenanntes Lettern-

metall erwerben. Gedruckt wird inzwischen meist nach dem Offset-Verfahren, aber die Bleilegierung heißt noch immer so. Die für uns Schützen wichtigsten Legierungen sind Linotype-Metall (etwa 12 % Sb ,5 % Sn, Rest Blei) und das eigentliche Lettern-Metall (28-29 % Sb, 5,6 % SN, Rest Blei). Bleibt die Frage, woher man Blei beziehungsweise Hartblei bekommt. Antwort: Kleinstmengen über ebay, größere Mengen z. B. über Metallhandel Kärst (*www.schrottmax.com*).
Soweit war es das für die Neueinsteiger. Die folgenden zwei Kapitel sind eher für erfahrene Wiederlader.

Bleihärte und die dazu passende Pulverladung

Also, wenn wir Geschosse gießen wollen, benötigen wir Hartblei. Wie hart? Bis vor kurzem gab es darauf die zwar vernünftige, aber dennoch nichtssagende Antwort: hart genug, dass der Lauf nicht übermäßig verbleit. Gesagt ist damit gar nichts. Wie hart muss das Blei sein, damit der Lauf nicht verbleit? Diese Antwort hat uns keinen Schritt weiter gebracht.
Noch vor gar nicht langer Zeit dachten die meisten Fundis, die Bleiablagerungen würden dadurch verursacht, dass durch die Reibungshitze im Lauf (möglicherweise mit Unterstützung durch das Gas Cutting) das Geschossblei angeschmolzen würde. Hohe Geschwindigkeit gleich hohe Reibung gleich viel Hitze gleich viel Blei im Lauf. Diese Überlegung gilt heute als überholt. (Wesentlich zum Umdenken beigetragen hat übrigens Richard Lee von Lee Precision Inc.)
Inzwischen geht man davon aus, dass es wohl der Gasdruck ist, der das Verbleien verursacht. Wenn man ein schweres, aber kleinkalibriges Geschoss mit einem sehr schnellen Pulver wie z. B. Bullseye beschleunigt, dann baut sich sehr schnell ein großer Druck auf, der allerdings auch schnell wieder absinkt. Die Mündungsenergie des Geschosses entspricht der Fläche unter der Druckkurve vom Patronenlager bis zur Mündung. Bei unserem schnellen Pulver wirkt kurzzeitig zwar ein erheblicher Druck auf den Geschossboden, aber dann baut sich dieser Druck so schnell wieder ab, dass das Geschoss gar keine Zeit hat, richtig Fahrt aufzunehmen. Trotzdem war für einen kurzen Augenblick die Beschleunigung so groß, dass die daraus resultierenden Leistendrücke, mit denen die Züge versuchen, das Geschoss in Drehung zu versetzen, die Festigkeit des Bleis überschreiten können. Folge: Die Felder im Lauf scheren das Blei ab.
Zusätzlich hat ein höherer Gasdruck zur Folge, dass sich mehr Gasmoleküle zwischen Lauf und Geschoss durchdrängeln. Nach dem alten Bernoulli ist es ja so, dass sich, wenn Gas durch eine Düse (sprich Querschnittsverengung) fließt, Gasdruck in Geschwindigkeit umwandelt. Es entsteht sogar ein Unterdruck (Venturi-Effekt). Die Gase, von denen wir hier reden, waren vorher schon sehr schnell. Jetzt sind sie in der Lage, auf ihrem Weg am Geschoss vorbei Bleipartikel mit sich zu reißen. Diesen Effekt bezeichnet man als Gas Cutting.
Der langen Rede kurzer Sinn: Wenn das Geschoss standhalten soll, muss die Festigkeit des Geschosses in MPa mindestens so groß sein wie der Gasdruck in MPa.
Bei den meisten Metallen sind Zug- und Druckfestigkeit annähernd gleich groß. Für unsere Zwecke gehen wir davon aus, dass das auch beim Blei so ist. Wenn wir die Druckfestigkeit messen könnten, dann wüssten wir mit Bestimmtheit, bis zu welchem Druck wir laden können. Oder im Umkehrschluss: wenn wir einem Wiederladehandbuch den Druck entnehmen, dann wissen wir, wie hart unser Geschoss sein muss, um diesen Druck zu verkraften.
Fragt sich nur: wie messen wir die Härte unserer Geschosse? Da gibt es zwei Methoden: eine ist extrem einfach, erfordert allerdings, dass wir ein Geschoss haben, von dem wir wissen, dass es den Belastungen standhält.

Abb. 38

In Anlehnung an die Härtemessung nach Poldi legen wir das bereits bekannte Geschoss auf eine harte Unterlage, platzieren eine etwa 4–5 mm große gehärtete Stahlkugel darauf und halten das zu messende Geschoss von oben auf diese Kugel. Mit der linken Hand alles schön gerade halten, mit der rechten mit einem Hammer zuschlagen. Die Schlagkraft ist nicht so wichtig. Jetzt vergleichen wir die beiden Kugeleindrücke. Bei gleich harten Materialien müssen sie gleich groß sein. Ist die Kalotte im Prüfling größer als im Vergleichsgeschoss, dann ist es weicher. Umgekehrt gilt: Kalotte ist kleiner = Prüfling ist härter.

Die Messung ist wirklich einfach. Aber sie geht nur, wenn wir einen Vergleich haben. Was, wenn nicht?

Dann benötigen wir ein Messinstrument für die Härte. Solche Instrumente gibt es seit langem. Bei der Rockwell-Messung drückt man eine Pyramide in den Prüfling, bei der Brinell-Messung eine Kugel. Beiden ist gemeinsam, dass sie unser Budget mit Sicherheit sprengen.

Saeco hat ein Gerät auf den Markt gebracht, mit dem man eine grobe Messung vornehmen kann (Abb. 38). Ich habe keine eigenen Erfahrungen damit, aber man kann Geschosshärten auf einer Skala von 1 bis 10 ablesen. Für die zehn Härtegrade gibt es dann eine zugeordnete Verwendung.

Meines Wissens hat die Firma ral-Engineering ein Gerät in der Pipeline, das tatsächlich einen Härtewert in Brinell angibt und überdies nicht mehr kosten soll als das von Saeco. Beim ral-Gerät wird das Messwerkzeug in die Widerladematrize geschraubt, ein definierter Kugelabdruck wird in den Geschosskopf gepresst und gemessen, und aus einer Tabelle kann man dann die zugehörige Härte in Brinell ablesen.

Sehen wir uns das mit der Brinellhärte mal genauer an.

Man drückt mit einer Kraft F eine gehärtete Kugel mit Durchmesser D (Hartmetall, bei weicheren Stoffen auch Werkzeugstahl) in die zu prüfende Fläche. Wenn man die Kugel wegnimmt, bleibt ein kalottenförmiger Eindruck, der kleiner sein wird als die Kugel. Dieser Eindruck hat den Kalottendurchmesser d. F geteilt durch die Kalottenfläche ist der Druck. In unserem Fall ist das die Brinellzahl. Der Herr Brinell ist schon lange tot. Er hat damals noch mit dem Kilogramm (Kraft) gerechnet, das man später kp nannte. Wenn wir die Kraft F also in Kilopond einsetzen bekommen wir einen Wert, der mit der Brinellzahl übereinstimmt. Setzt man die Kraft in N ein, muss man durch 9,81 dividieren. Die Brinellzahl ist heute dimensionslos. Tatsächlich aber gibt sie den Druck in kp/mm^2 an. Nehmen wir F in Newton:

$$\text{Härte in Brinell} = \frac{2F}{9{,}81 \times \pi \times D \times (D - \sqrt{D^2 - d^2})}$$

Wenn man sich Härtetabellen ansieht, die in Brinell angegeben sind, dann findet man dort alle möglichen Zahlen und Angaben. Das macht man mit gutem Grund. Im Prinzip ist es egal, welchen Kugeldurchmesser man nimmt und wie groß man die Kraft wählt. Aber es macht nicht viel Sinn, eine 2 mm große Kugel mit 5000 N in ein Stück Blei zu pressen. Sie würde einfach verschwinden.

Die besten Ergebnisse erzielt man, wenn man eine Kalotte erhält, deren Durchmesser d zwischen 0,2 und 0,4 x D liegt. Im genormten Versuch legt man sich deshalb auf Kugelgrößen von 1, 2,5, 5 und 10 mm fest. Welche Kugel man wählt, diktiert einem die vorhandene Maschine.

Um weiterhin der Härte verschiedener Materialien Rechnung zu tragen, führte man fünf sogenannte Belastungsgrade B ein: 30, 10, 5, 2,5 und 1,25 kp/mm². Und zwar:

30 für Stahl, Titan Nickel etc.
10 für Alu-Legierungen, Messing, Bronze etc.
5 für Rein-Alu, Magnesium, Zink
2,5 für weiche Lagermetalle auf Zinn- und Bleibasis
1,25 für sehr weiche Metalle wie Blei

Die Prüfkraft, mit der man jetzt die Kugel belastet, ist

$$F = B \times D^2 \text{ (in kp) bzw. } F = 9{,}81 \times B \times D^2 \text{ (in N)}$$

Dabei zwingt uns niemand, uns an die genormten Durchmesser oder Belastungsgrade zu halten. Es kann im Gegenteil durchaus sinnvoll sein, für ein Hartblei mit 20 % Antimon einen Belastungsgrad von 1,75 zu wählen.
Nehmen wir ein Beispiel. Wir haben ein Geschoss, dessen Härte wir bestimmen wollen. Wir nehmen eine Kugel von 4 mm (weil wir gerade eine solche zur Hand haben). Das Geschoss lässt sich nicht mehr mit dem Daunennagel ritzen. Wir wählen einen Belastungsgrad von 1,75.
Ergo müssen wir unsere Kugel mit F = 4 x 4 x 1,75 x 9,81 = 275 N belasten.
Nehmen wir an, der Kalotten-Eindruck hat einen Durchmesser von d = 1,35 mm.
Dann gehen wir noch einen Schritt weiter und stellen die Gleichung für die Brinellhärte von Brinell auf MPa (N/mm²) um, d. h., wir lassen den Faktor 9,81 weg. Wir erhalten:

$$\text{Druckfestigkeit in MPa} = \frac{2F}{\pi \times D \times (D - \sqrt{D^2 - d^2})}$$

Das ergibt in unserem Beispiel eine Druckfestigkeit von 186,5 MPa. Das ist gleichzeitig der theoretische Gasdruck, dem das Geschoss standhalten kann. Da aber einerseits das Gas Cutting auch sein Scherflein zur Belastung beträgt, andererseits aber die Druckdauer beim Schuss viel(!) kürzer ist als bei der Messung, wählen wir den maximal zulässigen Gasdruck mit 95 % der Druckfestigkeit. In unserem Beispiel werden das:

$$P_{max} = 0{,}95 \times 186{,}5 \text{ MPa} = 177 \text{ MPa}$$

So weit, so gut. Welcher Gasdruck ist eigentlich gemeint: Piezo oder CUP? Ich vermute stark, dass wir mit dem (tatsächlichen) Piezo-Druck weiter kommen. Versuche haben gezeigt, dass die größte Präzision erzielt wird, wenn der Gasdruck größer ist als die Elastizitäts- oder Fließgrenze, aber kleiner als die Bruchfestigkeit. Dann hat das Geschoss die Möglichkeit anzuschwellen und eine nahezu perfekte Passform im Lauf anzunehmen; es bleibt aber trotzdem intakt. Piezodrücke geben den wirklichen Gasdruckverlauf wieder. CUP-Drücke dagegen zeigen eher eine Zwischengröße zwischen Fließ- und Bruchlast des Prüfkörpers an.
Wir haben also ein Geschoss mit einer bekannten Festigkeit, dem wir einen maximalen Gasdruck zuordnen konnten. In unserem Fall waren das 177 MPA.
Nehmen wir weiter an, wir wollen ein Geschoss von nominal 160 grn aus einer 7 x 57 Mauser verschießen. (Da die Maße und Gewichte in den meisten Wiederladebüchern in amerikanischen Größen angegeben sind, werde ich für den Rest des Beispiels bei diesen bleiben).
Die Geschosskokillen-Listen von Lyman z. B. beziehen die Geschossgewichte auf eine Legierung #2. Das ist ein Gebräu aus 90 % Blei, 5 % Sb und 5 % Sn. Unser Geschoss aber enthält (sagen

wir) 17 % Sb und 5 % Sn. Es ist also leichter (Dichte Blei = 11,34, Dichte Sb = 6,70, Dichte Sn = 7,31). Legierung # 2 hat also eine Dichte von 10,91 (γ = 0,9 x 11,34 + 0,05 x 6,7 + 0,05 x 7,31), unsere Mischung hat aber eine Dichte von 10,35. Unser »160-grn-Geschoss« wiegt also nur 160 grn x 10,35 : 10,91 = 152 grn. Wir verwenden also die Ladedaten für das 150-grn-Geschoss. Außerdem rechnen wir die 177 MPa in 25.672 p.s.i. um.
Ich benutze jetzt das Handbuch von Speer: Modern Reloading 2nd. Edition. Da finden wir bei Pulver IMR 3031 eine Maximalladung von 36,7 grn. Die ergibt einen Druck von 50557 p.s.i. bei einer Patronengesamtlänge von 3 Zoll. Außerdem sind die 1grn.-Faktoren für die Geschwindigkeit von 0,9812 und für den Druck von 0,9443 aufgeführt.

36,7 grn = 50557 psi
35,7 grn = 0,9443 x 50.557 = 47.741 psi
34,7 grn = 0,9443 x 47.741 = 45.082 psi
33,7 grn = 0,9443 x 45.082 = 42.571 psi
32,7 ...
31,7 ...
30,7 ...
29,7 ...
28,7 ...
27,7 ...
26,7 ...
25,7 grn = 0,9443 x 28.502 = 26.9915
24,7 grn = 0,9443 x 26.915 = 25.416 psi

Die gesuchte Ladung, die unser Bleigeschoss verträgt, ist also 24,7 (+0,1) grn IMR 3031.
Auf meinem Hewlett-Packard-Kalkulator geht das recht einfach. Zuerst die 0,9443 eingeben. 2 x Entern. Jetzt ist der Wert als Multiplikator in der Zwischenablage. Dann 50557 eingeben und multiplizieren drücken. Jedes Drücken der x-Taste gibt den nächsten Wert. Im Beispiel musste ich zwölfmal drücken, benötige also eine Reduzierung um zwölf Grain.
Auf Standard-Taschenrechnern geht das sicherlich etwas anders, aber ähnlich.
Mit der zu erwartenden Mündungsgeschwindigkeit geht man genauso vor. Der Wert wird dann 1944 fps = 592 m/s.

Geräte, um Geschosse zu gießen

Zunächst brauchen wir einen **Schmelzofen**. Bei den Schmelzöfen gibt es welche, die Blei schmelzen. Sonst nichts. Da kann man sich fast einen ausgedienten Kochtopf auf den Gasherd stellen. Also nach meinem Dafürhalten sollte ein Schmelzofen (engl.: bullet casting furnace) folgende Anforderungen erfüllen:
Fassungsvermögen mindestens 4 kg.

Elektrisch geregelte Heizung mit Anzeige der Temperatur.
Ein zuverlässig schließendes Auslassventil an der Unterseite des Schmelztiegels.
Genügend Platz unter dem Tiegel, um auch größere Kokillen handhaben zu können.

Die größten Anbieter sind wohl Lyman, RCBS und Lee. Mein persönlicher Favorit ist der Lyman Mag 25 (Abb. 39), der allerdings auch nicht ganz billig ist. Dafür bietet er neben den schon genannten Anforderungen die Möglichkeit, das Vorwärmen der Kokillen während des Aufheizens mit zu erledigen.

Als nächstes brauchen wir pro Geschossgröße eine **Geschossgießkokille** (Abb. 40 und 41). Die Bulletmoulds kommen mit ein bis acht Hohlräumen daher. Wenn man die zugehörige Kokillenzange separat kauft, muss man darauf achten, dass die Zange zur Anzahl der Hohlräume passt.

Abb. 39

Es gibt kaum einen Wiederladewerkzeug-Hersteller, der die Dinger nicht im Programm hat. Die meisten sind aus Stahl. Lee macht seine aus Alu. Das leitet gut, ist aber empfindlicher. Wenn die Kokille geschlossen ist, wird der Anguss-Abschneider (spruce cutter) eingeschwenkt. Das Ding sollte einen möglichst großen Schraubenkopf haben, der sich gut nachstellen lässt. Da liegt das Problem mit einer 8-fach Kokille. Das Schneidblatt wird meist an nur einem Ende befestigen. Am gegenüberliegenden Ende wird der Schnittspalt dann so groß, dass ein sauberer Schnitt kaum mehr möglich ist. Ich persönlich halte deshalb Vierfach-Kokillen für das Maximum.

Abb. 40

Um die Angüsse abzuschneiden, nimmt man am besten einen Hartholz-Schlegel von 3 bis 4 cm Durchmesser und 25 cm Länge. Außerdem benötigt man etwas Bienenwachs (Stearin geht zur Not auch), um die Schmelze zu fluxen, sowie einen ausrangierten Löffel. Damit sind wir schon im Geschäft.

Allerdings müssen wir unsere gegossenen Geschosse auch noch kalibrieren und fetten. Und wenn wir mit hohen Gasdrücken arbeiten, setzen wir gleichzeitig einen Gas Check. Zum Kalibrieren braucht man eine **Kalibrierpresse** (Lubri-Sizer, Abb. 42), die mit einer **Kalibriermatrize** (Lubri-Sizer-die) gemäß Abb. 43 bestückt wird. Für jedes Kaliber braucht man eine Matrize, die

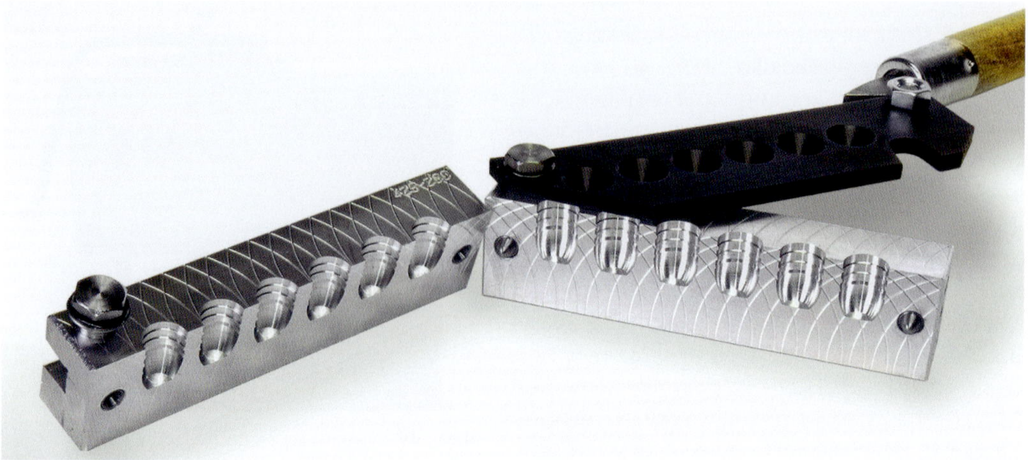

Abb. 41

tunlichst von Hersteller der Presse stammen sollte, damit sie auch passt.

Außerdem muss Schmiermittel in die Presse. Das kann man fertig kaufen, aber mindestens genauso gut selbst herstellen:

50 Gew.% Bienenwachs
30 % techn. Vaseline
15 % Kugellagerfett.
5 % Molypulver extra fein

werden im Backofen oder Wasserbad bei 65 bis 70 Grad erwärmt und gut geschüttelt. Abgekühlt sollte sich eine Konsistenz wie Schuhcreme einstellen. Wird das Zeug zu fest, ein klein wenig Öl zufügen. Um den Schmierstoff in die Presse zu bekommen, erwärmen und hineingießen.
Kommen wir also endlich zur Sache und gießen ein paar Geschosse.

Abb. 42

Abb. 43

Bleigießen

Zunächst wiegen wir die Komponenten ab und füllen sie in den Schmelzofen. Gleichzeitig wärmen wir die Kokille vor. (Bügeleisen-Temperatur. Ein nasser Finger muss zischen.)
Wenn die Metalle geschmolzen sind, geben wir ein erbsengroßes Stück Bienenwachs hinein und rühren. Das bringt eventuelle Verunreinigungen nach oben, wo wir sie abschöpfen können.
Wenn Kokille und Blei warm sind, machen wir den ersten Probeguss. Wir halten die erste Einfüllöffnung unter das Auslassventil und öffnen es. Wir füllen so viel rein wie möglich. D. h., über der Einfüllöffnung bildet sich eine gewölbte Kalotte. So etwa linsenförmig. Dann füllen wir den zweiten und wenn vorhanden auch die anderen Hohlräume.
Jetzt müssen wir uns einen Moment gedulden. Die Schmelze muss erst abkühlen. Wenn sich auf den Linsen »Eisblumen« bilden, ist es soweit. Das Blei bildet Kristalle, ist also fest genug, um entnommen zu werden.
Mit dem Holzschlegel schlagen wir die Angüsse ab und öffnen die Gussform. Wenn Sie das noch nie gemacht haben, kriegen Sie jetzt einen Schreck: Die Geschosse sehen entsetzlich aus. Falten und Blasen von vorn bis hinten. Die gehen sofort zurück in den Schmelztiegel. Kalotte schließen: zweiter Versuch. Der wird nicht viel besser. Und die nächsten vier oder fünf auch nicht. Aber dann nimmt die Sache Gestalt an.
Der Grund für die Startschwierigkeiten liegt darin, dass die Kokille noch zu kalt war. Es kann auch sein, dass die Geschosse zwar die richtige Form haben, aber sehr matt zu sein scheinen. Dann ist die Kokille zu warm. So oder so: nach einigen Durchgängen stellt sich automatisch die richtige Temperatur ein und Sie können gießen.
Wenn Sie die Härte der Geschosse nach Brinell messen wollen, dann nicht am Boden. Dort kann die Messung durch Lunker möglicherweise verfälscht werden. Messen Sie am Kopf. Bei Rundkopfgeschossen ist es vorher natürlich erforderlich, den Kopf flach zu feilen.
Bei Geschossen hoher Festigkeit kann man eine Molybeschichtung vornehmen, um die Reibung und den Abrieb im Lauf noch weiter zu reduzieren. Das geht genauso wie bei Mantelgeschossen und ist im zweiten Teil dieses Buches ausführlich beschrieben. Das Molybeschichten muss dann aber vor dem Fetten und Kalibrieren erfolgen.
Das Kalibrierfetten geht ganz einfach. Sie drücken mit dem Finger einen Gas Check (falls gewünscht) auf den Geschossboden, setzen das Geschoss in die Presse und ziehen den Pressenhebel. Geschoss ausstoßen. Fertig!
So viel zum Wiederladen für Einsteiger und zum Gießen von Geschossen. Im Folgenden geht es nicht mehr um Blei-, sondern nur noch und ausschließlich um Mantelgeschosse.
Wenden wir uns nun unserem Hauptanliegen zu: »Wie steigere ich die Präzision meiner Munition?«

Teil 2: Wiederladen von Präzisionsmunition für Langwaffen

Präzision und Treffsicherheit

Präzision als solche gibt es nicht. Wenn ein Maurer ein Haus in Nord-Süd-Richtung errichtet, und das Ergebnis weicht von der theoretischen Bezugslinie zwei Zentimeter ab, dann hat der Mann überaus präzise gearbeitet.

Wenn ein Werkzeugmacher eine Geschossmatrize um einen halben hundertstel Millimeter zu groß macht, ist das Ding nicht zu gebrauchen. Wir sehen schon mal: Präzision ist relativ.
50 mm Streuung auf 25 m sind mit einer aufgelegten 9mm Beretta hervorragend. Einem Langwaffenschützen würden beim gleichen Ergebnis die Haare zu Berge stehen.
Wenn es *die* Präzision also nicht gibt, so kann man doch sagen:
Die Präzision von Waffe und die von Munition sind ausreichend, wenn sie das Können des Schützen übersteigen.
Da liegt aber auch der Knackpunkt. Viele, wenn nicht die meisten Schützen suchen die Erklärung für unbefriedigende Schießergebnisse bei der Munition, bei der Waffe, vielleicht noch bei einer plötzlichen Windböe, aber zu allerletzt bei sich selbst.
In Band 1 habe ich geschrieben, dass die Amerikaner zwischen Präzision (precision) und Treffsicherheit (accuracy) unterscheiden und dass ich diese Unterscheidung nicht ganz nachvollziehen kann, da spätestens nach dem ersten Schuss mit dem Schussloch das Ziel ja genau definiert ist.
Ich kann diesen Satz inzwischen so nicht mehr stehen lassen. (Wahrscheinlich hatte ich, als ich das gesagt habe, wohl gerade meinen Benchrest-Hut auf. Benchrester feuern einen Schuss ab und versuchen daran anschließend, noch vier weitere Schüsse durch dasselbe Loch zu schießen. Bewertet wird dann die Größe des dabei entstehenden Loches. Bei dieser Schieß Disziplin macht es Sinn, die Schüsse etwas neben das Zentrum zu setzen, um sich nicht gleich den eigenen Zielpunkt wegzuschießen.)
Es gibt aber schließlich auch genügend andere Schießdisziplinen, bei denen man nur einen Schuss hat. Und der muss sitzen. Natürlich können Jäger noch einen Folgeschuss abgeben, aber wenn der erste daneben ging, hat man in aller Regel keine Gelegenheit für einen zweiten. Machen wir uns also die amerikanische Terminologie zu eigen. Präzision wird nach dieser Definition im Wesentlichen von der Qualität und Abstimmung von Waffe und Munition bestimmt. Treffsicherheit bezieht sich eher auf die Fähigkeit des Schützen, das Optimum aus seiner Waffe herauszuholen und die Umweltbedingungen (Entfernungen, Wind, Topographie) richtig zu beurteilen. Im Schussbild 1 (Abb. 44) hat der Schütze offenbar alles richtig gemacht. Das Bild ist treffsicher, aber nicht präzise. Alle Schüsse sind gleichmäßig um das Zentrum verteilt, die Streuung ist offensichtlich systembedingt.

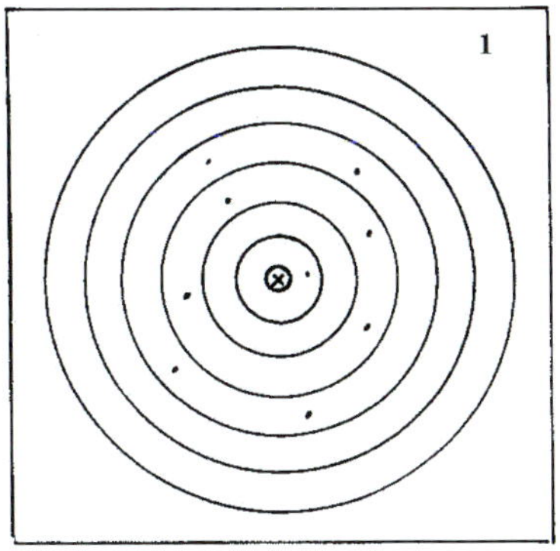

Treffsicher, aber nicht präzise

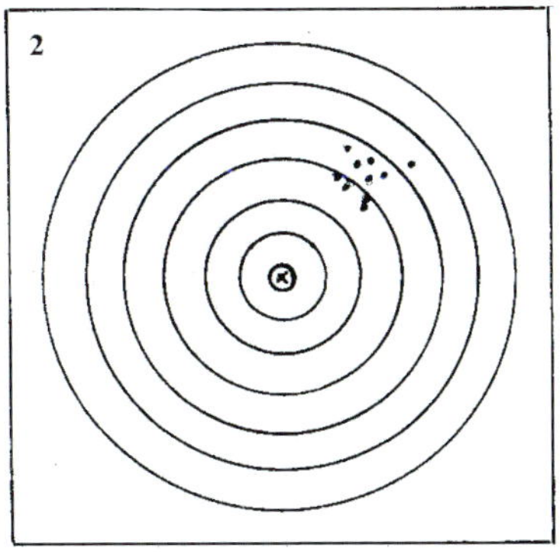

Präzise, aber nicht treffsicher

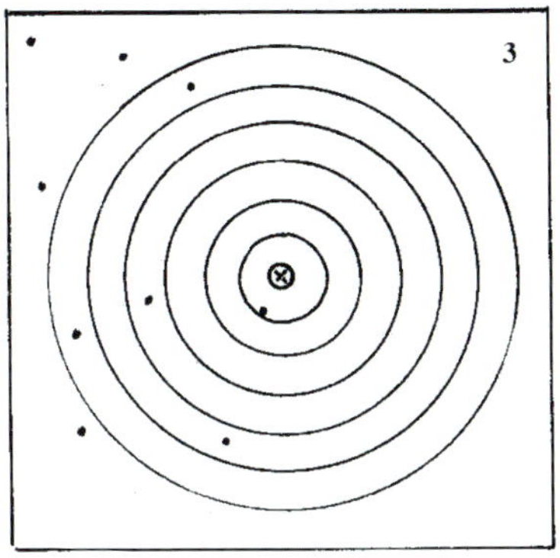

Weder präzise noch treffsicher

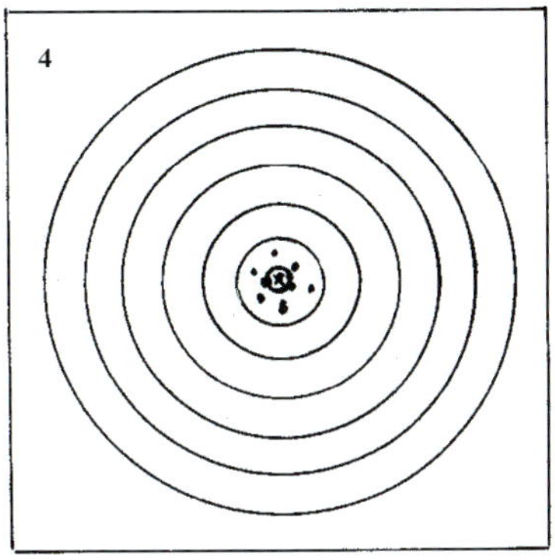

Treffsicher und präzise

Abb. 44

Schussbild 2 ist präzise, aber nicht treffsicher. (So könnte eine Benchrest-Scheibe aussehen.) Einzig ein Nachstellen des Zielfernrohres wäre erforderlich gewesen, um ein Bild wie in (4) zu erzielen.

Schussbild 3 spricht für sich selbst. Hier hat Willi Wildschütz mit seinem Weltkriegskarabiner fröhlich drauflos geballert. Da die Entfernung bekannt war, konnte er hier nicht viel falsch machen. Und der ziemlich stetige Wind von rechts? Meine »Kugeln« fliegen so schnell, denen kann der Wind überhaupt nichts anhaben ... Die Tatsache, dass ein Geschoss die Scheibe ganz verfehlt hat, wird ja wohl dadurch ausgeglichen, dass ein Schuss in der Zehn sitzt.

Schussbild 4 ist das, was wir erreichen wollen. Abb. 45 zeigt eine Scheibe mit 5 Schuss auf 300 Meter. Darum geht es auf den folgenden Seiten.

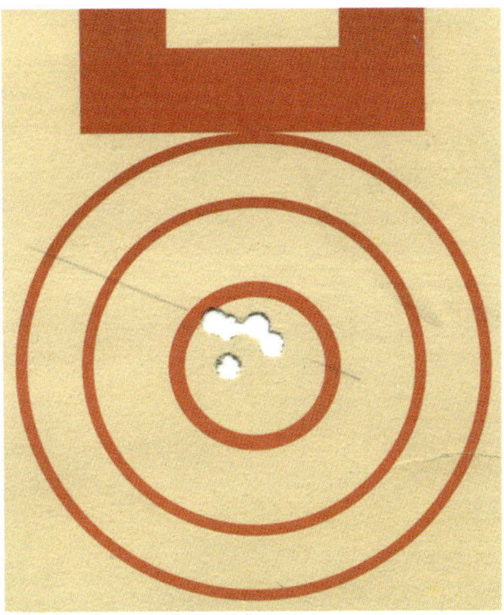

Abb. 45

Komponenten einer Patrone

Hülsen

Hülsendesign früher und heute

In den letzten 15 Jahren hat es ja eine Flut von Neuentwicklungen auf dem Munitionssektor gegeben. Im Widerladehandbuch 5. Auflage von 2000 von Hornady finden sich 120 Büchsenpatronen. In der 9. Auflage von 2012 sind es schon 166.

Auffällig ist der Trend zu kurzen fetten Hülsen. Solche Patronen lassen sich nicht nur in kleineren Verschlusskammern unterbringen; sie haben auch einen deutlich besseren Wirkungsgrad als lange dünne. Beispielhaft für diese Hülsen sind die Patronen der WSM-, WSSM- und SAUM-Familien.

Dass kurze dicke Hülsen einen besseren Wirkungsgrad haben müssen als lange dünne, habe ich in Band 1 ausführlich begründet. Bei den Verbrennungsmotoren unserer Autos hat sich die gleiche Entwicklung durchgesetzt. Die Langhuber früherer Tage gibt es heute nur noch im Museum.

All diese Neuentwicklungen gehen natürlich auf die PPC zurück. Bei Wikipedia steht zu lesen: die 6PPC (Palmisano & Pindell Cartridge) ist eine Gewehrpatrone, die 1975 von den US-Amerikanern Louis Palmisano und Ferris Pindell aus der sowjetischen Jagdpatrone 5,6 x 39 entwickelt wurde.

Wenn ich mich recht erinnere, haben die beiden genannten Herren aus der 220 Russian zunächst die 22PPC ausgetüftelt (Abb. 46). Erst, nachdem der amerikanische Benchrestverband eine neue Klasse (die Sporter-Rifle mit Mindestkaliber 6mm) eingeführt hatte, folgte der 22er die größere Schwester 6PPC. Aber waren Pindell und Palmisano wirklich die ersten? Dazu gleich mehr. Die 6PPC ist die präziseste Patrone, die jemals entwickelt wurde, jedenfalls auf kurze Entfernungen bis 300 Meter. Warum ist das so, und worin liegt das »Neue« in ihrer Konstruktion?

Sie ist im Verhältnis zu ihrer Größe kurz, fett, hat eine kleine Zündglocke, einen kleinen Zündkanal und eine steile (30°) Schulter. Kurz und fett bedeutet: Das Pulver verbrennt nicht wie in einer langen dünnen Zündschnur, sondern es kann sich sehr viel schneller umsetzen. Tatsächlich wird es etwas offensiver als in einer Hülse nach älterer Bauart wie z. B. in der 300 H&H. Der thermische Wirkungsgrad wird verbessert.

Steile Schulter bedeutet, das Pulver neigt am Hülsenausgang zur Brückenbildung. D. h., es verkeilt sich und bleibt in der Hülse, um dort zu verbrennen.

Früher hat man – wie bei der H&H – die Hülsen sehr schlank und mit einem sehr schlanken Schulterwinkel ausgeführt. Die Überlegung war, dem ausströmenden Gas möglichst wenig Widerstand zu bieten. Tatsächlich aber setzt sich das Geschoss schon in Bewegung, bevor ein wesentlicher Teil des Pulvers verbrannt ist. Der Rest verbrennt dann im Lauf oder eventuell auch erst außerhalb, wo er dann wenig zum Vortrieb des Geschosses beitragen kann.

Kleine Zündglocke heißt: kleiner Zünder. Kleiner Zünder gleich weniger Zündmasse gleich kleinere Abweichung von Zünder zu Zünder. Solange die Zündflamme ausreicht, die Ladung zu zünden, hat sie ihre Pflicht erfüllt. Alles, was darüber hinausgeht, ist eine Quelle möglicher Fehler und somit überflüssig.

Bleibt der kleinere Zündkanal. Wenn ich das richtig verstehe, ist die Überlegung, die dahinter steckt, folgende: Auch bei kleinen Zündern gibt es natürlich noch immer produktionsbedingte

Abweichungen in der Menge der Zündmasse von einem Zünder zum nächsten. Laut Bernoulli wird in einer Düse Druck in Geschwindigkeit umgewandelt. Je enger die Düse, umso größer die Geschwindigkeit. Wenn man also den Düsenquerschnitt kleiner macht, d. h. den Zündkanaldurchmesser verkleinert, dann macht sich mehr oder weniger Zündmasse in einer längeren oder kürzeren Dauer der Zündflamme bemerkbar, aber nicht so sehr in einem veränderten Zünddruck. Dass das wirklich so ist, hat sich inzwischen messtechnisch bestätigt.

Letztlich, und das ist der wohl entscheidende Punkt, den man überdies nicht wirklich berechnen kann, sondern im praktischen Versuch austüfteln muss: bei der 6PPC mit Geschossen von 65 bis 69 grn Gewicht (4,21 bis 4,47 g) ist das Verhältnis von Querschnittsdichte zu Druckverlauf das bisherige Optimum. Vielleicht findet jemand irgendwann eine Kombination, die noch besser ist. Zurzeit sieht es nicht danach aus. Pindell und Palmisano haben hier etwas auf die Beine gestellt, was vielleicht für die Ewigkeit der Maßstab bleiben wird.

Aber das bringt mich zurück zu meiner anfänglichen Frage. Haben sie wirklich?

Ich weiß nicht, ob Sie schon jemals von Sam Wilson gehört haben. Sam war einer der Schützen, die das Benchrest-Schießen in seiner heutigen Form gestaltet haben. Er ist auch der Erfinder der Handmatrizen. Dieser Sam Wilson hat in den 50er Jahren eine Wildcat entwickelt, die man mit Fug und Recht als Prototypen der PPC bezeichnen darf (Abb. 47).

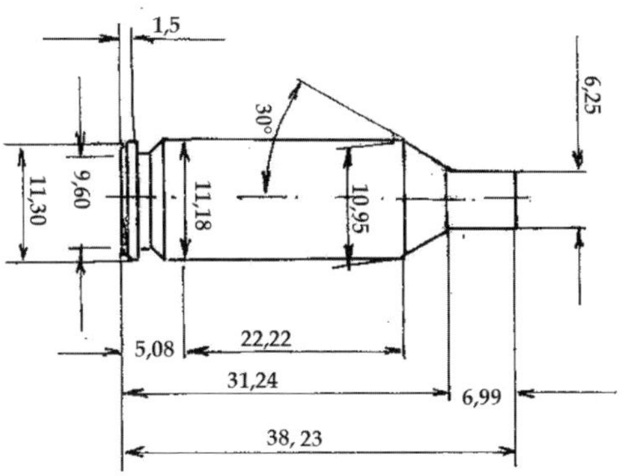

Abb. 46

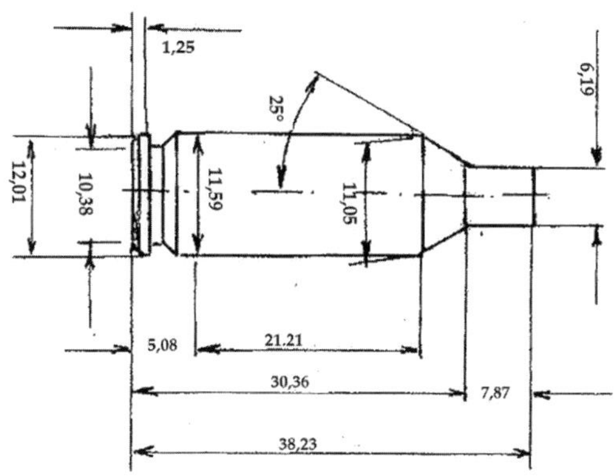

Abb. 47

Vergleichen Sie die Maße. Gezeichnet ist die .22 KSS (umgeformt aus einer 30-40 Krag, einer Randhülse aus dem Jahr 1892). Um eine 30-06-Kammer verwenden zu können, wurde der Rand abgedreht und eine passende Ausziehrille hinzugefügt. Dann hat Mr. Wilson die Zündglocke aufgebohrt, ausgebuchst und mit einer neuen Glocke für kleine Zünder sowie mit einem engeren Zündkanal von 1/16" (1,59 mm) versehen! Außer der .22-Kaliber-Version gab es auch eine in 6 mm. Der gute Sam hat 1955 und 1956(!) mit diesen zwei Patronen bei diversen Präzisionswettbewerben so ziemlich alles abgeräumt.

Warum vergingen dann 20 Jahre, bis sich seine Ideen endlich durchsetzten? Schwer zu sagen. Möglicherweise gab es damals noch nicht die richtigen Pulver, um der Idee zum Durchbruch zu verhelfen.

Auch nachdem die PPC ihren Siegeszug angetreten hatte, dauerte es immerhin noch 25 weitere Jahre, bis sich die Entwicklungsingenieure der großen Munitionshersteller endlich in den Vorstandsetagen Gehör verschaffen konnten.

Hülsen im Vergleich

Nicht alle Hülsen sind gleich. Überraschung! Bevor wir uns jetzt in einem unübersichtlichen Gewirr von wirklichen, vermeintlichen oder auch nur kolportierten Vor- und Nachteilen einzelner Anbieter verlieren, gehen wir doch noch mal zurück zur PPC, die uns hier als Beispiel für alle anderen dienen mag.

Die 6PPC gibt es bekanntlich in zwei verschiedenen Versionen. Als 6PPC und als 6PPC USA. Offiziell sind das zwei verschiedene Hülsen. Die 6PPC war eine Wildcat, die aus der 220 Russian – wie man sie beispielsweise von Lapua geliefert bekommt – ohne Mühe umformen kann. Man lädt die Hülse mit Pulver, verdämmt mit Klopapier und feuert sie ab.

Die 6PPC USA wurde zuerst von Sako hergestellt, nach SAAMI genormt und dann vermarktet. Die Hülse hat – im genormten Zustand – natürlich keinen überdrehten Hals, sondern einen gezogenen von 6,81 mm Durchmesser. Und ebenso natürlich kam auch die Lapua-Hülse in diesem Zustand in den Handel. Aber kaum jemand wird sie so verwenden.

Fakt ist: man kann die USA-Hülse genauso bearbeiten. Also äußerlich gibt es dann bei zwei gleich behandelten Hülsen keinen Unterschied. Inzwischen sind beide Abmessungen, roh und überdreht, auch bei CIP genormt und im Handel erhältlich.

Also äußerlich unterscheiden sich 6PPC und 6PPC USA nicht, im Innenleben dagegen schon: Die 6PPC USA hat einen anders geformten Innenboden. Dadurch ist sie zirka 0,9 grn schwerer als die umgeformte Russian-Hülse. Da das Außenmaß gleich ist, bedeutet das: sie fasst etwa 1 grn (0,0648 g) weniger Pulver.

Theoretisch müssten Hülsen mit dickerem Boden, und wenn er dann auch noch gut verrundet ist, länger leben als z. B. die 220 Russian. Im wirklichen Leben bestätigt sich das nicht – zumindest nicht bei Hülsen, die ohne nennenswerten Verschluss-Spalt (vgl. S. 41–43) geladen werden. Die Zündglocken können allerdings früher größer werden.

Eine Zeitlang war es so, dass die Wanddickenabweichung der Hülsenwandung bei der Lapua-Hülse kleiner war als bei Sako und dass die PPC von Norma besser war als beide. Aber diese Verhältnisse sind nicht statisch und festgeschrieben. Alle Hersteller bemühen sich, optimale Qualität zu liefern, und wenn einer mal die Nase vorn hat, so ist es in der Regel nur eine Frage der Zeit, bis die Konkurrenz zurückschlägt.

Das gilt natürlich nicht nur für die PPC, und auch nicht nur für Patronenhülsen. Am besten ist es, herumzufragen. Man kann nicht alles selbst ausprobieren.

Eine andere Frage ist die Härte (sprich Festigkeit) der Hülsen. Bei der Sako wurde eine Zeitlang moniert, sie sei zu weich. Das Material würde ungebührlich schnell in den Hals fließen und dort zu Donut-Problemen führen.

Mag sein, dass ein Hersteller weichere Hülsen liefert als ein anderer. Ich würde das nicht überbewerten. Es ist ein Problem, das sich in der Regel von selbst repariert. In Teil 1 habe ich die Kaltverfestigung von Hülsen angesprochen. Die gilt hier genauso.

Ich habe deshalb etwas ausführlicher über tatsächliche und scheinbare Unterschiede bei den verschiedenen PPC-Typen gesprochen, weil die angeführten Punkte natürlich für alle Hülsen – gleich welcher Größe – gelten.

Bewertungskriterien beim Hülsenkauf

Bisher war das zweite Kapitel ja ziemlich allgemein gehalten. Werden wir spezifisch. Soll heißen, wir sehen einem gedachten Widerlader bei der Arbeit zu. Ich werde bei der Suche nach bestmöglicher Schusspräzision das Maximum verfolgen. Die wenigsten von Ihnen werden das

benötigen. Aber letztlich entscheidet jeder selbst, wie weit er gehen will. Und ebenfalls letztlich kann es nie schaden, wenn die Ausrüstung etwas mehr kann als wir selbst.
Annahme: wir besitzen eine 30-06, die wir jagdlich auf kurze Entfernungen (≤ 300 m) nutzen. Jetzt sticht uns der Hafer, denn wir haben in einer amerikanischen Jagdzeitschrift gelesen, dass sich dort eine Jagd-Disziplin verbreitet wie der Schnupfen im Herbst: Die Jagd über größere Entfernungen bis zu einem Kilometer (Precision oder Long Range Hunting).
Da unser virtueller Schütze überdies beruflich oft wochenlang in den USA ist, möchte er dort an F-Class- und Long-Range-Benchrest-Wettbewerben teilnehmen. Jagdlich will er die Waffe bis zu 1000 Meter auf Raubzeug, Krähen und bis zu 800 m vielleicht auf Rehwild nutzen.
Bevor jetzt irgendjemand die Nase rümpft und im Hinblick auf die Amerikaner etwas von unethischem Gesindel murmelt: »Das geht sehr wohl, und wir sollten die Möglichkeit ins Auge fassen, dass wir nicht der Nabel der Welt sind«. Wie sagte schon Willem Zwo: »Am deutschen Wesen soll die Welt genesen« ...
Wie über so große Entfernungen erfolgreich gejagt wird, dazu komme ich noch. An dieser Stelle mag es genügen, wenn ich sage: Die Entfernung muss mit einer Genauigkeitsabweichung von 1 % bekannt sein. Dazu benötigen wir einen guten Laser-Entfernungsmesser und einige Übung darin, ihn auch richtig zu benutzen. Zweite Voraussetzung ist ein sehr gutes Glas. Dritte Voraussetzung ist eine Waffe mit Munition, die auch über diese Entfernung ¼ MOA (¼ Bogenminute) hält. Viertens benötigen wir einen Tablet-Computer oder ein Smartphone, also einen Kleinrechner mit einem Ballistikprogramm wie Quickload, oder aber einen Ausdruck der Flugbahn unseres Geschosses in 10-Meter-Rasterung. Und fünftens und am wichtigsten: wir sollten in der Lage sein, den Wind zu »lesen«.
Also holt sich unser Schütze die Spezifikation für Waffe, Kaliber und Glas aus dem Netz.
Es ist noch gar nicht lange her, da dominierten die größeren Kaliber die Szene. Heute findet man noch immer den einen oder anderen Unbelehrbaren, aber nicht auf dem Treppchen. Die beiden 1000-Yard-Kaliber sind 6 und 6,5 mm.
Weitere Suche im Netz ergibt, dass es über die langen Distanzen offenbar keinen Überflieger analog zur 6PPC gibt, aber doch einige, die in etwa gleich gut sind, und dann einige, die sind noch etwas gleicher. (Dazu mehr unter »Praktische Ballistik«.)
Wir entscheiden uns also für:

Hülse: 6 mm Dasher (Abb. 48)
Pulver: Reloader 15
Zünder: Federal 205m
Geschoss: 6 mm 105 grain mit Hybridogive und Boattail
Waffe: Menke-System, Glasfaser-F-Class-Schaft von Mac Millan, Jewell-Abzug, Krieger-Lauf (8" Drall, 5 Züge in Sägezahn-Form)
Zielfernrohr: Schmidt & Bender PMII High Power 5 – 45 x 56, Verstellwert: 0,1 mil/Klick
Absehen: TReMoR2

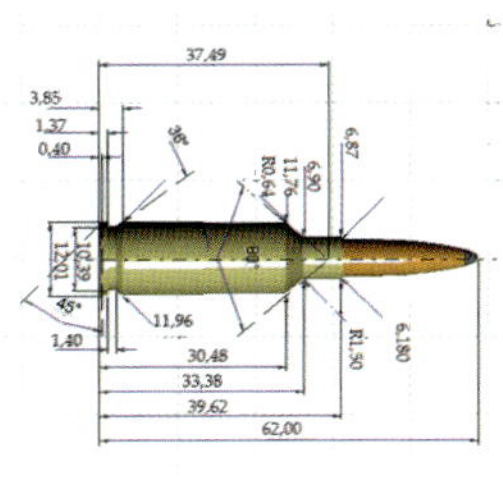

Abb. 48

Weshalb hat unser Schütze gerade diese Patrone gewählt? Die Dasher ist für das Long-Range-Schießen auf Gruppe bis 1000 Yard (Meter) das bevorzugte Kaliber. Beim Schießen auf Ringe werden die etwas größeren Hülsen wie 6mm Creedmoor oder die 6,5 x 47 Lapua bevorzugt. Warum es da einen Unterschied gibt, konnte bisher noch keiner so recht erklären. Der Autor hat sich im Beispiel für die 6 mm Dasher entschieden, weil man die nicht fertig kaufen kann. Man muss die Hülse selbst umformen. Um aufzuzeigen, wie das geht, fiel die Wahl auf die Dasher.

Abb. 49

Die Dasher-Hülse kann man also nicht fertig kaufen. Aber es ist ein Kinderspiel, sie aus der 6 mm BR Norma (oder meinetwegen auch Remington) umzuformen. Als Hersteller kommen sowohl Norma als auch Lapua in Betracht. Anders als bei der 220 Russian scheint die Lapua den etwas kleineren Innenraum zu haben. D. h., die gleiche Menge Pulver erzeugt mehr Druck. Oder im Umkehrschluss: Wir kriegen weniger hinein. Beide Hülsen haben eine kleine Zündglocke.

Das allein wäre ein Grund, die Norma zu nehmen. Der freundliche Händler hat uns aber je eine Schachtel geliehen – unter der Maßgabe, dass wir die Hülsen beim Vermessen nur mit Latexhandschuhen anfassen.

Bei diesen beiden Losen – beim nächsten Mal kann das schon wieder anders sein – hatte Lapua die Nase vorn, besonders bei der Wanddickenkonstanz. Also haben wir uns für 100 Lapua-Hülsen entschieden. Die werden zunächst einer Sichtprüfung unterworfen und anschließend gewogen. Finden wir Hülsen mit leichten Dellen wie in Abb. 6, so ist das kein Problem. Hülsen mit Einschlüssen, Lunkern oder Falten (Abb. 49) sind ein Grund zur Reklamation. Gewogen wird mit der Pulverwaage. Die ist genau genug. Zuvor wiegen wir aber alle 100 gemeinsam und teilen das Gewicht durch Hundert. Das ist unser Mittelwert. Dann gruppieren wir in 13-Milligramm-Abstufung. (Wenn wir eine mechanische Pulverwaage verwenden: 0,2 grn Stufung.) Hülsen, die um deutlich mehr als + 0,5 % vom Mittelwert abweichen, fliegen raus. (Bitte gesondert sammeln. Wir brauchen sie noch.)

Wenn wir eine sehr spitze Glockenkurve der Gewichtsverteilung erhalten (vgl. Abb. 68), d. h. wenn wir nur wenige Ausreißer vom Mittelwert haben, ist es überlegenswert, diese ebenfalls auszusortieren. Ist die Kurve dagegen sehr flach, das heißt, die Gewichtsverteilung erstreckt sich ziemlich gleichmäßig über den gesamten Bereich, dann sollten wir vielleicht noch mal mit unserem freundlichen Verkäufer reden. Der kriegt dann unsere 50 schwersten im Austausch für seine 50 leichtesten. Wenn er nicht mitspielt, kaufen wir vielleicht noch 200 Hülsen, gruppieren sie und legen die restlichen auf Lager. Dass wir alle Hülsen mit nur einer Losnummer kaufen versteht sich von selbst.

Es ist ein alter Streit: Soll man vor oder nach der Hülsenbearbeitung wiegen? Ich mache beides. Vor der Bearbeitung für die grobe Auswahl. Nach der Bearbeitung für die Feinabstufung.

Jetzt kommt die wichtigste Messung: Wanddicke am Hülsenmund. T. J. Jackson hat den Nachweis erbracht, dass diese Messung nicht soo wichtig ist, wenn Sie Ihre Hülsen richtig bearbeiten. Da aber die wenigsten Leser bereit sein werden, diesen Aufwand zu betreiben, kommen sie nicht umhin: die Messung muss genau sein. Mit einer guten Rohrwanddicken-Messschraube oder einer Messuhr (Abb. 50 und 51 / Abb. 77) ist diese Messung relativ einfach. Die vergleichsweise aufwändigen Messgeräte, mit denen man die Hülsenwanddicke direkt über dem Boden messen kann, sehen zwar toll aus, bringen aber keinen zusätzlichen Erkenntnisgewinn.

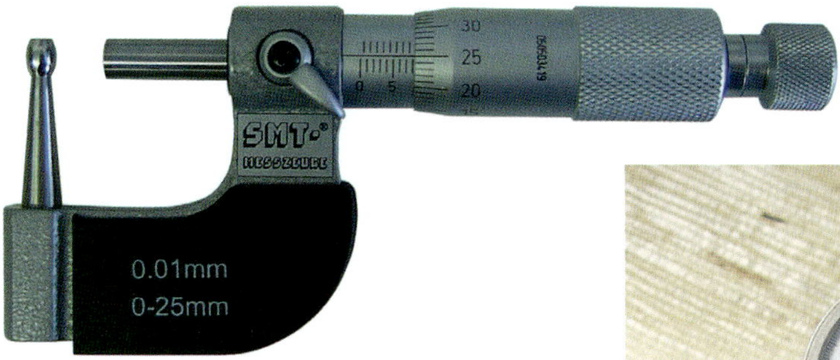

Abb. 50

Abb. 51

Jetzt wird sofort der Einwand kommen: was soll's, ich drehe meine Hülsenhälse auf ein genaues Maß, da ist es ziemlich egal, ob der Innendurchmesser des Halses vor dem Überdrehen exzentrisch war. Das üblich Gegenargument darauf ist: Ja, aber der Innenraum ist dann noch immer außermittig.

Ist er. Aber das spielt nicht notwendigerweise eine Rolle. Fakt ist, Sie können einen exzentrischen Hülsenhals nicht durch Überdrehen des Halses »reparieren«. 5000 Benchrest-schützen werden mir jetzt den speziellen Finger zeigen, aber ich werde den Beweis für diese Behauptung im nächsten Abschnitt antreten. Natürlich ist es richtig, dass ein exzentrischer Innenraum dazu führt, dass sich die Hülse beim Abfeuern auf der dünnen Seite mehr aufbläht. Aber dadurch wird die Exzentrizität eher kleiner. Was wir suchen, sind Hälse mit einer Differenz zwischen dickster und dünnster Stelle von weniger als 0,04 mm. VOR dem Abdrehen bitteschön. Wenn wir Hälse haben, die dem entsprechen, kann nicht mehr viel schiefgehen. Liegen die Abweichungen eher bei 0,06 bis 0,10 (und so was kommt gar nicht so selten vor), dann sollten wir die Abhandlung über Mr. Jackson vielleicht doch im Detail studieren, mit »Hals überdrehen« kommen Sie da nicht weiter. Wahrscheinlich liegt das Gros Ihrer Hülsen eher bei 0,05 bis 0,07 mm. Dann ist es eine gute Idee, die Hälse – auch wenn Sie die Patronen aus einem Standardlager verschießen – so weit abzudrehen, bis sie eine konstante Wanddicke haben.

Als nächstes messen wir die Hülsen auf Länge. Nennmaß plus/minus 0,2 mm akzeptieren wir. Der Rest geht in die Muskiste.

Schließlich sehen wir uns noch die Zündglocken an. Kleine Zündglocken haben (nach SAAMI) eine Tiefe von 2,97 bis 3,12 mm und einen Durchmesser von 4,39 bis 4,43 mm. Sofern die Glocken nicht deutlich zu tief sind, ist alles okay, denn wir setzen sie nach dem Plandrehen des Bodens eh nach. Der Durchmesser aber sollte möglichst innerhalb der Toleranz liegen.

Fast alle Hülsen haben die Eingangsprüfung bestanden, da unser virtueller Wiederlader die Halswanddicken-Toleranz weniger eng sieht. Das macht zwar eine aufwändige Bearbeitung der Hülsen erforderlich, aber die hatte er eh vor. Es folgt der nächste Schritt, die

Hülsenaufbereitung für optimale Schießergebnisse

Die Bearbeitung fast perfekt konzentrischer Hülsen

Wir könnten jetzt loslegen und in rege Betriebsamkeit verfallen. Wie Hülsen bearbeitet werden, wurde ja in Band 1 schon ziemlich ausführlich beschrieben. Ich schlage vor, einen Augenblick innezuhalten und nachzudenken. Am besten mit einer Tasse Kaffee. (Die Raucher unter uns mögen sich zusätzlich eine anstecken.)

Erste Frage: was wollen wir erreichen? Streukreise (5 Schuss) von 15 mm auf 100 m? Streukreise von 15 mm auf 200 m? Das wäre schon anspruchsvoller. Oder Streukreise von 15 mm auf 300 m? Jetzt reden wir von Benchrest-Präzision. Rechnerisch sind das 50 mm auf 1000 Meter Entfernung; aber glauben sie mir: im wirklichen Leben sind die noch ein wenig schwieriger.

Zweite Frage: wie gut sind die Hülsen, die wir bereits grob vermessen haben? Das wichtigste Kriterium ist die Wanddickenabweichung im Hülsenhals. Gehen wir davon aus, dass sie Benchrest-Qualität anstreben. Dann hat die Exzentrizität des Halses großen Einfluss darauf, wie es jetzt weitergeht. Wenn die Wareneingangsprüfung Werte von 0,04 mm oder besser ergeben hat, können Sie so weiter machen wie unter den nachfolgenden Punkten 1 bis 19 beschrieben. Wenn die Wanddickenvariation größer ist als 0,04 mm, können wir aber Probleme kriegen. Ein Grund ist folgender: Wenn Sie beim Kalibrieren den Knopf durch einen Hülsenhals mit ungleicher Wand ziehen, dann streckt sich die Hülsenwand auf der dünnen Seite mehr als auf der dicken. Der Hals wird krumm, und das können Sie anschließend auch nicht wieder gerade biegen. Es gibt aber noch drastischere Gründe (Vgl. S. 74–77) Deshalb muss man diese Hülsen nicht entsorgen. Wenn Sie Pech haben, gibt es derzeit gar keine anderen. Aber die Weiterverarbeitung wird dann eine andere. Wie das geht, wird im anschließenden Kapitel beschrieben. Also gehen wir zunächst davon aus, dass die Hülsen irgendwo zwischen 0,03 und 0,05 mm schwanken. (Die im Folgenden beschriebene 6mm-Dasher-Hülse muss aus der 6mm BR umgeformt werden. Bei Hülsen, die man fertig kaufen kann, entfällt dieser Umformprozess natürlich.)

1. Hülsen vermessen

Zunächst werden die Hülsen noch einmal auf Halswanddicke gemessen. Diesmal ernsthaft. Dazu glätten und egalisieren wir den Hülsenhals, indem wir die gefettete Hülse - dreimal um 120° versetzt - vollkalibrieren. Vergewissern Sie sich, dass der Kalibrierknopf der Matrize wirklich als schlanker Kegel und nicht etwa als Kugel ausgeführt ist. Wenn wir wirklich ernst machen, kommt der Messbügel nicht infrage. Wir verwenden eine Messuhr mit 0,001 mm Auflösung, entweder in einer handgehaltenen Aufnahme (Abb. 51) oder in einem Messgerät (Abb. 77).

Zu diesem Zeitpunkt haben wir noch keine Dasher-Hülsen, sondern immer noch 6mm BR. Die haben einen etwas konischen Hals.

Das mittlere maximale Maß für den Hülsenhals ist mit .2711 Zoll gelistet. Mit einem 6-mm-Geschoss ergäbe das eine Wanddicke von 0,358 mm. Tatsächlich messen wir Wanddicken zwischen 0,288 und 0,332 mm, also einen Mittelwert von 0,310. Mit einem gesetzten Geschoss von 6,170 mm wäre das ein mittlerer Halsdurchmesser von 6,79 mm. In Zoll ausgedrückt ergibt das .267.

Wir werden später den Hülsenhals von außen überdrehen. Der Führungsdorn des Nielson-Hülsenhalsdrehgerätes hat einen Durchmesser vom 6,14 mm. Das ist unser Ausgangsmaß. Wir benötigen also eine Kalibriermatrize, die einen Halsinnendurchmesser erzeugt, der etwas kleiner ist. Sagen wir 6,13 mm. Der Aufweitknopf muss dann einen Durchmesser von 6,17 mm haben. Die weiten die 6,13 auf 6,145 mm auf. Nach dem Verformen springt das Hülsenmessing ja immer um 0,025 mm in die Richtung zurück, aus der es gekommen ist. Das gilt auch beim Runterkalibrieren der Hülse. Die Matrize muss also zunächst 6,13 - 0,025 = 6,105 mm erzeugen, die

dann auf 6,13 mm zurückspringen. Heißt nach Adam Riese: Bei einer mittleren Wanddicke von 0,310 mm müsste die Matrize einen Kalibrierdurchmesser von 6,105 + 2 x 0,31 = 6,725 mm (.265 Zoll) haben. Wenn wir eine Matrize mit wechselbaren Ringen (Abb. 54) verwenden, ist das kein Problem. Bei einer nach Abb. 27 ist es immerhin eine gute Idee, den Kalibrier-Durchmesser der Matrize auf dieses Maß aufzupolieren. Ist der Durchmesser ein bis zwei Hundertstel kleiner, so ist das auch kein Beinbruch. Aber Sie sollten nicht vergessen, dass jede unnötige Beanspruchung des Hülsenmaterials die Hülse ein klein wenig schwächt. Jetzt wird gemessen.
Unsere Messuhr hat eine Auflösung von 0,001 mm. Auflösung! Natürlich messen wir nicht auf 1 tausendstel mm genau (dazu bräuchten wir klimatisierte Räumlichkeiten und viel mehr Messaufwand), aber wir wollen Unterschiede ermitteln, keine Absolutwerte.
Die Hülsen-Längen hatten wir schon kontrolliert. Die bleiben zunächst, wie sie sind. Wenn wir die Hülsen feuerformen, blähen sie sich auf. Das Material hierfür muss irgendwo herkommen. D. h., unsere Hülsen werden kürzer.

2. Plandrehen des Hülsenbodens

Dazu brauchen wir einen Hülsenhalter wie den in Abb. 19. Der passt noch nicht perfekt, weil die Hülse noch Rohmaß hat, aber fürs Vordrehen reicht es. Wenn wir Zugang zu einer Drehbank haben, fein. Wenn nicht, nehmen Sie den in Abb. 22 dargestellten Längentrimmer. Überprüfen Sie mit einem Haarlineal, ob der Fräskopf wirklich planfräst. Die meisten im Markt befindlichen Geräte tun das nicht. Es wird nur ganz wenig Material entfernt. Gerade so viel, dass der Boden sauber wird.

3. Zündglocke nachsetzen

Nach dem Abdrehen des Bodens ist die Glocke flacher. Mit einem Zündglockenfräser aus Hartmetall (Abb. 52) kann man die richtige Tiefe leicht wieder herstellen.

Abb. 52

4. Zündkanal bohren und entgraten

Ob die Rückstände, die sich in der Zündglocke bilden, wirklich entfernt werden müssen, sei dahingestellt. Die meisten Wiederlader reinigen. Einige aber nicht, und die schießen auch nicht schlechter. Dagegen gibt es keine zwei Meinungen darüber, ob die Zündkanäle gleich sein müssen. Checken Sie mit einer Reihe von Bohrern, welche Hülse die größte Bohrung hat. Der Bohrer, der gerade stramm hineingeht, ist der, mit dem wir alle anderen Hülsen auf dieses Maß bringen. Dann nehmen Sie einen 6-mm-Bohrer und entgraten den Zündkanal von der Innenseite der Hülse. ENTGRATEN, nicht etwa ansenken. Wenn Sie keinen passenden Satz Bohrer im Haus haben: Man kann auch ein Kombiwerkzeug (Abb. 53) kaufen, das für beide Operationen geeignet ist.

5. Patronenlager vermessen

Unser virtueller Schütze verwendet ein Lager mit reduziertem Hals. Der Durchmesser von (0.264 Zoll =) 6,71 mm ist von außen in den Lauf gestempelt. Stimmt dieses Maß wirklich? M4-Inbusschrauben haben einen Kopfdurchmesser von 7 mm. Das ist das Nennmaß. De facto liegen sie bei 6,8 mm. Wir spannen eine in die Bohrmaschine und polieren den Kopf in Intervallen von 0,005 mm auf einen Durchmesser, der gerade noch in das Patronenlager passt. Ein 200 mm

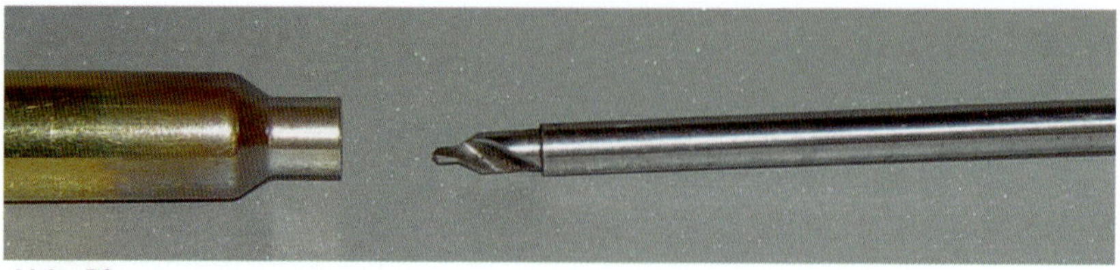

Abb. 53

Abb. 54

langer Rundstahl – Bronze oder Alu gehen auch – mit einen M4-Gewinde an der Stirnseite komplettiert das Messwerkzeug. Wir haben jetzt für kleines Geld einen Grenzlehrdorn, mit dem wir mit hoher Genauigkeit den Lagerdurchmesser ermitteln können. Nehmen wir an, der Halsdurchmesser des Lagers sei 6,715 mm. In amerikanischem Maß sind das 0,2644 Zoll. Um unsere Hülsen für das erste Feuerformen ins Lager einführen zu können, darf unser Hals nicht dicker sein als 0,2644 Zoll. (Das gilt natürlich nicht für eine 220-Russian-Hülse in einem PPC-Lager.)
Die hierfür infrage kommenden Geräte und Werkzeuge werden in Zollgrößen angeboten. Die Kalibrierringe gibt es in 1000stel-Zoll-Stufung.
Ob wir eine Kalibriermatrize mit einem Außengewinde verwenden, das in unsere Presse passt, oder sogenannte Handmatrizen, ist im Prinzip egal. Auswechselbare Kalibrierringe machen das Leben aber sehr viel einfacher. Benchrestschützen nehmen in aller Regel Handmatrizen (Abb. 54) und eine kleine Dornpresse (Abb. 55). Die Arbeit mit Handmatrizen geht schneller, und man ist flexibler.

Abb. 55

Dornpressen (die Abbildung zeigt ein Modell von ral-Engineering) sind auf jeden Fall leichter und schneller in der Handhabung als ihre großen Geschwister. Sie sind überdies ideal, um unterwegs zu laden, wenn man nicht eine halbe Tonne Gerät mit sich herumschleppen will.

6. Verschluss-Spalt ermitteln

Jetzt gilt es, den Verschluss-Spalt zu ermitteln (vgl. S. 41–43), den unsere Rohhülsen im Lager bilden. Um feinfühlig arbeiten zu können – wir wollen nicht jedes Mal die Schlagbolzenfeder spannen – entfernen wir den Schlagbolzen aus der Verschlusskammer. Das geht bei jedem System etwas anders. Gehen sie zu Ihrem Händler oder Büchsenmacher und lassen sich zeigen, wie das geht. Es ist ein wichtiger Punkt, den Sie beherrschen sollten. (Es kann auch vorkommen, dass sich – aus welchem Grund auch immer – die Schlagbolzenfeder bei zusammengebauter Kammer entspannt. Dann kriegen Sie den Verschluss nicht ins System. Das gleiche Werkzeug, mit dem Sie den Schlagbolzen ausbauen, beseitigt auch diese mögliche Störung.)
Hülsen, die nicht erst umgeformt werden müssen, stecken Sie nacheinander alle ins Patronenlager und schließen die Kammer. Jetzt gibt es drei Mög-

lichkeiten: A) Die Hülsen passen, soll heißen der Kammerstängel lässt sich mit leichtem Widerstand nach unten drücken. B) Die Kammer lässt sich nur schwer oder gar nicht schließen, weil die Hülsen in der Schulter zu lang sind. Abhilfe: Mit einer Schultermatrize (Abb. 56, engl.: shoulderbumper) die Schulter in ganz kleinen Zustellschritten so weit zurückdrücken, bis Zustand A) erreicht ist. C) Die dritte Möglichkeit ist: die Hülsen sind zu kurz. Das macht sich darin bemerkbar, dass sich beim Schließen der Kammer überhaupt kein Widerstand zeigt. In unsere Beispiel 6mm Dasher fallen alle Hülsen in diese letzte Kategorie, da wir es ja im Moment noch mit 6mm BR Norma zu tun haben, die bis zur Schulter 0,121" (3,08 mm) kürzer ist als die Dasher.

Abb. 56

7. Vordrehen der Hülsenhälse

Zum Hülsenhalsdrehen benötigt man ein Drehwerkzeug. Die gibt es von sehr vornehm bis ziemlich schlicht. Alle haben einen Führungsdorn (bei den meisten Geräten 0,05 mm unter Geschoss Durchmesser, beim Nielson-Werkzeug 0,02 mm dicker. Alle haben einen Drehmeißel, der sich mühsam zustellen und noch mühsamer zurückstellen lässt. Das Nielson-Gerät arbeitet mit einem exzentrischen Piloten, sodass sich durch Verdrehen eine reproduzierbare Verstellung in beiden Richtungen ergibt (Abb. 57). Unter 1. habe ich oben angeführt, dass der Kalibrierknopf der Kalibriermatrize einen Durchmesser von 6,17 mm haben muss, damit der Hülsenhals spielfrei, aber nicht zu stramm auf den Nielson-Piloten passt. Es ist unwahrscheinlich, dass dieser Sitz – so, wie gekauft – erzielt wird. Eine Möglichkeit ist es, den Knopf solange runterzupolieren, bis das Maß stimmt. Die bessere Variante (besonders, wenn der Knopf eher in Richtung Kugel geht und nicht als schlanker Kegel ausgeführt ist) besteht darin, das gesamte Oberteil der Matrize gegen ein neues, selbst gedrehtes (Abb. 58) auszutauschen.

Abb. 57

Abb. 58

Ein gasnitrierter Werkzeugstahl wie z. B. 1.2990 mit einer Arbeitshärte von 57 HRC ist kaum zu toppen. Den lassen wir von der Werkstatt auf 6,20 mm fertigen und polieren dann auf Fertigmaß. Beim Hülsenabdrehen ist es eine gute Idee, den Pilotdorn mit Hülsenwachs ganz leicht zu fetten.

Üblicherweise wird der Hals bis an, aber nicht in die Schulter gedreht. In unserem speziellen Fall gehen wir anders vor. Da ein Teil des Halses beim Umformen zur Schulter wird, würden wir den Übergang Schulter/Hals unnötig schwächen. Deshalb drehen wir den Hals nur so weit zurück, bis die Hülse gerade eben ins Lager passt. Die Wanddicke, auf die wir abdrehen, errechnet sich wie folgt:

$$Wanddicke_{Vordrehen} = \frac{Lager\,Ø_{Hals} + 0{,}01\ mm - Hülsenhalsinnen\,Ø}{2}$$

Durch die 0,01 mm Übermaß wird ein strammer Sitz im Patronenlager gewährleistet.
In unserem Beispiel war der Lagerdurchmesser = 6,175 mm (s. Punkt 5). Der Hülsenhalsinnendurchmesser beträgt 6,145 mm (s. Punkt 1). Damit wird

$$S(\upsilon) = (6{,}715 + 0{,}01 - 6{,}145)\ mm : 2 = 0{,}290\ mm$$

Beim Abdrehen wird mit wenig Druck, kleinem Vorschub und kleiner Spantiefe gearbeitet. Mit dem Nielson-Werkzeug notieren wir die Einstellung. Mit schlichteren Geräten ist es beinahe zwingend, sich zwei Stück zuzulegen. Eins fürs Vor- und eines für das Fertigdrehen. Bei diesen Geräten ist das Einstellen ziemlich mühsam, wenn man die passende Stellung gefunden hat, rührt man sie am besten nie wieder an.
Das Drehgerät ist so zu justieren, dass sich ein Übermaß von einigen 1000stel mm ergibt. Dann wiederholen wir den Arbeitsgang. Es sieht zunächst so aus, als würde man beim zweiten Durchgang kein Material entfernen. Das täuscht. Viele handelsübliche Drehmeißel sind spitz zugeschliffen. Das beste Ergebnis, das man damit erreichen kann, gleicht einer (Vinyl)-Schallplatte. Rille an Rille. Das sieht nicht nur hässlich aus. Die Materialspitzen zwischen den Rillen drücken sich im Lauf der Zeit platt, oder anders ausgedrückt: die Halswanddicke nimmt ab. Abhilfe: Drehmeißel ausbauen und mit einem feinen Anziehstein (zur Not auch mit einer diamantbesetzten Nagelfeile) die Spitze leicht verrunden. Ein Radius von 0,2 mm wirkt Wunder. Wenn sie sich das selbst nicht zutrauen, beauftragen sie eine Werkstatt damit.

8. Hülsen auf Länge trimmen

Das sogenannte Trimm-Maß ist bis auf weiteres tabu. Beim Feuerformen wird die Hülse größer. Das Material dafür muss irgendwo herkommen: Die Hülse wird kürzer. Wir hatten aber bei der Eingangsprüfung Hülsen mit Übermaß zugelassen. Auf der anderen Seite aber sind die Hülsen durch das Kalibrieren länger geworden. Und drittens ist das Dasher-Lager 0,25 mm kürzer als das der 6mm BR. Wir nehmen also die längste unserer Hülsen und probieren, ob sich der Verschluss ohne Gewaltanwendung schließen lässt. Achtung: der Hals hat etwas Übermaß, der geht von sich aus schwer ins Lager. Um die Hülse wieder rauszukriegen, muss man eventuell mit dem Putzstock nachhelfen. Nehmen wir an, die Hülse ist zu lang. Dann muss sie so weit gekürzt werden, dass sie gerade eben ins Lager passt. (Das werden beim Dasher-Lager etwa 39,8 mm sein.) Auf diese Länge kürzen wir alle Hülsen. Die, die schon kürzer waren, bleiben natürlich, wie sie sind.

9. Zünder setzen

Welche Zünder wir nehmen, ist ziemlich egal. Matchzünder müssen nicht sein.
Für das erste Feuerformen könnte man theoretisch die Zünder sogar mit der Presse setzen. Andererseits ist es eine willkommene Übung, sich mit dem Zündersetzgerät vertraut zu machen. Handgehaltene Geräte geben eine deutlich bessere Rückmeldung als Pressen, die für diese Operation schlicht zu viel Power haben. Der Amboss steht ja ein klein wenig vor, um sicher zu stellen, dass er im Grund der Zündglocke aufliegt. Dann wird – mit mehr oder weniger Gefühl –

Abb. 59

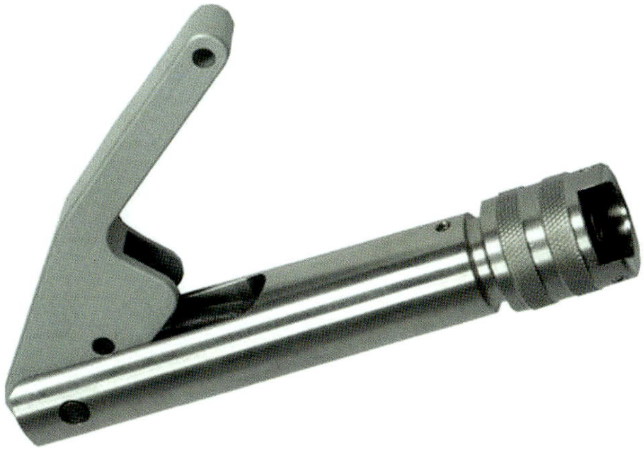

Abb. 60

verquetscht. Lee (Abb. 59) und RCBS liefern eher schlichtere Geräte, K & M und Sinclair (Abb. 60) decken das vornehmere Spektrum ab.

10. Laden und Verdämmen

Wenn wir neben den Jagdbüchsen auch für Schrotflinte oder Pistole laden, nehmen wir das Pulver, das wir dort verwenden. Also zum Beispiel 15 grn Bullseye oder 17 grn Viht. N320. Haben Sie kein solches Pulver zur Verfügung, dann fragen Sie einen Schützenfreund, von dem Sie wissen, dass er für eine solche Waffe lädt, ob er Ihnen 100 g seines Pulvers verkauft.

Wie verdämmen wir? Zusammengerolltes Klo- oder Küchenpapier. Wenn man es etwas kegelig rollt, kriegt man es besser in die Hülse. Dann mit dem stumpfen Ende eines Bleistifts feststopfen. Dabei achten Sie bitte unbedingt darauf, dass kein Stück Papier in der Weise vorsteht, dass es beim Laden zwischen Patronen-Hals und -Lager geraten kann.

11. Erstes Feuerformen

Hülsen der Gruppe A), das sind Hülsen, die bereits festen Schulterkontakt haben, verschießen wir so, wie sie sind.

Unsere 6mm-BR-Hülsen haben aber im Dasher-Lager keinen Schulterkontakt; es fehlt ein ganzes Stück. Bei diesem ersten Feuerformen bildet die Hülse den Verschlussabstand nämlich nicht gegen die Schulter, sondern gegen den Hülsenmund. Klar, das ist nur eine kleine Fläche, aber sie fixiert die Hülse in Position. Zusätzlich werden Hals und das vordere Hülsendrittel sehr dünn mit Hülsenwachs bestrichen. Dadurch wird die Liderung dieses Teils der Hülse so lange verzögert, bis der Hülsenboden durch den Rückstoß festen Kontakt zum Stoßboden der Verschlusskammer hat.

Wenn man beim Feuerformen den Lauf senkrecht nach oben hält, erzielt man eine bessere Zündung und etwas mehr Druck.

Diese Ladungen erzeugen ziemlich viel Wärme. Also zwischen den Schüssen mit offenem Verschluss den Lauf für eine Minute auskühlen lassen. Anschließend reinigen wir die Hülsen mit dem Krazy Kloth. Ein erneutes Kalibrieren vor der Fertigbearbeitung sollte nicht erforderlich sein, da der Hülsenmund spielfrei im Lager saß. Allerdings müssen wir den abgebrannten Zünder ausstoßen. Das geht am einfachsten in einer Typ Wilson Handmatrize, wenn man den Kalibrierring einfach weglässt.

Es folgt die Endbearbeitung der Hülse.

12. Zweites Plandrehen des Hülsenbodens

Das geht genauso, wie unter Punkt 2 beschrieben. Nur dass wir diesmal eher noch weniger Material entfernen. Aber erst jetzt hat die Hülse im Dasher-Hülsenhalter den wirklich zentrischen Sitz. Aus diesem Grunde lassen manche Präzisionsschützen das erste Plandrehen auch weg und laden dafür ein paar Grain Pulver mehr. Die Idee dabei ist, dass der Rückstoß den Boden zurechtrücken möge. Ich selbst habe das nie probiert, da der Rückstoß aufgrund der Tatsache, dass wir kein Geschoss verschießen, doch recht mild ausfällt.

13. Zweites Nachsetzen der Zündglocke

Auch das geht ganz genauso wie unter Punkt 3 beschrieben. Die Rückstände des verbrannten Zünders werden dabei gleich mit entfernt. Hartmetallwerkzeuge werden davon übrigens nicht stumpf. Aber nach dem Nachsetzen ist es unter Umständen erforderlich, den Zündkanal im Zündglockengrund leicht zu entgraten.

Sollte man jetzt die Hülsen auf Länge trimmen?

Aus der 6mm-BR-Hülse ist jetzt eine Dasher geworden. Der Verschlussabstand wird jetzt über die Schulter gebildet. Die Ecken und Kanten sind noch nicht ganz scharfkantig ausgeprägt, aber die Maße stimmen schon. Die Schulter hat sich nach vorn verlagert, und insgesamt ist die Hülse kürzer geworden. Wenn die Hülse vorher ins Lager passte, dann jetzt erst recht. Ich würde zu diesem Zeitpunkt noch nicht trimmen, da die Hülse beim zweiten Feuerformen nochmals kürzer wird, wenn auch nur wenig.

14. Hülse auf Fertigmaß drehen

Die fertige Hülse soll bei gesetztem Geschoss im Bereich des Halses etwa 0,04 mm Spiel haben. Das ist das auf den Durchmesser bezogene Gesamtspiel! Beim ersten Feuerformen wurde die Hülse im Lager vom Hals zentriert. Diese Aufgebe übernimmt jetzt der Hülsenkörper. (Es ist möglich, die 0,04 auf Null zu reduzieren. Dann braucht man später gar nicht mehr zu kalibrieren. Was dagegen spricht, ist die extreme Genauigkeit, mit der man dann arbeiten muss, und die Empfindlichkeit. Ein Staubkorn genügt, und der Druck geht durch die Decke.)

Die Fertigwanddicke errechnet sich wie folgt:

$$Wanddicke_{Fertigdrehen} = \frac{Lager\ Ø_{Hals} - (Geschoss\ Ø + Lagerspiel)}{2}$$

Der Lager-Durchmesser war 6,715 mm, das Lagerspiel 0,04 mm, und 6-mm-Boattailgeschosse, die bekanntlich keinen Druckring haben, liegen bei 6,17 mm. (Bei handgemachten Flachbodengeschossen rechnet man mit dem Druckring-Ø.) Also ist in diesem Fall

$$S_{Fertigmaß} = \frac{6{,}715\ mm - (6{,}17\ mm + 0{,}04\ mm)}{2} = 0{,}2525\ mm \approx 0{,}25\ mm$$

Auf dieses Maß werden die Hälse abgedreht, wiederum nur bis an und nicht in die Schulter. Das geht genauso wie unter Punkt 7 beschrieben. Das Kalibrieren der Hülsen auf Drehdornmaß (6,145 mm) können wir uns mit großer Wahrscheinlichkeit schenken. Der Außendurchmesser des Halses hat sich nicht geändert, also ist der Innendurchmesser auch so geblieben, wie er war. Aber eine Halsinnenreinigung mit einer Bronzebürste und anschließendes Fetten des Halses (von innen) ist Pflicht. Das Drehen geht genauso wie oben beschrieben, nur das Maß ist kleiner.

15. Rekalibrieren

Beim zweiten Feuerformen verdämmen wir nicht mehr mit Papier, sondern wir nehmen ein Geschoss. Um die gewünschte Reduzierung des Verschluss-Spaltes zu unterstützen, setzen wir das Geschoss mit hartem Feldkontakt – also möglichst lang – und mit möglichst viel »Grip«. Wenn wir ein Drehwerkzeug mit einen Dorndurchmesser von 6,12 mm verwendet haben, können wir den Durchmesser auch zum Geschosssetzen nehmen. 0,05 mm ist zwar für unseren Zweck etwas an der knappen Seite, aber noch okay. Anders das Nielson-Werkzeug. 0,03 mm Grip sind für Einzellader im Normalbetrieb in Ordnung. Aber in unserem Fall ziehen wir einen festen Geschosssitz mit 0,07 mm Übermaß vor. Bei der Wahl des Kalibrieringes dürfen wir nicht außer Acht lassen, dass die Hülse um 0,025 mm zurückspringt. Wir benötigen also einen Kalibrierring mit folgendem Durchmesser:

$$\text{Ø Kalibrierung (in Zoll)} = \frac{\text{Geschoss Ø} + 2 \times S\text{ (Hülsenhals)} - (0{,}07 + 0{,}025)}{25{,}4} \text{ (in mm)}$$

$$\frac{6{,}17\text{ mm} + 2 \times 0{,}25\text{ mm} - (0{,}07\text{ mm} + 0{,}025\text{ mm})}{25{,}4} = 0{,}259\text{ Zoll}$$

Das heißt also: Wir kalibrieren mit einem 259er Ring.

16. Ermitteln der vorläufigen Setztiefe
Wir nehmen ein (eingerußtes) Geschoss und setzen es in sukzessiven Schritten in eine leere Hülse, und zwar so lang, bis wir den Verschluss gerade noch schließen können. Wir haben jetzt das Geschoss auf Feldkontaktlänge gesetzt. Die Feldmarken sind im Ruß gut zu erkennen. Auf diese Länge kommt noch ein Zehntel mm obendrauf. Auf Englisch heißt das, man setzt das Geschoss 0,1 mm into the lands.
Diese Setztiefe gilt nur für das Feuerformen, sie hat nichts mit dem späteren Wert zu tun.

17. Zweites Zündersetzen und Laden
Den Zünder setzen wir, wie bereits unter Punkt 9 beschrieben.
Durch den harten Feldkontakt erhöhen wir den Gasdruck. Durch das lange Setzen des Geschosses vergrößern wir den verfügbaren Innenraum der Hülse. Dadurch senken wir den Druck. Beide Faktoren könnten sich gegenseitig aufheben.
Berger empfiehlt für das 105-Grain-Geschoss eine Anfangsladung von 27,0 grn (1,75 g) und eine Maximalladung von 31,5 grn (2,04 g) Reloader 15 Pulver.
Wir sind im Moment noch etwas zurückhaltend und legen uns mit 29,5 grn in die Mitte.
Wie schon zuvor reiben wir wieder ganz dünn etwas Hülsenwachs auf die Hülse. Diesmal allerdings nur am Hals.

18. Zweites Feuerformen
Das zweite Feuerformen ist berüchtigt dafür, dass man manchmal Ergebnisse erzielt; die sind so gut, man erreicht sie nie wieder. Hilft nichts. Im vorliegenden Beispiel haben wir nicht nur neue Hülsen, sondern auch einen neuen Lauf. Der muss bekanntlich sorgfältig glattgeschossen werden. Wie das geht, steht in Band 1. An dieser Stelle sei nur erwähnt: Feuerformen und Lauf glatt schießen sind zwei Arbeitsgänge, die man vereinen kann.

19. Auf Länge trimmen, entgraten und Endkontrolle
Die Hülsen sind jetzt fast fertig. Also vermessen wir sie auf Länge und trimmen sie alle auf das Maß der kürzesten Hülse. Ist die kürzeste Hülse länger als 39,1 mm, dann kürzen wir alle auf dies Maß. Sind mehrere Hülsen geringfügig kürzer als 39,1 mm (sagen wir, sie gehen bis auf 38,9 mm), dann trimmen wir alle auf 38,9. Sind einige wenige kürzer als das, kennzeichnen wir sie und verwenden sie für Öl- und Probeschüsse. Irgendwann werden sie länger, dann kommen sie zurück ins Glied.

Nach dem Trimmen wird der Hülsenmund innen und außen entgratet.
Jetzt sind sie fertig.
Also werden sie jetzt noch einmal gewogen und nach Gewichtsgruppen sortiert. Welche Gruppen man zulässt, ergibt sich aus der Gewichtsstreuung. Man muss irgendwann die Kirche im Dorf lassen.
Eine andere Freizeitbeschäftigung, mit der sich manche Schützen bei schlechtem Wetter die Zeit vertreiben, ist es, die Hülsen auszulitern. Unterschiedliches Hülsenvolumen = unterschiedlicher Druckaufbau = unterschiedliche Mündungsgeschwindigkeit.
Füllen sie eine Hülse randvoll mit feinen Sand. Finger auf den Hülsenmund und drei Mal definiert auf den Tisch geklopft, damit der Sand sich setzt. Füllhöhe sollte noch immer bis fast an den Rand gehen, sonst auffüllen. Sand aus der ersten Hülse in die zweite umfüllen. Finger drauf und drei Mal ... Bei allen Hülsen sollte der Sand gleich hoch stehen. Tut er das nicht: Messung wiederholen. Tut er das immer noch nicht, hat die Hülse ein anderes Volumen.

Wenn Sie bis hierher durchgehalten haben, kann ich mir gut vorstellen dass Sie jetzt mit dem Kopf schütteln: »Der spinnt, der Albrecht ...« Aber seien Sie gewarnt. Das hier war die einfache Variante. Als nächstes sehen wir uns an, wie Hülsen präpariert werden, die nicht konzentrisch sind.

Die Bearbeitung handelsüblicher exzentrischer Hülsen nach T. J. Jackson

Eine Bemerkung vorweg. Bei der Recherche für dieses Buch stieß ich in einer alten Ausgabe von »Precision Shooting« aus dem Jahr 1985 auf einen Artikel von T. J. Jackson. Für diejenigen, die noch nie von dem Mann gehört haben: T. J. Jackson (nicht zu verwechseln mit dem gleichnamigen Neffen von Michael Jackson) war Colonel der US-Luftwaffe, flog U2-Aufklärungsflüge und machte sich, nachdem er seinen Abschied von der Air Force genommen hatte, einen Namen als fähiger Büchsenmacher und Benchrest-Schütze.
Dieser Mr. Jackson schrieb also, dass es keinen Unterschied macht, ob der Innenraum einer Patronenhülse konzentrisch ist oder nicht. Entscheidend an der Hülsenbeschaffenheit sind die Präzision, Gleichförmigkeit und Konzentrizität der Hülsenhälse.
Das widerspricht allem, woran Benchrester jahrelang geglaubt haben. Und ich kann mir gut vorstellen, dass der Artikel damals die Gemüter einigermaßen bewegt hat.
Ich habe jedenfalls erst einmal mit dem Kopf geschüttelt. Dann habe ich den Artikel ein zweites Mal gelesen und ziemlich trocken geschluckt. Dann habe ich ihn ein drittes Mal sehr aufmerksam analysiert und kam zu dem Schluss: Der Mann hat 100 Pro recht.
Zunächst die Faksimile-Kopie (Abb. 61) einer Abbildung zweier Benchrestscheiben, die in einem überdachten Gebäude geschossen wurden. Beide Scheiben zeigen jeweils fünf Schuss auf 100 Yard. Die linke wurde mit bearbeiteten 6 mm-BR-Remington-Hülsen geschossen, die von vornherein sehr gut waren. Die rechte Gruppe wurde mit Hülsen erzielt, deren Wanddicke 6 mm über dem Hülsenboden um 0,20 bis 0,23 mm schwankte. (An der Stelle ist die Wanddickenschwankung meist etwa doppelt so groß wie im Hülsenhals. Wir reden also von Halswanddickenschwankungen von über 0,1 mm. VOR dem Bearbeiten natürlich.)
Also ich denke, die meisten von uns könnten mit den »schlechten« Hülsen gut leben.
Wie hat der gute Mann das angestellt? Sehen wir uns zwei Hülsen einmal genauer an. Eine sehr gute und eine handelsübliche (Abb. 62) Die Mittenabweichung in der rechten ist natürlich übertrieben dargestellt.

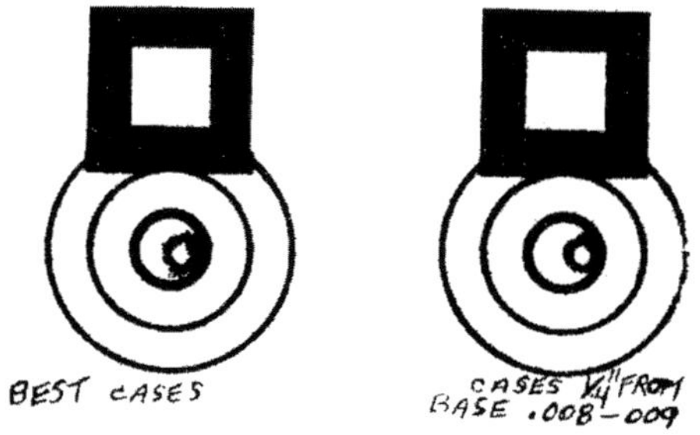

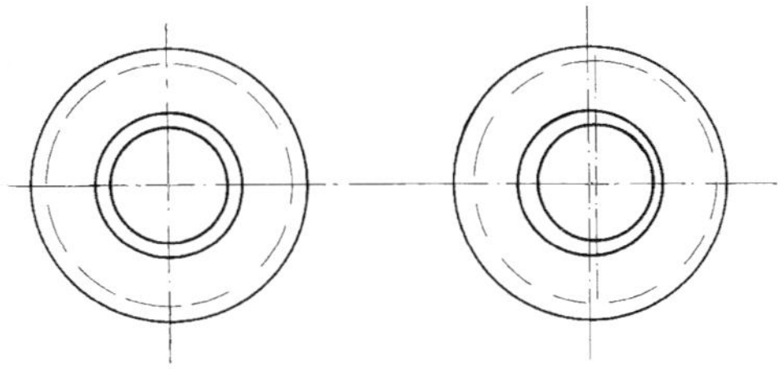

Abb. 61 *Abb. 62*

Wie Benchrestschützen ihre Hülsen bearbeiten, habe ich im vorangegangenen Kapitel gerade geschildert.

Bei einer zentrische Hülse (Abb. 62 links) funktioniert das auch einwandfrei. Aber wie sieht das bei der rechten Hülse aus? Nach dem Feuerformen ist der Hülsenhals an der Außenseite konzentrisch zum Hülsenmantel. Die Innenseite des Halses ist außermittig (Abb. 62 rechts). Jetzt stecken wir den Führungspiloten des Abdrehwerkzeuges in diese außermittige Bohrung und bearbeiten die Außenseite des Halses. Nach dem Abdrehen ist die Wanddicke konstant, und das heißt nichts anderes als: die Außenseite des Halse ist jetzt ebenfalls außermittig. Wir haben einen Hülsenhals, der nicht länger in einer Achse mit dem Hülsenkörper liegt (Abb. 63).

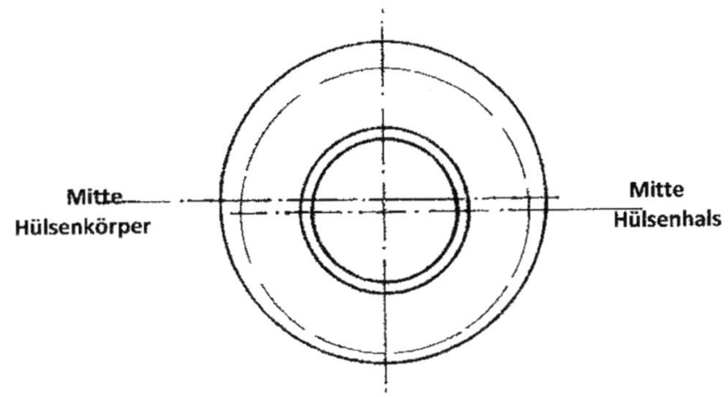

Abb. 63

Das aber hat zur Folge: Das Geschoss wird dem Lauf außermittig zugeführt! Das ist DIE Todsünde im Präzisionsschießen. Genau genommen ist es sogar noch schlimmer. Die feuergeformte Hülse sitzt ziemlich spielfrei im Lager. Die Geschoss-Ogive hat Feldkontakt, sitzt an der Stelle auch mittig im Lager. Da der Führungszylinder des Geschosses aber um einige hundertstel mm seitlich verschoben liegen möchte, im Halsbereich des Lagers aber nur 0,02 mm Lagerspiel (bezogen auf den Radius) vorgegeben sind, wird der Hülsenhals schon verbogen, bevor die Patrone abgefeuert wird. Das Geschoss tritt nicht nur außermittig, sondern auch schief in die Züge ein.

Über wie viel reden wir hier?

Sehen wir uns drei verschiedene Fälle an:

1. Fast perfekte Hülse mit einen Halswanddickenabweichung von 0,04 mm
2. »Normale«, handelsübliche Schwankung von 0,07 mm
3. Suboptimale Hülse mit einer Abweichung von 0,10 mm

Im ersten Fall liegt das Zentrum des Halses 0,02 mm außerhalb der Laufachse. Dieser Wert entspricht gerade dem Spiel im Halsbereich des Patronenlagers. Ein lang gesetztes Geschoss hat auf einer Seite einen härteren Feldkontakt als auf der anderen. Der Eintritt in den Lauf ist deshalb außermittig und schief.

Im zweiten Fall liegt das Zentrum von Hals und Geschoss 0,035 mm außerhalb der Laufachse.

Das Geschoss hat sehr harten einseitigen Feldkontakt, der bei eingerußtem Geschoss mit bloßem Auge sichtbar ist. (Nein, nicht der Büchsenmacher hat geschludert. Ihre Hülse wurde zwar sehr sorgfältig - aber falsch - bearbeitet.) Der Hülsenhals wird sowohl vom schief gestellten Geschoss als auch vom Lager verbogen, wenngleich auch noch im elastischen Bereich. Mit dieser Hülse Schussbilder wie in Abb. 61? Vergessen Sie es.

Im dritten Fall liegt das Zentrum um 0,05 mm außermittig. Selbst eine Hülse ohne Geschoss würde vom Lager um 0,05 minus 0,02 mm Spiel = 0,03 mm verbogen. Das übersteigt den elastischen Rückstellbereich. Die Hülse wird bleibend deformiert. Auch auf das Geschoss wirkt ein derartiger seitlicher Druck, dass mit einer bleibenden Verformung zu rechnen ist. Über Schusspräzision brauchen wir nicht zu reden.

Was tun? Wie vermeiden wir diese Horror-Szenarien? Die Antwort ist klar. Die Hülse muss so bearbeitet werden, dass wir eine Hülse wie in Abb. 62 links erhalten.

Die Aussagen Mr. Jacksons waren glasklar. Die Schlussfolgerungen sind es auch. Warum sich heute trotzdem niemand mehr daran erinnern will, weiß ich nicht. Das ist vielleicht ähnlich wie mit Sam Wilsons Krag-Super-Short-Hülse, die man heute PPC nennt.

Also das Prinzip geht so: Die Hülse wird in einem Hülsenhalter (Abb. 19) gefasst und in der Drehbank eingespannt. Dann wird der Hülsenhals von innen ausgedreht. Gedreht, mit einer Bohrstange. Reiben oder Bohren geht nicht. Die Reibahle würde sich an der außermittigen Lage der Halsinnenseite orientieren. Nach dieser Prozedur haben wir eine Innenseite, die konzentrisch zur Außenseite des Hülsenmantels »läuft«. Die Weiterverarbeitung geht dann wie gehabt. Das ist das Prinzip.

Ein paar Kleinigkeiten stehen allerdings im Kleingedruckten, und das folgt jetzt.

Die erste Frage, die sich stellt, ist: Geht das mit allen Hülsen, egal wie außermittig der Innenraum?

Die Antwort ist: Nein! Es gibt auch keine klare Grenze, denn wie viel Abweichung wir tolerieren können, hängt von der Größe unseres Patronenlagers und von der tatsächlichen Größe unserer Hülsen ab. Wir erinnern uns: Die Maße in den Handbüchern sind Maximalmaße der Hülse. Wirkliche Hülsen sind stets etwas kleiner.

Im vorangegangenen Kapitel haben wir am Beispiel eine 6mm-Dasher-Hülse, die aus einer 6mm BR umgeformt wurde, gesehen, dass das Maß der Wanddicke nach dem zweiten Fertigdrehen 0,25 mm betrug. Da blieben 0,04 mm zum Fertigdrehen.

Ich werde den Vorgang der Hülsenbearbeitung exzentrischer Hülsen wieder am Beispiel der Dasherhülse beschreiben. Allerdings ist mein Verfahren (das übrigens geringfügig von dem Mr. Jacksons abweicht) unabhängig davon, ob wir schon mit einer passenden Hülse beginnen, oder ob wir sie noch umformen müssen.

In der prinzipiellen Bearbeitung wurde schon gesagt: erst ausbohren, dann Hals von außen bearbeiten. Wir dürfen also nur so viel Material ausbohren, dass genügend Wanddicke bleibt, um noch von außen drehen zu können. Was wir suchen, ist die erforderliche Mindestwanddicke S(m) an der dünnsten Stelle des Hülsenhalses aller Hülsen. Wenn z. B. die meisten Hülsen 0,30 mm oder dicker sind und nur drei oder vier dieses Maß unterschreiten, dann werfen wir diese drei oder vier weg. Sind es 10 oder 20, die vielleicht nur 0,28 oder 0,29 haben, dann hätten wir nur 0,28 mm zur Verfügung.

Das erforderlich Mindestmaß ist:

$$S_m = S_F + b$$

mit S_F = Wandstärke der fertigen Hülse (im Beispiel = 0,250 mm, vgl. S. 72) und b = erforderliche Bearbeitungszugabe für das Fertigdrehen der Außenseite in mm. Dabei sollte b nicht viel weniger als 0,04 mm betragen. 0,03 sind noch möglich, aber schwierig zu realisieren.
In unserem Beispiel benötigen wir also Hülsen, deren Wände an der dünnsten Stelle mindestens 0,29 mm dick sind.
Also, machen wir uns an die Arbeit. Wir bearbeiten 6mm-Dasher-Hülsen (ex 6mm BR Norma) mit einer per Wareneingangsprüfung festgestellten Schwankung der Hals-Wanddicke von 0,05 bis 0,08 mm. (PPC-Hülsen zum Beispiel gehen genauso; nur die Zahlen sind dann andere.)

1. Messen der Hülsenhals-Variation

Da die Hülsen nicht kalibriert sind, wird das keine ganz genaue Angelegenheit. Dafür brauchen wir auch nur eine Auflösung von 0,01 mm. Wir suchen das Maß der dünnsten Hülse an der dünnsten Stelle. Liegen wenige Ausreißer unter 0, 29 mm? Entsorgen.

2. Außenkalibrieren auf Patronenlagermaß

Obwohl wir im Augenblich noch mit einer 6mm-BR-Hülse arbeiten, können wir eine 6mm-Dasher-Matrize verwenden. In die muss man die BR-Hülse ein klein wenig tiefer hineinschieben, aber dann passt das. Die Dasher hat einen Schulterwinkel von 40° und einen kürzeren Hals. (Wenn wir eine 220 Russian in 6 PPC umformen, ist dies Vorkalibrieren natürlich überflüssig. Ein 22er Hals passt immer in ein 6-mm-Lager.)
Die kalibrierte Hülse soll stramm in unser Patronenlager mit D = 6,715 mm passen. Ideal wären 0,01 mm Übermaß. Die Hülse springt nach dem Kalibrieren um 0,025 mm zurück. Also brauchen wir einen Kalibierring mit

$$d_{Ring} = d_{Lager} + 0{,}01\ \text{mm} - 0{,}025\ \text{mm},$$

in unserem Beispiel:

$$d_{Ring} = 6{,}715\ \text{mm} - 0{,}015\ \text{mm} = 6{,}700\ \text{mm} = 0{,}2638''$$

Wir nehmen also eine Wilson-Matrize (FL) mit 2 Ringen von .263 und .264 Zoll. (.263 ergibt einen Halsdurchmesser von 9,705. Das ist ein bisschen wenig.) Wenn wir den 264er Ring mit der Schrift nach unten in die Matrize setzen, wird der Hals um knapp eine halbe Größe enger kalibrieren, da die Ringe innen ein wenig konisch sind. Das dürfte um und bei 6,72 mm ergeben (probieren).

3. Zündglocke und Länge der Hülse überprüfen

Die Zündglocke muss so tief sein, dass der Zünder reinpasst. In der Länge entfernen wir nur so viel, dass die Hülse gerade eben ins Lager geht (Abb. 64).

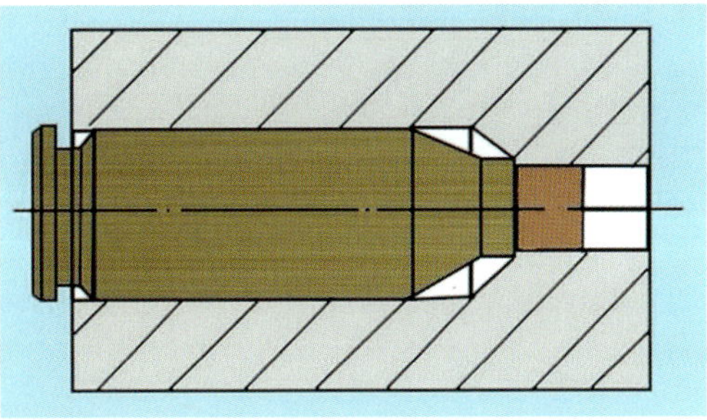

Abb. 64

4. Zünder setzen, Laden, Verdämmen und Feuerformen

Das geht genauso wie im vorigen Kapitel unter Punkt 9–11 beschrieben. Vor dem Feuerformen wird die Hülse im vorderen Drittel ganz dünn gefettet. Die Hülse sitzt dann vor dem Feuerformen etwa so im Patronenlager, wie in Abb. 64 dargestellt. Nach dem Feuerformen werden die Hülsen gereinigt und der abgebrannte Zünder wird ausgestoßen.

5. Plandrehen des Hülsenbodens

Die Hülse passt jetzt ziemlich genau in den Hülsenhalter. Mit dem Hülsentrimmer oder einer

Drehbank entfernen wir so wenig Material wie möglich, gerade so viel, dass der Hülsenboden sauber wird.

6. Zündglocke auf Tiefe nachsetzen

7. Zünder setzen, Laden, Verdämmen und zweites Feuerformen

Wir wiederholen Arbeitsgang 4. Wir wollen vor dem Drehen eine gut ausgeformte Hülse haben, die sich in den Außenabmessungen weitestgehend an das Patronenlager angepasst hat.

8. Bohren des Hülsenhalses

Nach dem Feuerformen haben wir die Hülsen mit dem Krazy Cloth gereinigt und den alten Zünder ausgestoßen. Nehmen wir an, unsere Wanddickenmessung hat an der dünnsten Stelle 0,300 mm ergeben. Nehmen wir weiter an, unsere feuergeformten Hülsen haben am Hals einen Außendurchmesser von 6,69 mm. Wenn wir die Hülsen, eingespannt in einen Wilson-Hülsenhalter, jetzt auf einen Halsinnendurchmesser von 6,11 mm ausbohren, bleiben 0,29 mm Wandstärke.

Wir nehmen also die Hülsen nebst Hülsenhalter, gehen in die nächste feinmechanische Werkstatt bzw. zu unserem Büchsenmacher und erklären, was wir wollen. Stellen Sie klar, dass Sie einen Durchmesser von 6,11 H6 wollen (H6 ist die Toleranz: minus 0 und plus 0,009 mm).

(Beim Umformen einer .220 Russian in 6mm PPC: angenommener Lagerdurchmesser = 6,665 mm, also Hülsenhals-AußenØ = 6,64, angenommene Fertigwanddicke der Hülse = 0,22 mm (Flachbodengeschoss) können wir analog eine Mindestwanddicke an der dünnsten Stelle von 0,22 + 0,04 = 0,26 mm akzeptieren. Der auszubohrende Hals-InnenØ wäre dann 6,64 - (2 x 0,26) = 6,12 H6.)

Zurück zur 6mm Dasher. Wenn der Dreher (Entschuldigung: Zerspanungsmechaniker) ordentlich gearbeitet hat, haben wir jetzt Hülsen, bei denen Hals-InnenØ und Hals-AußenØ konzentrisch zum Hülsenkörper laufen.

9. Kalibrieren

Als nächstes wird der Außendurchmesser auf Fertigmaß gedreht. Dazu müssen wir den Innendurchmesser auf 6,145 mm bringen (für ein Nielson-Drehwerkzeug). Das geht mit einer FL-Matrize mit einem Aufweitknopf, der 6,145 + 0,025 mm Durchmesser hat.

10. Fertigdrehen

Das geht genauso wie unter Punkt 7 und 10 im vorangegangenen Kapitel beschrieben. Wir bearbeiten wie in Punkt 10 auf ein Fertigmaß von 0,25 mm.

11. Fertigstellen der Hülse

Die restlichen Arbeitsschritte sind die gleichen, wie im vorherigen Kapitel bereits beschrieben: Boden plandrehen, Zündglocke nachsetzen, Zündkanal egalisieren, kalibrieren, Setztiefe des Geschosses ermitteln, laden mit Geschoss, drittes Feuerformen, reinigen, Hülsen auf Länge trimmen, Hülsenmund innen und außen entgraten, Endkontrolle.

So viel zu den Hülsen. Wenden wir uns nun den Geschossen zu.

Präzisionsgeschosse

Auf den Seiten 15 bis 22 wurde ja schon einiges zu dem Thema gesagt. Zum Thema Ziel-Ballistik komme ich später noch.

Grundsätzlich haben wir die Wahl zwischen Flachboden-Geschossen, (F.B. Bullets) und Boots-

heck-Geschossen (B.T. Bullets). Wie schon gesagt, aber ich wiederhole mich hier gern: auf kurze Entfernung (≤ 250 Meter) sind F.B.-Geschosse präziser. Wenn es ordentlich bläst, kommt dieser Vorteil allerdings nicht so recht zum Tragen, weil dann je nach Wind der größere Ballistische Koeffizient der Boattail Geschosse den Ausschlag geben mag.
Weiterhin haben Hohlspitzgeschosse (HP Bullets, Hollow Point Bullets) bauartbedingt in der Regel bessere Präzision als solche mit einer freiliegenden Bleispitze.
Industriell hergestellte Geschosse sind heute in größerer Vielfalt und besserer Qualität erhältlich als je zuvor. Dennoch: Wenn Sie die letzten Möglichkeiten aus Waffe und Munition herausholen wollen, sei es, dass Sie als Sportschütze nicht nur mitmachen, sondern auf dem Siegertreppchen stehen möchten, oder sei es, dass Sie bei der Jagd auch über große Entfernungen treffen wollen, dann sind handgefertigte Geschosse mehr als eine überlegenswerte Alternative. Die können Sie entweder selbst machen oder aber kaufen. Natürlich sind die teurer als solche aus Industrieproduktion, aber nicht so sehr, wie man glauben könnte.

Qualitätskriterien von Matchgeschossen

Um ein Mantelgeschoss herzustellen, nimmt man im Prinzip einen Bleikern, steckt ihn in einen Tombakbecher und presst beide in einer zylinderförmigen Matrize mit zwei Stempeln so lange zusammen, bis der Innendurchmesser der Matrize erreicht ist (Abb. 65). Wenn man will, kann man anschließend das so erzeugte Geschoss in einer zweiten Matrize noch stromlinienförmig anspitzen (Abb. 66). Man nennt diesen Vorgang Fließpressen bzw. Kaltfließpressen (engl. swaging).
Welche Faktoren beeinflussen die Präzision eines Mantelgeschosses, und wie kann ich als Wiederlader diese Faktoren erkennen und beurteilen? Wie gesagt: Es gibt zwei Arten von Mantelgeschossen, handgefertigte und solche aus industrieller Produktion.
Wenn wir heute handgefertigte Geschosse kaufen, ist fast immer von Match-Geschossen die Rede. Eingeweihte Wiederlader sind sich einig: Handgeladene Geschosse sind besser als industriell gefertigte. Das kann stimmen, tut es meistens auch, muss aber nicht.
Wenn zum Beispiel Lapua eine Produktionsanlage einrichtet, dann kann es vorkommen, dass eine Zeitlang Geschosse produziert werden, die diesseits von Gut

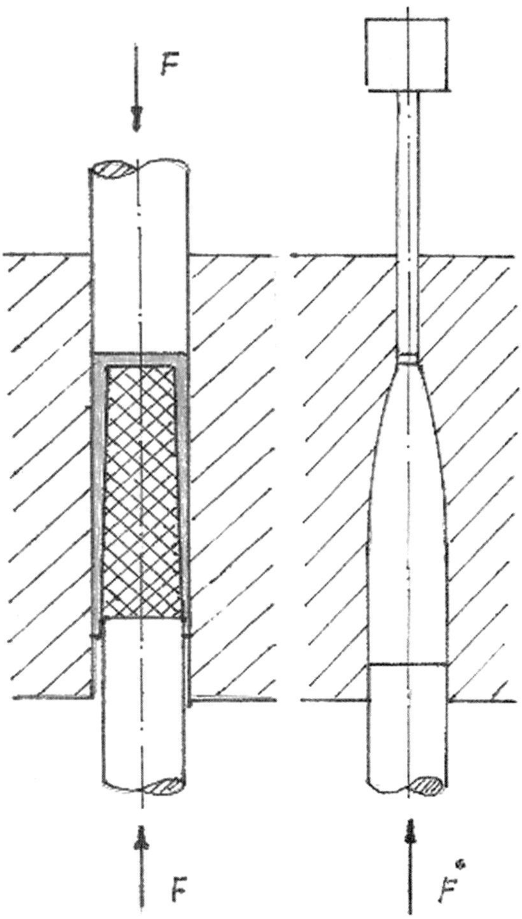

Abb. 65 *Abb. 66*

und Böse sind. Dann wird vielleicht jedes 10.000ste Geschoss kontrolliert, und solange die Prüfung ergibt, dass die vorgegebenen Parameter eingehalten werden, läuft die Produktion weiter. Erst wenn eine Störung oder Verschleiß eintritt, wird neu eingerichtet.

Der Kleinproduzent wird zwar auch nicht jedes Geschoss vermessen, aber jedes Mal, wenn er den Hebel seiner Presse bedient, bekommt er eine Rückmeldung, die ihm eine mögliche Abweichung von der Norm anzeigt. Ein solches Produkt fliegt dann sofort in den Müll. (Sollte es zumindest …) Darin liegt der Vorteil von Hand produzierter Geschosse, und dieser Vorteil kann nicht hoch genug bewertet werden, denn beim Wettkampf kann uns ein einziger Flyer den ganzen Tag verderben.

Über die benötigten Geräte und Werkzeuge schreibe ich im folgenden Kapitel. Nur so viel vorweg. Der Kraftaufwand beim Bulletswaging ist vergleichbar mit dem beim FL-Kalibrieren einer Patronenhülse. Die Amerikaner gehen deshalb zunehmend dazu über, hydraulisch beaufschlagte Pressen zu verwenden. Der Hauptvorteil der Handfertigung, das haptische Feedback, geht dabei natürlich sofort verloren.

Welche Faktoren beeinflussen in welchem Maß die Präzision eines Geschosses?

- Der Geschossdurchmesser
- Das Geschossgewicht
- Die Geschossform (Ballistischer Koeffizient, Boattail vs. Flatbase)
- Die Geschossstabilisierung im Flug

Der Geschossdurchmesser

Der muss natürlich zum Lauf passen. Damit meine ich nicht das Kaliber, sondern die zweite und dritte Stelle hinter dem Komma. Nun hat ein Lauf bekanntlich zwei Durchmesser, das Feld- und das Zugmaß. Für das Geschoss ist der Zugdurchmesser entscheidend, und der ist nicht so leicht nachzumessen. Am besten geht das mit einem Bleidurchtrieb, bei dem eine passende weiche Bleikugel durch den Lauf geschoben wird. Damit erhält man zwar nur das Maß an der engsten Stelle, aber immerhin … Mit ein wenig Übung kann man so sogar feststellen, ob der Laufdurchmesser in etwa konstant ist.

Abb. 67

Wer sich das nicht selbst zutraut, sollte diese Messung vom Büchsenmacher seines Vertrauens ausführen lassen. Das wird garantiert viel billiger als eine Messung mit dem Airgauge.

Keine zwei Läufe sind im Durchmesser wirklich identisch. Geschosse ein und desselben Herstellers mit derselben Losnummer sollten es allerdings schon sein. Das Geschoss unserer Wahl ist im Idealfall 0,001 bis 0,005 mm kleiner als der Zugdurchmesser. Übermaßige Geschosse schießen so gut wie nie. Der hierfür relevante Geschossdurchmesser wird übrigens nicht auf dem Druckring, sondern unmittelbar darüber gemessen (Abb. 67).

Da Läufe verschiedene Durchmesser haben und die Geschosse verschiedener Hersteller ebenfalls, leuchtet auch sofort ein, weshalb manche Geschosse in unserem Lauf einfach nicht zum »Schießen« zu bringen sind, obwohl deren Hersteller sicherlich genauso sorgfältig gearbeitet haben wie deren Kollege, mit dessen Produkt in unserem Lauf die »Post abgeht«. Da hilft nur: probieren.

Abb. 68

Weiter oben steht, innerhalb eines Loses sollten Geschosse keine messbare Abweichung des Durchmessers aufweisen. Das ist leichter geschrieben als getan. Wichtig ist hier zunächst einmal, zwischen der Auflösung und der Genauigkeit eines Messgerätes zu unterscheiden. Einen digitalen Messbügel bis zum Ratschenanschlag zudrehen und dann ein Ergebnis von drei Stellen hinter dem Komma ablesen, das kann wohl jeder. Das Problem ist nur: wiederholt man dieselbe Messung noch vier Mal, hat man am Ende fünf verschiedene Ergebnisse, die durchaus fünf bis sieben Mikrometer (µm) streuen können. Am besten geeignet ist ein Messbügel mit integrierter Messuhr, die man mit einem geeichten Endmaß abgeglichen hat (Abb. 68). Ein solches Teil ist zwar nicht ganz billig, aber zumindest vom Geschosshersteller sollte man erwarten, dass er so ein Messgerät verwendet. Sollte. Ist aber durchaus nicht immer der Fall. Ich weiß von einem bekannten US-Hersteller, der auf seiner Internetseite stolz berichtet, dass er sein Analogmessgerät mit einer Genauigkeit von 0,025 mm(!) durch eine digitale Messschraube ersetzt hat. Na immerhin.

Das Geschossgewicht

Bei einem vorgegebenen Kaliber bestimmt das Geschossgewicht die Querschnittsdichte und den Ballistischen Koeffizienten. Dazu gleich mehr.

Leichte Geschosse erreichen eine größere v_0 als schwere, verlieren ihre Geschwindigkeit aber auch schneller.

Das Gewicht bestimmt innerhalb eines Kalibers auch die Geschosslänge. Damit sind uns bestimmte Grenzen gesetzt, welche Geschosse wir aus einem vorgegebenen Patronenlager verschießen können. So haben beispielsweise bei der 6 PPC Geschosse von 65 bis 69 grain ein relativ enges Fenster. Das Gewicht selbst stellt kein Qualitätskriterium dar; die Gewichtsunterschiede von einem Geschoss zum nächsten dage-

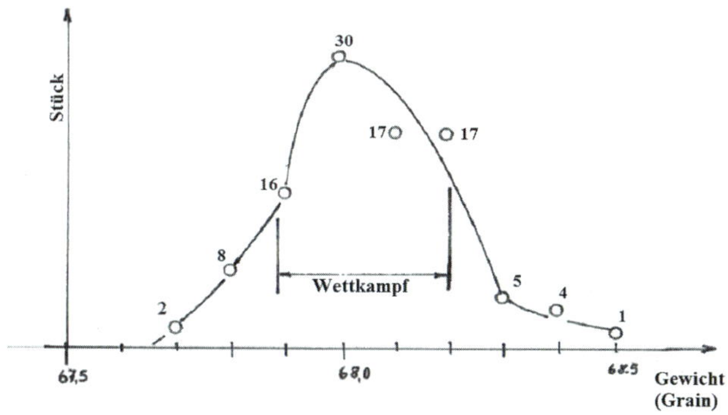

Abb. 69

gen schon. Wenn wir 100 Geschosse einzeln wiegen, stellen wir fest, dass sich eine Gewichtsverteilung in Form einer Glockenkurve ergibt – die allerdings nicht ganz symmetrisch sein muss (Abb. 69).
Ausreißer, die stark vom Mittelwert der Gewichtsverteilung abweichen, gehen in den Müll. Geschosse aus den Randbereichen verwenden wir für Ölschüsse oder zum Glattschießen eines neuen Laufes; der Mittenbereich ist gut für den Wettkampf.
Sollte die Kurve sehr flach ausfallen, empfiehlt es sich, die Geschosse nach Gewicht zu gruppieren.
Diese Forderung nach einer möglichst engen Gewichtstoleranz gilt streng genommen nur innerhalb eines Loses. Auch J4-Mäntel haben ganz geringe Unterschiede von einem Fertigungslos zum nächsten. Auch die nächste Charge Blei kann eine geringfügig veränderte Dichte haben. Letztlich ist es völlig egal, ob ein Geschoss 68,2 oder 67,8 grain wiegt. Entscheidend ist die innere Balance des Geschosses.
Damit bleibt noch die Frage: Wie viel Variation beim Geschossgewicht ist innerhalb eines Loses erlaubt? Das kommt natürlich darauf an. Aber ich will mich nicht vor einer Stellungnahme drücken. Bei der 6 PPC findet man eine Gewichtsvariation von 0,25 grain (16 Milligramm) nicht auf der Scheibe wieder. Allgemein kann man nur sagen: bei welcher Gewichtsvariation eine Verschlechterung des Trefferbildes eintritt, ist bei jeder Waffe anders und nur im praktischen Versuch zu beantworten.
Weiterhin haben gegossene Kerne nichts in unseren Mänteln zu suchen. Extrudierte und anschließend auf Maß gezogene Bleidrähte sind einfach homogener. Eine Anfrage beim Produzenten sollte hier Klarheit schaffen. Genauso schlimm wie gegossene Kerne sind Drähte, die Kratzer, Schrammen oder Korrosionsnarben aufweisen. Genau wie Gusslunker führen auch sie zu einer Geschossunwucht.

Die Geschossform

Jetzt geht es ans Eingemachte, denn nirgendwo bei der Auslegung und der Auswahl von Geschossen gibt es so viel schlichte Ahnungslosigkeit. Über Ballistik reden wir in einem späteren Kapitel. Nur so viel vorweg:
Als Flächenlast bzw. Querschnittsdichte (englisch sectional density, S.D.) bezeichnet man die Geschossmasse (das Gewicht) geteilt durch den Querschnitt.
In der englischsprachigen Literatur nimmt man das Gewicht in lbs (Gewicht in Grain : 7000) und dividiert mit dem Quadrat des Durchmessers ausgedrückt in Zoll ($\pi/4$ fällt unter den Tisch).
Beispiel: Ein 7-mm-(cal .284)-Geschoss von 139 grain hat eine Querschnittsdichte

$$S.D. = \frac{139}{7000 \times 0{,}284^2} = 0{,}246$$

oder in amerikanischer Schreibweise .246.
Geschosse mit gleichem S.D. benötigen Pulver mit der gleichen Abbrandrate.
Lange Geschosse mit viel Gewicht pro Querschnitt können sich außerdem besser gegen den Luftwiderstand behaupten als kurze leichte. Dieses Beharrungsvermögen hängt aber nicht nur von der Querschnittsdichte ab, sondern auch von der Geschossform. Es ist einleuchtend, dass ein Spitzergeschoss »windschnittiger« ist als ein gleichschwerer Wadcutter. Das führt über den sogenannten Formfaktor I zum Ballistischen Koeffizienten. Es gilt

$$BC = \frac{S.D.}{I}$$

Diesen Formfaktor I kann man über den Ogivenradius der Geschossspitze abschätzen. (Der Ogivenradius ist übrigens der in Kalibern ausgedrückte Radius der Geschossspitze. Wie man sieht, hat ein Rundkopfgeschoss einen Ogivenradius von 0,5 Kalibern.)

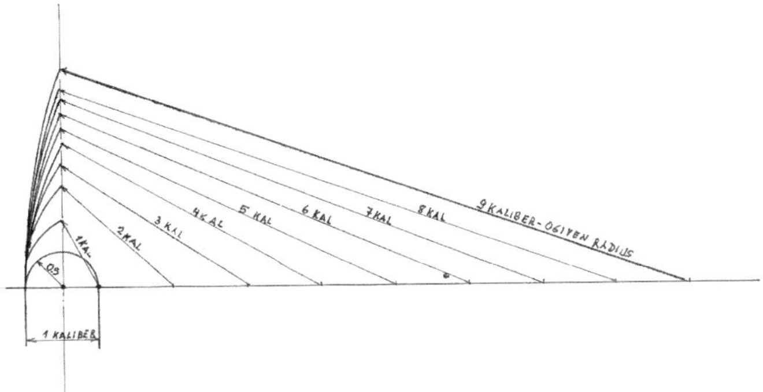

Abb. 70

Vor etwa 150 Jahren, als man anfing, ballistische Tabellen zu erarbeiten, waren Geschosse mit Rundkopf noch Stand der Technik. Mit einem solchen Geschoss wurden die Flugbahnkurven ermittelt, und auf ein solches Geschoss (Formfaktor 1) beziehen sich die Werte, die heute von der überwiegenden Mehrzahl der Hersteller angegeben werden, gleichgültig, ob mit Bootsheck oder nicht. Das ist die sogenannte G1-Funktion. Es gibt auch Funktionen für Bootsheckgeschosse (G7), die die Bahn moderner BT-Geschosse sehr viel akkurater beschreiben. Der Grund dafür, dass die Hersteller bei der G1-Funktion bleiben, ist einfach. Es hat sich bei den Kunden herumgesprochen, dass ein großer BC gut ist. Je größer der BC, desto flacher die Flugkurve. Und $BC_{(G1)}$-Werte sind nun mal zahlenmäßig größer als $BC_{(G7)}$-Werte.

Geht die Kurve tangential – also ohne Winkel – in den zylindrischen Führungsteil über, spricht man von einer Tangentialogive. Das ist die Form, die bei den meisten Geschossen ausgeführt ist. Typische Matchgeschosse haben eine Tangentialogive mit Werten von 7 bis zu 9 Kalibern. Mehr als Neun geht nicht, und auch das nur bei sehr langen Geschossen, bei denen trotzdem noch genügend Führungslänge übrigbleibt.

Bildet die Ogive hingegen einen verrundeten Winkel mit dem Führungszylinder, spricht man von einer Sekanten-Ogive. Hier sind 20 bis 25 Kaliber typisch (Abb. 10).

Den verschiedenen Ogivenradien lassen sich (für $BC_{(G1)}$) folgende Formfaktoren zuordnen:

Ogive	Formfaktor I
Rundkopfgeschoss	1,0
6-Kaliber-Tangentialogive	0,56
7-Kaliber-Tangentialogive	0,52
8-Kaliber-Tangentialogive	0,49
9-Kaliber-Tangentialogive	0,46
25-Kaliber-Sekanten-Ogive	0,45

Wenn wir also diese Tabelle auf unser 7-mm-Geschoss aus dem obigen Beispiel anwenden und eine 7-Kaliber-Ogive zugrunde legen, ergibt sich mit dem Formfaktor I = 0,52 ein Ballistischer Koeffizient von 0,246 : 052 = 0,473 = .473 ((G1)-Funktion).

Geschosse mit gleichem BC haben bei gleicher v_0 unabhängig vom Kaliber, ihrem Gewicht oder ihrer Form die gleiche Flugbahn und die gleiche Winddrift.
Bei gleicher v_0 wird mit ansteigendem BC die Flugbahn flacher und die Winddrift geringer.
Wieso werden dann nicht alle Ogiven mit mindestens 9 Kalibern ausgeführt? Die Antwort ergibt sich mit ein wenig Kopfrechnen von selbst. Wir brauchen dazu nur den alten Pythagoras.
Beispiel: Geschosskaliber .243 = 6,17 mm, Gewicht 68 grain = 4,41 g, Geschosslänge zirka 21,7 mm.
Das sind Parameter, an denen wir nicht rütteln können. Wir wollen ein Matchgeschoss mit Hohlspitze. Die braucht einen gewissen Durchmesser, um das Geschoss wieder aus der Matrize ausstoßen zu können. Dieser Meplatdurchmesser sei 1,57 mm. Weiterhin benötigen wir eine zylindrische Führungslänge von nicht viel weniger als 1,5 Kalibern. Wir wählen 7,8 mm. Das ist schon ganz schön knapp bemessen; aber die tatsächliche Führungslänge (d. h. die Länge der Züge im abgefeuerten Geschoss) wird etwas größer, da die Führung ja über die Felder mit 6 mm Durchmesser erfolgt.

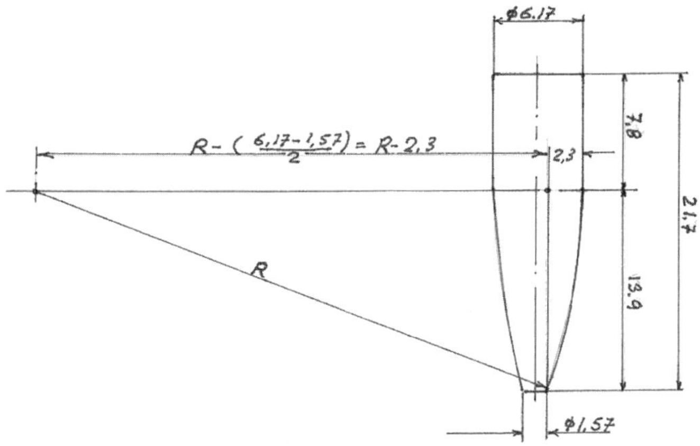

Abb. 71

Es gilt:

$$R^2 = 13{,}9^2 + (R - 2{,}3)^2 = 13{,}92 + R^2 - (2 \times R \times 2{,}3) + 2{,}3^2,$$

also ist

$$R = \frac{13{,}9^2 + 2{,}3^2}{2 \times 2{,}3} = 43{,}15 = 7\ Kal$$

Das Maximum liegt hier also bei 7 Kalibern. Mehr geht nicht, weil sonst keine Führungslänge übrig bleibt.
Wenn wir eine Sekanten-Ogive akzeptieren, sind natürlich größere Radien möglich. Aber umsonst ist nur der Tod.
Fortgeschrittenen Wiederladern sind die Zusammenhänge zwischen der Bildung des Verschlussabstandes, der Setztiefe und der Länge des rotationslosen Fluges sowie der Einfluss dieser drei auf die Schusspräzision nur zu bekannt. Nicht umsonst ist es ein bewährter Brauch, die optimale Setztiefe nach jeweils 500 Schuss neu zu überprüfen, um den Abbrand im Übergangskegel des Patronenlagers zu kompensieren.
Eine allgemeine Praxis zur Ermittlung des optimalen Verschlussabstandes besteht darin, das gesetzte Geschoss einzurußen, die Patrone ins Lager einzuführen und den Verschluss zu schließen. Die meisten Lager schießen am besten, wenn die sich abzeichnenden Feldmarken quadratisch oder etwas kürzer als breit sind. (Aber dazu an anderer Stelle mehr.)
Sehen wir uns den Sitz des Geschosses im Patronenlager doch einmal an:

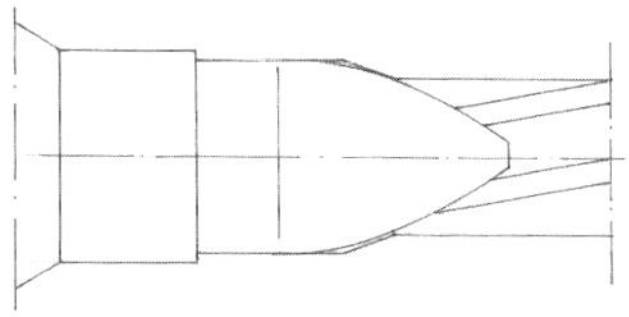
Abb. 72

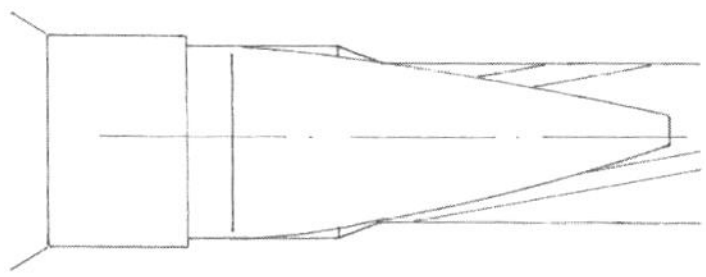
Abb. 73

Man erkennt sofort, dass die Anlage in Abb. 72 deutlich stabiler ist als die in Abb. 73. Eine Sekantenogive reagiert deshalb ausgesprochen empfindlich auf Abweichungen von der optimalen Setztiefe. 0,1 mm Variation machen sich hier schon bemerkbar.

Zum Glück gibt es einen Ausweg, der die Vorteile beider Geschossformen vereinigt, ohne dabei die jeweiligen Nachteile beizubehalten. Die Rede ist von der Doppelogive oder Hybridogive (s. Abb. 74). Bei dieser wird die Geschossspitze mit zwei unterschiedlich langen Radien ausgeführt, die tangential erst ineinander und dann in den zylindrischen Führungsteil übergehen.

Der Bereich R1, in dem das Geschoss am Übergangskegel anliegt, hat einen kurzen Radius und ist gerade lang genug, um eine stabile Anlage im Patronenlager zu gewährleisten. Der Bereich mit R2 ist im Hinblick auf den Luftwiderstand möglichst lang und hat einen möglichst großen Radius (Abb. 73).

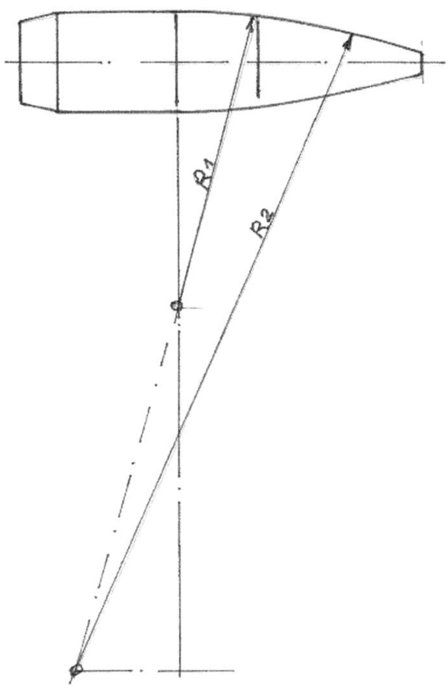

Abb. 74

Eigentlich ist das ganz einfach. Aber getreu dem Motto »Viel hilft viel« neigen wir nun mal dazu, uns gern selbst ein Bein stellen.

Unter amerikanischen Benchrest-Schützen herrscht Einigkeit darüber, wer die besten Hartmetall-Matrizen für die Geschossherstellung macht(e). Leider ist der gute Mann vor einigen Jahren in den Ruhestand gegangen. Seine letzte Entwicklung war eine Doppelogive der Konfiguration 7,5/10,5 Kaliber. Wenn man nachrechnet, kommt folgendes heraus:

Um bei den 68 grain im Kaliber .243 überhaupt diese Radien unterbringen zu können, musste er die Ogivenlänge auf 14,5 mm vergrößern. Die Aufteilung ist dann folgendermaßen: der Feldanlagebereich mit 7,5 Kalibern Radius wird 10 mm lang, für den windschnittigen Teil bleiben gerade einmal 4,5 mm übrig! (Irgendwie glaube ich nicht, dass die sich überhaupt noch groß bemerkbar machen.) Auf jeden Fall aber habe ich mehr Vertrauen zu den ral-Matrizen der Konfiguration 6-Kaliber-Ogive auf den ersten 4,5 mm, gefolgt von 12,5 Kalibern Radius über die vorderen 9,8 mm Länge.

So viel zur Ausführung der Geschossspitze, die ja zum allergrößten Teil für den BC verantwortlich ist. Der sogenannte Wellenwiderstand an der Geschossspitze ist im Überschallbereich gewaltig. Der Bodensog dagegen kann maximal 0 MPa betragen.

Sehen wir uns im Hornady-Handbuch doch einmal zwei ansonsten gleiche Geschosse an:

Geschoss 1: Kaliber .308, 150 grn, SP # 3031, S.D. = .226, BC = .338, Flatbase

Geschoss 2: Kaliber .308, 150 grn, SP # 3033, S.D. = .226, BC = .349, Boattail

Wenn wir unser Zielfernrohr auf 100 Meter Fleckschuss einstellen, ergibt das auf 200 Meter Entfernung bei einer v_0 von 884 m/sec mit Geschoss 1 einen Tiefschuss von 119,4 mm, mit Geschoss 2 sind es dagegen nur 116,8 mm. Na toll.

Ich will nicht sagen, das kann man vernachlässigen, aber über kurze Entfernungen ist es DER Faktor nicht. Fakt ist allerdings: die Boattail -Geschosse haben aufgrund ihres geringfügig besseren BCs eine reduzierte Winddrift, wenngleich sich die Reduzierung der Winddrift in ähnlichen Größenordnungen bewegt wie die Streckung der Flugbahn.

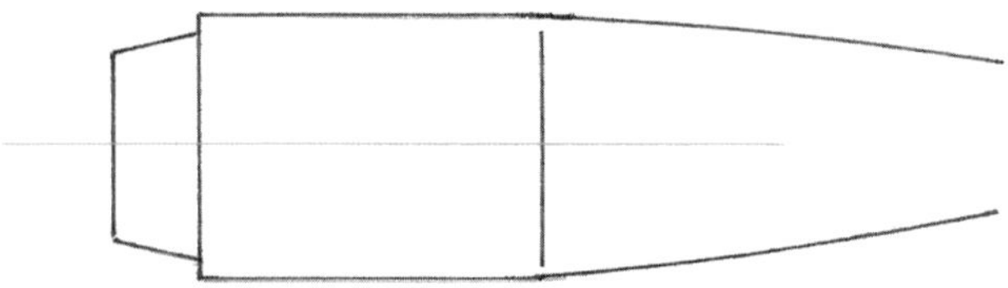

Abb. 75

Echte Boattail Geschosse sind mit Handmatrizen auch gar nicht herstellbar. Die messerscharfen Kanten des Unterstempels würden sofort wegbrechen. Deshalb haben einfallsreiche Tüftler das abgesetzte Bootsheck (engl.: rebated boattail) erfunden (Abb. 75).

Die angemeldeten Ansprüche reichen von abenteuerlich bis schlichtweg falsch. All diese im Internet kolportierten Vorzüge treffen übrigens in noch größerem Maße auf Flachbodengeschosse zu. Der Witz beim Boattail besteht ja gerade darin, dass (bis zu einem Winkel von etwa 12 bis 15 Grad) die Luftströmung der Geschossform folgt. Dadurch ergibt sich ein kleinerer, effektiver Bodendurchmesser als beim Flachboden und somit weniger Bodensog. Beim abgesetzten Boattail habe ich aber eine scharfe Abrisskante, die wie ein Heckspoiler am Auto wirkt. Die Luftströmung denkt gar nicht daran, der Geschossform zu folgen. Das einzige, was wir bewirken, ist eine Kürzung des eh schon knapp bemessenen zylindrischen Führungszylinders.

Das soll nicht heißen, dass Kompromisse nicht möglich und sinnvoll sind. Der Trick besteht lediglich darin, diesen Absatz so klein zu machen, dass er sich beim »Pointen« – dem Formen der Geschossspitze – aufgrund der Elastizität des Mantels (fast) ganz zurückbildet. Aber das ist leichter gesagt als getan. Der Käufer handgefertigter BT-Geschosse ist also jedenfalls gut beraten, wenn er sich das Heck seiner Geschosse mit einer Lupe genau ansieht.

So viel zur Geschossform. Wir haben gesehen, dass ein schlankes und dabei möglichst schweres (also langes) Geschoss den besten Ballistischen Koeffizienten und somit auch die geringste Winddrift aufweist. (Im Kapitel Ballistik werden wir uns noch eingehend mit dieser Thematik beschäftigen.) Längere Geschosse benötigen aber einen kürzeren Laufdrall wegen der erforderlichen Geschossstabilisierung.

Die Geschossstabilisierung

Aus der Abgangs- und Außenballistik wissen wir, dass es eine ganze Reihe von Faktoren gibt, die dafür sorgen, dass sich das Geschoss im Flug überschlagen will. Der einzige Weg, um dies bei kurzen Projektilen ohne Leitwerk zu verhindern, ist, sie durch eine kräftige Rotation um die Längsachse zu stabilisieren. Diese Rotation erzeugen wir durch den Drall der Laufzüge. Stellt sich die Frage: wie viel Stabilität braucht man?

Die Antwort: Gerade genug!

Ein überstabilisiertes Geschoss folgt mit seiner Längsachse nicht mehr der Flugbahn, sondern

behält seinen ursprünglichen Abgangswinkel bis zum Ziel bei. Die Folge ist, dass der »Fahrtwind« das Geschoss nicht mehr mittig anströmt. Doch damit nicht genug: Ein zu kurzer Drall hat ein verstärktes Verkanten der Waffe, eine geringere v_0 und einen größeren Korkenziehereffekt infolge unvermeidlicher Geschossunwucht zur Folge. Also, wie viel Drall braucht man?
Da gab es zunächst einmal die altehrwürdige Greenhill-Formel. Die hatte zu ihrer Zeit auch durchaus ihre Berechtigung. Besser ist aber die Millerformel (s. Seite 169 f.), die uns einen sogenannten Stabilitätsfaktor liefert. Dieser Stabilitätsfaktor sollte für Matchwaffen irgendwo zwischen 1,35 und 1,5 liegen, für Jagdbüchsen zwischen 1,5 und 1,8.
Die Millerformel liefert ganz brauchbare Ergebnisse, ist aber auch nicht der Weisheit letzter Schluss, da Geschwindigkeit und Geschossform nicht eingehen. Am einfachsten ist es, den Dralllängentabellen der Laufhersteller zu folgen, und am genauesten sind Ballistikprogramme. Wenn sie keines haben? Die bisher beste Internetseite zur Drallstabilisierung habe ich übrigens unter dem Namen Border Barrels Barrel Twist Form von Geoffrey Kolbe gefunden. (Vgl. Seite 169 ff.)
Den oben erwähnten Stabilitätsfaktor können wir übrigens selbst überprüfen. Wie das geht, wird auf Seite 201 beschrieben. Hier nur so viel: Sie schießen an einem windigen Tag, ohne zu versuchen, für den Wind zu korrigieren. Ihre Schüsse liegen dann auf einer mehr oder weniger geneigten Geraden. Der Winkel dieser Linie ist ein Maß für den Stabilitätsfaktor.
Wenn dieser 15 bis 18 Grad gegen die Waagrechte aufweist, liegt unser Stabilitätsfaktor zwischen den angestrebten 1,35 und 1,5 (Abb. 75)
Ist der Winkel steiler, können wir (bei Matchwaffen) ein längeres Geschoss verschießen, ist er zu flach oder überschlägt sich das Geschoss gar, ist guter Rat teuer. Wir benötigen entweder ein kürzeres Geschoss oder einen kürzeren Laufdrall.
So sind in amerikanischen Benchrestkreisen vermehrt 13,5-Zoll-Läufe anzutreffen, um dem Trend zu immer länger werdenden Geschossspitzen Rechnung zu tragen. Noch vor wenigen Jahren war ein Drall von 14 Zoll alleiniger Standard.
Sehen wir uns die Beschleunigung eines Geschosses doch einmal genauer an. Die v_0 hängt letztlich von zwei Faktoren ab: Höhe und Dauer der beschleunigenden Kraft sowie der Widerstand, den das Geschoss dieser Kraft entgegensetzt. Dieser Widerstand besteht aus drei Teilen: der Massenkraft (Geschossmasse x Beschleunigung), der Geschossreibung im Lauf sowie der erforderlichen Kraft, um das Geschoss beim Eintritt in die Züge zu verformen.
Wenn es gelingt, Reibung (Moly) und Verformungskraft (Sägezahnzüge) zu reduzieren, dann ist der Effekt innenballistisch derselbe, als würde ich ein Geschoss mit einer kleineren S.D. verschießen. Heißt im Umkehrschluss: ich benötige dann auch ein offensiveres Pulver.
Sind wir bei den Geschossen als auch beim Lauf festgelegt, dann hilft es nur, die v_0 zu vergrößern, denn damit erhöhen wir ja gleichzeitig auch die Geschoss-Drehzahl. (Auch eine Reduzierung des Meplatdurchmessers verbessert die Stabilisierung des Geschosses. Dazu mehr im Kapitel »Bulletpointing«.)
Ich setze einmal voraus, dass die Hülse bereits zu 100 % geladen ist. Ich setze weiterhin voraus, dass der Wiederlader mit den Zeichen eines zu hohen Druckes (flacher Primer, Krater im Primer, rußige Zündglocke, Ausziehprobleme, Durchmesservergrößerung des Hülsenkopfes usw.) vertraut ist. Dass Maximalladungen nur aus starken Verschlüssen mit volltragenden Verschlusswarzen verschossen werden dürfen, versteht sich von selbst. Folgende Schritte kommen in Frage:

1. Zunächst einmal würde ich beim Pulverfüllen ein extra langes Fallrohr verwenden.
2. Um die Laufreibung zu reduzieren, würde ich beschichtete Geschosse verwenden.
3. Auch ein sehr sorgfältiges Glattschießen eines neuen Laufes kann eine Steigerung der maximal möglichen Mündungsgeschwindigkeit bewirken.

4. Die Hülsen verschiedener Hersteller haben verschieden große Innenvolumina. Dass z. B. die .22 Russian umgeformt mehr Volumen aufweist als eine 6PPC USA, hat sich inzwischen ja wohl allgemein herumgesprochen.
5. Wenn wir beim Lauf nicht festgelegt sind, sollten wir einen mit Sägezahnzügen (ratchet-rifling) verwenden. Diese Zugform überträgt die gleichen Leistenkräfte wie ein Standardlauf, verdrängt aber nur halb so viel Material. Eine kleinere Verformungskraft ist die Folge. Auch außenballistisch gibt es Vorzüge.

Die Schritte 2, 3 und 5 erfordern ein etwas offensiveres Pulver. Das heißt nicht, dass wir gleich die Pulversorte wechseln müssen. Ein geringfügig schnelleres Los mag ausreichen. Andererseits, in welchen Stein wurde eigentlich gemeißelt, dass bei der 6 PPC N133 die allein seligmachende Pulversorte ist. N130 ist geringfügig schneller und nach denselben engen Qualitätskriterien gefertigt. In Verbindung mit WS2 könnte N130 genau das richtige Ticket sein. Probieren! Auch ein fester Geschosssitz sowie ein harter Feldkontakt bewirken eine etwas schnellere Abbrandrate. Doch wir sind hier wirklich beim Kleingedruckten der praktischen Innenballistik angelangt.
Das waren Hinweise, wie man als Wiederlader die Qualität von Geschossen beurteilen kann. Im folgenden Kapitel geht es um die Fragen, wie man handgemachte Geschosse in Benchrestqualität eigentlich herstellt und wie viel Aufwand dafür erforderlich ist.
Wenn man sich vor Augen hält, wie viel Aufwand in der Szene beim Zurichten von Hülsen betrieben wird, kann man sich schon jetzt vorstellen, dass das wohl Filigranarbeit werden wird. In den Vereinigten Staaten gibt es eine ganze Reihe von Anbietern. Auf dieser Seite des Atlantiks ist das Angebot eher überschaubar. Da gab es mal die Firma B.S.E. (Bullet Swaging Enthusiasts). Soweit ich weiß, haben die aufgegeben. Zurzeit ist mir nur ral-Engineering als Hersteller von Präzisionsgeschossen bekannt.
Ich habe das Kapitel über die Herstellung dieser Geschosse in der Form eines (fiktiven) Interviews zwischen dem Autor und dem Produzenten Julian abgefasst.

Herstellung von Match-Geschossen in Benchrestqualität

Kosten

Autor: Hallo Julian. Danke, dass Du bereit bist, Dir über die Schulter schauen zu lassen. Handgemachte Geschosse. Das klingt zunächst mal teuer. In welchen Größenordnungen bewegt man sich da, wenn man welche kauft und wenn man selbst welche machen will?
Julian: Wenn man Geschosse in Benchrestqualität herstellen will, ist es nicht möglich, mit Billigmaterial zu arbeiten; da benötigt man High-End-Werkzeuge und -Matrizen. Die Gerätekosten belaufen sich dann schnell auf über 10.000 €. Wenn man diesen Betrag auf 100.000 Geschosse umlegt, kommt man auf anteilige Werkzeugkosten von 100 € pro 1000 Geschosse. Die Arbeitszeit, um diese 1000 Stück fertigzustellen, beläuft sich auf 12 bis 15 Stunden. Jeder kann sich also leicht ausrechnen, dass man ziemlich oft am Pressenhebel ziehen muss, um die Auslagen wieder hereinzubekommen.
1000 Stück Berger-Geschosse 65 grn in BR-Qualität kosten zurzeit (2016) im Handel 500 €. Dazu sei angemerkt, Berger-Geschosse werden unter ungewöhnlich strikten Qualitätskriterien hergestellt. Aber sie sind natürlich Industrieproduktion, nicht handgemacht. Wenn man also Geschosse zu etwa diesem Preis anbietet, ergibt sich für 1000 Stück folgendes Bild:

Bleidraht für 1000 Kerne Ø 5 mm	=	50,00 €	(inkl. Transport und Verpackung)
1000 J4-Geschossmäntel .243 x .825	=	185,00 €	(inkl. Transport und Verpackung)

Hilfsstoffe und Energiekosten	=	15,00 €
Verpackung und Etiketten	=	15,00 €
Summe Materialkosten	=	265,00 €

Unter Berücksichtigung der Werkzeugumlage verdient der Mann am Pressenhebel so etwa 10 Euro die Stunde. Finanziell ist der Anreiz also eher gering.

Autor: Ich verstehe. Aber kannst Du unseren Lesern erklären, wie das eigentlich abläuft?
Julian: Aber gerne. Ich verwende:

Geräte

1. Handpressen

Theoretisch könnte man jede schwere Wiederladepresse verwenden. Viele Bulletmaker tun das auch. Besser ist es, eine speziell für diesen Zweck gebaute Presse mit reduziertem Hub und engsten Toleranzen zu verwenden. Eine Presse ist Minimum. Besser ist es, für jede Matrize eine eigene Presse zu verwenden (um einmal gefundene optimale Einstellungen möglichst unangetastet zu lassen). Meine Pressen werden von Hand betätigt, haben aber einen halbautomatischen pneumatischen Auswerfer (Abb. 76).

Abb. 76

2. Einen Matrizensatz

Bei den Matrizen haben wir die Wahl zwischen Stahl und Hartmetall. Stahlmatrizen sind nach etwa 25- bis 30.000 Geschossen ausgeleiert. Hartmetallmatrizen dagegen halten die Toleranz auch dann noch, wenn das Schultergelenk längst Geschichte ist.

Ein Matrizensatz für Hohlspitzgeschosse besteht aus drei Matrizen:

Squirt-die, in der die Kerne auf Durchmesser und Gewicht gepresst werden. Das überschüssige Material wird durch drei Entlastungsbohrungen abgeleitet.

Seater-die, in der die Kerne in den Mantel gepresst werden, und schließlich die Pointer-die zum Ausformen der Geschossspitze.

Wollen wir sowohl Flachboden als auch Boattail-Geschosse machen, benötigen wir zwei verschiedene Seater-dies und zwei verschiedene Unterstempel für den Pointer.

3. Eine Drahtricht- und Zieh-Vorrichtung für den Bleidraht

4. Eine Schneidvorrichtung zum genauen Ablängen der Kerne

Ich verwende einen pneumatischen Halbautomaten eigener Konstruktion.

5. Einen Rotarytumbler zum Reinigen und Schmieren von Kernen und Mänteln

6. Eine Laborwaage mit einer Genauigkeit von 1 mg, Messbereich 300 g

7. Ein Stereomikroskop zur Begutachtung gesetzter Kerne

8. Messwerkzeuge

Wanddickenmessgerät, SnapOn-Mikrometer mit Mikrometeranzeige und geeichten Endmaßen in Messraumgenauigkeit

9. Diverse Behälter zum Reinigen und Schmieren

10. Geräte zur Meplatreduzierung und zum Geschoss-Beschichten.

Material

1. Bleidraht

Für 6- bzw. 6,5-mm-Geschosse nehmen wir 5-mm-Draht. Reinheit mindestens 99,7 %. Als Faustregel gilt, wenn man ein 60 cm langes Stück an einem Ende waagerecht hält, muss sich das andere Ende unter seinem Eigengewicht nach unten biegen. Ist das der Fall, ist der Draht weich genug.

2. Geschossmäntel

Bei Matchgeschossen gibt es keine Experimente. In Ermangelung einer Alternative verwende ich J4-Mäntel der Firma Berger. Die von Berger garantierte Wanddickentoleranz von 7,6 Mikrometern wird von mir stichprobenweise kontrolliert (Abb. 77). Im Regelfall wird sie deutlich unterboten. Die 7 µ werden so gut wie nie ausgeschöpft.

Abb. 77

3. Lösungsmittel

Die diversen Lösungsmittel aus der Familie der chlorierten Kohlenwasserstoffe sind allesamt in Verruf geraten, da Krebs erregend. Ich verwende deshalb das etwas langsamere Aceton.

4. Schmierstoff

Zum » Squirten« der Kerne nehme ich ein leichtes Zieh-Emulsionsöl ohne Wasserzusatz. Gerade so viel, dass sich ein leichter Film auf den Kernen bildet. Am besten geht das mithilfe eines überdimensionierten Stempelkissens.

Für die Mäntel benötigt man allerdings einen Hochleistungsschmierstoff. Ich habe mit einigen modernen Tiefziehfetten experimentiert und bin dann reumütig zum altbewährten wasserfreien Lanolin mit 25 % Klauenölzusatz zurückgekehrt. Wenn man dieser Mixtur dann noch einige Additive hinzufügt, kommt man -wenn man es richtig anstellt - auf einen Schmierstoff, der beste Hochdruckfestigkeit mit erstklassigen Trockenlaufreserven verbindet. Sizing-Lube, wie es zum Beispiel von RCBS zum Wiederladen von Büchsenmunition angeboten wird, ist definitiv nicht geeignet, um Geschosse zu formen.

5. Vorratsbehälter

Bei den Lagerbehältern zum Verpacken der fertigen Geschosse habe ich mich aus mehreren Gründen gegen die von MTM entschieden. Ich verwende 140-ml-Behälter aus Polypropylen mit doppeltem Schnappverschluss. Die werden mit maximal 150 Geschossen befüllt. Eine größere Menge könnte dazu führen, dass die Geschosse durch ihr Eigengewicht Schaden nehmen.

Autor: Das sind die Geräte und das Material. Wie geht es dann weiter?
Julian: Zunächst kommt die Inspektion des Bleidrahtes. Der muss frei von Beschädigungen und Kratzern sein. Jede »Macke« in der Oberfläche würde später zu Ausschuss führen. Erst dann wird verarbeitet.

Arbeitsweise

1. Drahtziehen

Der Bleidraht kann sowohl als Bund oder auf Spulen angeliefert werden. Deshalb habe ich auch zwei verschiedene Ablaufsysteme gebaut.
Ist der Draht oxidiert, wird er zurückgewiesen. Selbst relativ dünne Oxidschichten können darunterliegende Beschädigungen verbergen. Ein in zwei Ebenen wirksames Rollenrichtgerät biegt den Draht gerade. Mit einem Ziehstein werden etwaige Beschädigungen der Oberfläche erfasst. Der Ziehstein ist nur etwa 0,01 mm kleiner als der aktuelle Drahtdurchmesser. Seine Aufgabe ist es nicht, den Draht zu egalisieren, sondern durch einen veränderten Zugwiderstand mögliche Dickensprünge und/oder übersehene Beschädigungen der Oberfläche zu signalisieren (Abb. 78 bis 80).

Abb. 78 - 80

Solche Stellen werden dann herausgeschnitten und nicht weiterverarbeitet. Man würde sie am gepressten Kern zwar optisch nicht mehr erkennen, aber trotzdem als innere Unwucht wiederfinden.
Um den Ziehwiderstand ein wenig zu reduzieren, schmiere ich mit einem Gemisch aus (echter) grüner Seife und Wasser. Es hat sich gut bewährt, Drahtabschnitte von etwa 450 bis 500 mm Länge zu schneiden. Diese werden dann nach dem Vorschneiden mit Wasser gewaschen, getrocknet und auf Geradheit überprüft. Diese 5-mm-Stangen müssen so gerade sein, dass sie allein durch ihr Eigengewicht im Magazinrohr der Schneid-Vorrichtung von allein nach unten rutschen. Dieses Rohr ist nur 1 mm größer als der Bleidraht. Bleidrähte, die dem nicht genügen, werden nachgerichtet.

2. Kerne schneiden

Das erforderliche Kerngewicht vor dem Sqirten ist:

$$GK = G_{Geschoss} - G_{Mantel} + 2{,}5\ grain$$

Beim Schneiden ist die Gewichtstoleranz so gering wie nur irgend möglich zu halten. D. h., man benötigt einen fein justierbaren Anschlag, der Toleranzen von 0,25 grn erlaubt. Der erste und letzte Kern werden entsorgt. Jeder 50ste wird gewogen (Abb. 81).

3. Kerne fetten

Nach dem Schneiden lasse ich die Kerne 24 Stunden ruhen, damit das Material Zeit hat, zu

Abb. 81

rekristallisieren. Beim Schneiden (wie auch bei allen anderen Arbeitsschritten) tritt eine Materialverfestigung auf, die sich allerdings im Lauf eines Tages zurückbildet.

Zum Schmieren übertrage ich dann mit einer Tropfflasche das Ziehöl in Streifen auf das Tuch des Stempelkissens, wo es anschließend mit den Fingern verteilt wird. Wenn es dann gleichmäßig eingezogen ist, werden die Bleikerne in Losen zu jeweils 25 Stück ein paarmal hin und her gerollt. Es soll gerade so viel Öl übertragen werden, dass die Kerne feucht sind, das Öl aber nicht von allein abläuft.

4. Kerne auf Maß und Gewicht pressen (Sqirten)

Hierzu wird den Anschlag am Pressenhebel so eingestellt, dass der Stempel den oberen Totpunkt um ein bis zwei Hundertstel mm überschreitet. Dann wird die Matrize solange tiefer gestellt, bis das gewünschte Kerngewicht erreicht ist. Beim Kernepressen wird der Hebel langsam bis zum Anschlag durchgezogen, dann einmal kurz entlastet und noch ein zweites Mal gezogen, wobei der Druck für eine Sekunde gehalten wird (Abb. 82). Danach wird der Kern ausgestoßen. Bei diesem Arbeitsgang ist es entscheidend, in einen gleichmäßigen Rhythmus im Hinblick auf Pressgeschwindigkeit und Haltepausen zu kommen. Nach Möglichkeit sollen die Kerne gewichtsmäßig nur um wenige Milligramm variieren.

Die Kerne haben auf einer Seite übrigens eine kleine Erhebung, die beim Kernsetzen zuunterst in den Mantel gesteckt wird. Dadurch wird verhindert, dass zwischen Bleikern und Geschossboden Luft eingeschlossen wird.

Jetzt wird der Bleikern gewogen und mit dem Sollgewicht verglichen. Finden wir eine Abweichung vom Sollgewicht, korrigieren wir diese durch ein geringes Nachjustieren der Matrize. Ist der Kern zu leicht, stellen wir die Matrize nach oben. Wir vergrößern damit das Innenvolumen. Ist der Kern zu schwer – d. h. zu lang – stellen wir in die andere Richtung.

Ist die endgültige Höheneinstellung gefunden, wird sie mit einer Kontermutter fixiert und nie wieder angerührt. Spätere Gewichtsunterschiede gleicht man einfacher durch Passscheiben unter dem Unterstempel aus.

An dieser Stelle ist vielleicht eine Bemerkung zu den Vorgängen im Inneren der Matrize angesagt. Die Kräfte, die man mit einer Kniehebel-

Abb. 82

presse erzeugt, sind erheblich. In der Theorie wächst die Kraft im oberen Totpunkt über alle Grenzen auf Unendlich. Im wirklichen Leben bleibt sie wegen des vorhandenen Lagerspiels und der Elastizität des Pressenmaterials darunter, aber es ist überhaupt kein Problem, in den Matrizen Drücke von rund 6000(!) bar zu entwickeln. Das sind 50 % mehr, als in einer modernen Hochleistungspatrone bei der Schussabgabe erzeugt werden. Und da steht der Druck nur für eine Millisekunde an. Wenn man dann bedenkt, dass amerikanische Matrizen ein Außengewinde von 7/8 Zoll haben (7/8 - 14 UNF), dann braucht es einen nicht zu wundern, dass manche Matrizen nach längerem Gebrauch Schwierigkeiten mit dem Ausstoßen haben, da die ehemals zylindrische Bohrung die Form eines bauchigen Fasses angenommen hat. (Meine eigenen Matrizen haben ein Außengewinde von M 30 x 1,5. Da ist deutlich mehr Platz für Material.)

5. Kerne und Mäntel zum Setzen vorbereiten

Das Reinigen der Kerne kann mit heißem Wasser erfolgen, da das verwendete Zieh-Emulsionsöl wasserlöslich ist. Hierzu werden die Kerne in einigen Litern Wasser mit ein paar Tropfen Spüli fünf Minuten lang sprudelnd gekocht und anschließend mit frischem Wasser abgespült. Man könnte sie jetzt weiterverarbeiten. Ich ziehe es jedoch vor, die Kerne noch zu oxidieren. Dazu werden sie abermals in drei bis vier Litern Wasser, dem ein geeignetes Oxidationsmittel zugesetzt wurde, für wiederum fünf Minuten gekocht. Anschließend folgt ein erneutes Aufkochen in klarem Wasser – wieder mit ein paar Tropfen Spülmittelzusatz. Dann werden die Kerne zum Trocknen auf einem Tuch ausgebreitet und anschließend für vier Tage gelagert. Nach Ablauf der vier Tage haben sie eine mattgraue Oberfläche und fühlen sich rau an. Diese Rauigkeit ist der Sinn dieser Übung. Sie bewirkt beim anschließenden Kernsetzen eine bessere Verbindung zwischen Mantel und Bleikern (Core-Bonding).

Nach Ablauf der vier Tage sollten die Kerne möglichst bald verarbeitet werden. Wenn man also vorgeschnittene Kerne für längere Zeit lagern will, dann in leicht geöltem Zustand, aber immer VOR dem Oxidieren.

Als nächstes folgt die Vorbereitung der Geschossmäntel. Auch diese müssen zunächst einmal gereinigt werden. Dazu fülle ich die Mäntel in mehrere Weithalsflaschen aus Polyethylen und fülle die Flaschen dann fast bis obenhin mit Aceton. Anschließend werden die verschlossenen Flaschen für einige Stunden im Tumbler getrommelt. Lösungsmittel durch einen (Porzellan)-Kaffeefilter abgießen und noch einmal mit frischem Lösungsmittel nachspülen. Kerne auf einem Tuch zum Trocknen ausbreiten und 48 Stunden ruhen lassen. Die Kerne sind jetzt sauber. Anschließend werden sie von der Außenseite gefettet. Außenseite ist wichtig. Es darf um Gotteswillen kein Fett in die Innenseite der Mäntel gelangen! Das ist leichter gesagt als getan. Für Jagdgeschosse ist es ausreichend, die Fingerspitzen mit Fett zu benetzen und es dann auf die Mäntel zu übertragen. Für unsere Highend-Bullets kommt das Verfahren leider nicht infrage. Es führen hier mehrere Wege nach Rom. Am sichersten und gleichförmigsten scheint mir meine eigene Methode. Die ist zugegebenermaßen ziemlich umständlich, aber ich möchte gerne wissen, wie viel Schmierstoff tatsächlich auf den Mänteln landet und wie viel in der Flasche zurückbleibt. Für 800 Stück 6-mm-Mäntel von zirka 20 mm Länge nehme ich 720 mg Schmierstoff. (Bei der ersten Charge kommen zusätzliche 130 mg hinzu. Das ist die Menge die theoretisch nach dem Trommeln in der Plastikflasche zurückbleibt) Den Schmierstoff transferiere ich auf die Innenwände einer (mit Deckel und Restfilm vom letzten Mal)) genau abgewogenen Ein-Liter-Weithals-Flasche, die ich dann bei 55 °C in den Backofen stelle. Bei dieser Temperatur schmilzt das Schmiermittel und läuft an den Flaschenwänden herunter, wo es dann durch langsames Drehen der Flasche gleichmäßig an den Innenwänden verteilt wird. Jetzt werden Fett und Flasche abermals gewogen. Danach weiß ich, wie viel Fett in der Flasche ist. Die wird

Abb. 83

jetzt mit den 800 Mänteln gefüllt. Die Flasche kommt dann in den Tumbler (Abb. 83) und wird für 45 Minuten getrommelt. Nach dieser Zeit sollten alle Mäntel einen gleichmäßigen, milchig-fettigen Überzug haben. Nach dem Entleeren der Flasche wiege ich diese zur Kontrolle noch einmal (wieder mit Deckel). Das Mehr gegenüber dem ursprünglichen Gewicht ist der Fettfilm, der nach 45 Minuten Trommeln in der Flasche zurückbleibt. Und die Differenz im Flaschengewicht vor und nach dem Trommeln ist die Schmierstoffmenge, die auf die Mäntel übertragen wurde.
Das sollten etwa 720 mg sein. (Ob 720 oder 730 ist unerheblich. Wichtig ist, dass jedes Mal möglichst genau die gleiche Schmierstoffmenge auf die Mäntel übertragen wird.)
Das klingt nicht nur kompliziert. Das ist es auch. Aber der Aufwand muss sein. Mehr Schmierstoff bedeutet im Endeffekt dünnere Geschosse und umgekehrt.
Kerne und Mäntel sind jetzt fertig für ihre Hochzeit. Dazu verwende ich eine kleine Transfervorrichtung. Ich nehme die Obermaske und den Trennschieber heraus und stecke 200 Mäntel mit der Öffnung nach oben in die vorhandenen Löcher. Trennschieber und Obermaske drauf (Abb. 84). Jetzt ziehe ich mir Latexhandschuhe an und stecke 200 Kerne in die Löcher der Obermaske, gewölbte Seite nach unten. Trennschieber seitlich herausziehen, und 200 Kerne fallen in die darunterliegenden Mäntel. Da die Kerne den gleichen Durchmesser haben wie die Mäntel innen, unmittelbar über dem Boden, empfiehlt es sich, mit einem Stopfwerkzeug sicherzustellen, dass alle Kerne wirklich am Boden aufsitzen.
Damit ist alles vorbereitet für den nächsten Arbeitsgang, das Setzen der Kerne.

6. Setzen der Kerne (Core-Seating)

Dazu steckt man den Mantel samt Kern in einen Hohlzylinder und presst das Ganze mit zwei Stempeln kräftig zusammen. Dabei wird der Bleikern solange plastisch verformt, bis er die Innenkontur des Mantels annimmt. Wird der Druck weiter erhöht, schwillt der Mantel im Durchmesser an, bis er den Innendurchmesser der Matrize vollständig ausfüllt (Abb. 85). Fertig. Eigentlich ganz einfach, aber der Teufel steckt wie so oft im Detail.
Zunächst einmal ist der Vorgang für FB- und Boattail-Geschosse der gleiche. Man braucht aber zwei verschiedene Matrizen: eine zylindrische für FB-Geschosse, und für Boattails eine, die sich oben konisch verjüngt. Zwei Punkte sind beim Kernsetzen etwas diffizil. Zunächst müssen wir den richtigen Durchmesser des Unterstempels ermitteln. Der muss genauso groß sein wie der Innendurchmesser des Mantels an der Stelle, bis zu der der Kern den Mantel füllt. Der Mantel ist innen aber nicht zylindrisch, er ist konisch. Man muss also zunächst das Bleivolumen ermitteln. Ich mache das wie der alte Archimedes.
Das Gewicht des Kerns ist bekannt. Dann wiege ich einen Napf mit Wasser, gebe den Kern hinzu und wiege noch einmal (Abb. 86). Die Differenz ist das Volumen des verdrängten Wassers. Damit weiß ich, wie viel Wasser ich in den leeren Mantel füllen muss, um die gleiche Füllhöhe zu erzielen wie später der Bleikern. In dieser Höhe messe ich jetzt die Wanddicke des Mantels (Abb. 77). Klingt ein wenig kompliziert? Um ehrlich zu sein: Ist es auch.
Wenn man jetzt die gemessene Wanddicke zweimal vom Innendurchmesser der Matrize

abzieht, hat man den geforderten Stempeldurchmesser.
Es ist aber keinesfalls sicher, dass das so ermittelte Maß auch für das nächste Batch Mäntel gilt. Da muss man die Messung wiederholen.
Der zweite kritische Punkt ist die Höheneinstellung der Matrize. Zunächst wird die Matrize so weit zugestellt, bis sich kurz vor Erreichen des oberen Totpunktes Druck aufbaut. Dann wird die Matrize in kleinsten Schritten tiefer gestellt. Pressenhebel ziehen, Druck aufbauen und für eine Sekunde anstehen lassen, dann mit einem kurzen Ruck den Hebel nach oben bewegen, damit sich der Unterstempel befreien kann. Wenn jetzt das Geschoss in der Matrize haften bleibt, hat man alles richtig gemacht. Man kann es dann mit dem Oberstempel ausstoßen.
Das Geschoss sollte jetzt auf der mit Blei gefüllten Länge zylindrisch und im Durchmesser 4–5 μm unter Fertigmaß sein. Die Höheneinstellung der Matrize ist entscheidend: Mehr Druck führt zu einem dickeren, weniger zu einem dünneren Geschoss. Ein Anzeichen für das richtige Druckniveau ist eine scharf abgegrenzte, glänzende Bleilinie an der Außenseite des Mantels von etwa 0,25 mm Breite.
Jetzt wird das Innenleben mit einer Lupe inspiziert. Denn erst jetzt kann man erkennen, ob der Stempeldurchmesser tatsächlich passt. Ist er zu groß, dann hat er sich in den Mantel eingegraben. Das ist nicht akzeptabel und man muss den Stempel runterpolieren oder einen geringfügig schwereren Kern verwenden. Ist der Stempel zu klein, erkennt man das daran, dass er sich in den Kern eingegraben hat. Zwischen Stempel und Mantel hat sich ein Bleiwulst gebildet . Auch das ist nicht akzeptabel. Abhilfe: den nächst größeren Stempel verwenden. Das zulässige Durchmesserfenster ist ziemlich eng. Es beträgt unter 0,02 mm, d. h., der Bleiwulst darf nicht dicker als 0,01 mm sein. Zur besseren Veranschaulichung sind die drei Zustände bildlich dargestellt (Abb. 87).
Leichte »Kratzmarken« an der Mantelinnenseite sind aber unvermeidlich, da der Mantel, wenn der Stempel einfährt, noch nicht den endgültigen Durchmesser hat.

Abb. 84

Abb. 85

Abb. 86

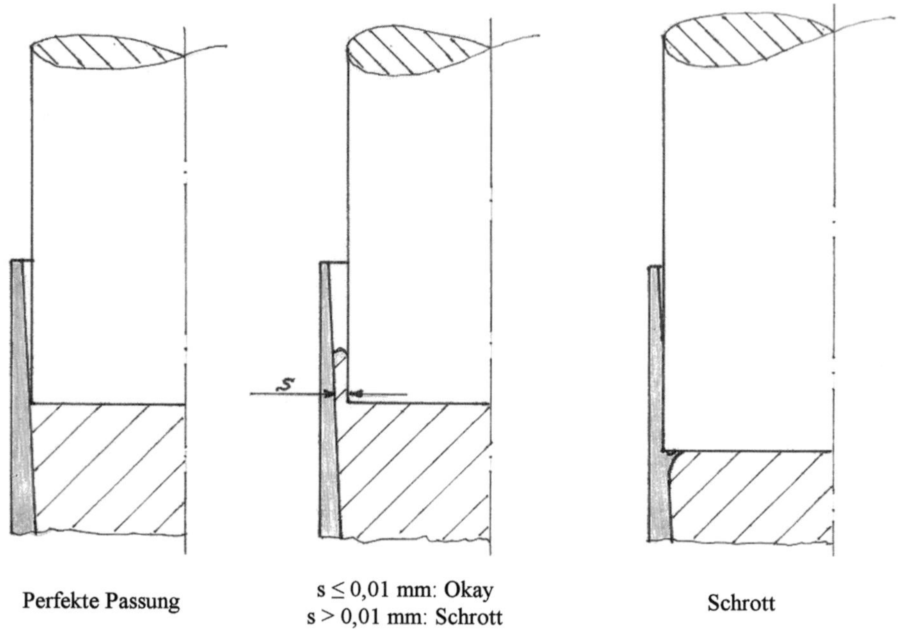

Abb. 87

7. Ausformen der Geschossspitze (Pointen)

Dieser Arbeitsgang ist vielleicht der einfachste, trotzdem kann man auch hier einiges verkehrt machen, und wenn, dann wird es richtig teuer. Der Fehler, der am häufigsten passiert, ist der, dass man beim Einstellen der Matrize zu zaghaft vorgeht. Wenn das zu formende Geschoss nicht tief genug in die Matrize gepresst wird, bleibt die Geschossspitze so groß, dass der Auswerferstift nicht auf den Tombakmantel drückt, sondern in die (zu große) Spitze eindringt. Dort gräbt er sich dann in das weiche Blei des Kerns ein, und die ganze Chose verkeilt sich so, dass ein Ausstoßen nicht mehr möglich ist.

Zunächst muss dann der Stift wieder raus, nötigenfalls mit Gewalt. Wenn man Pech hat, reißt man ihn ab, aber raus muss er. Danach gibt es einen einfachen Trick, der in 90 % aller Fälle hilft. Zum Einrichten wird die Ausstoß-Vorrichtung zunächst entfernt. Denn stellt man die Matrize peu à peu solange tiefer, bis man spürt, dass der Ausstoßerstift fast keine Bewegungsfreiheit mehr hat. Das Geschoss bildet jetzt an der Spitze eventuell ein kleines »Ofenrohr«. Auf jeden Fall ist die Spitze jetzt so weit geschlossen, dass der Auswerferstift nicht mehr eindringen kann.

Wenn man also ein stecken gebliebenes Geschoss hat, muss man es – nachdem man den Stift in die oberste Stellung gebracht hat – tiefer in die Matrize schieben, bis der oben beschriebene Zustand mit dem Ofenrohr erreicht ist. Jetzt kann man es wahrscheinlich ausstoßen. Wenn nicht, hat man ein ernstes Problem.

In der Literatur wird empfohlen, als nächstes den Geschossboden anzubohren und eine Holzschraube hineinzudrehen, mit der man dann das Geschoss herauszieht. Ich bin mir nicht sicher, wie gut das wirklich funktioniert. Durch das Schraubengewinde wird das Geschoss womöglich erst richtig in der Matrize verkeilt. Bei meinen eigenen Werkzeugen ist es möglich, die Matrize von oben mit Öl zu füllen und das festsitzende Geschoss hydraulisch rauszudrücken.

Nehmen wir also an, dass die Matrize richtig eingestellt ist. Das ist dann der Fall, wenn man eine Andeutung von Ofenrohr an der Geschossspitze sieht und dann die Matrize solange höher

stellt, bis dieses gerade verschwindet. Damit hat man die korrekte Einstellung gefunden.
Die ersten 10 oder so Geschosse sehen übrigens fürchterlich aus. Da darf man keinen Schreck kriegen. Schuld ist das überschüssige Fett in der Matrize, das erst herausgearbeitet werden muss. Auch danach kann es sein, dass das Geschoss im Ogivenbereich eine ganz leichte Welligkeit aufweist. Das ist KEIN Qualitätsmangel. Falten oder Furchen sind natürlich unakzeptabel, solche Geschosse gehören in den Mülleimer.
Das Geschoss ist jetzt fertig. Man kann es so verwenden, wie es ist. Puristen waschen den verbliebenen Schmierfilm mit Lösungsmitten ab und besprühen die getrockneten Geschosse mit Ballistol. Meine eigene Meinung zu diesem Punkt ist klar. Es gibt noch zwei weitere Arbeitsgänge:

8. Reduzieren der Geschossspitze auf den minimal möglichen Durchmesser

Dies ist ein vergleichsweise neues Verfahren. (Eine ausführliche Beschreibung finden Sie im Kapitel »Bulletpointing«.

9. Beschichten mit Trockenschmierstoff

Vor- und Nachteile dieses Arbeitsschrittes und die genaue Verfahrensweise sind im Kapitel »Neue Wege der Geschossbeschichtung« eingehend beschrieben. Um Beschädigungen der verjüngten Geschossspitze zu vermeiden, werden die Arbeitsschritte 8 und 9 allerdings zu einem zusammengefasst.
Damit sind die Geschosse fertig.

10. Verpacken und Etikettieren

Die Verpackung habe ich ja schon eingangs beschrieben. Jetzt muss man den Inhalt noch kennzeichnen. Am besten geht das mit selbstklebenden Etiketten, die folgende Angaben enthalten:

Losnummer: _______
Kaliber: _______
Gewicht: _______ grain
Geschoss-Typ: _______
Beschichtung: MoS_2, WS_2, hBN, keine
Stückzahl: _______

Alle Geschosse mit derselben Losnummer müssen folgende Kriterien erfüllen: Die Kerne wurden aus Draht ein und derselben Charge gefertigt. Alle Geschossmäntel hatten dieselbe Losnummer. Das verwendete Schmiermittel stammt aus ein und derselben Produktionscharge. Alle Geschosse wurden mit ein und derselben Matrizen- und Pressen-Einstellung gefertigt.
Julian: So, das wär's. Das ist die Methode, wie ral-Bullets hergestellt werden.
Autor: Danke Dir für die Information. Ich denke, das war für meine Leser ziemlich aufschlussreich. Denn die wenigsten hatten wahrscheinlich auch nur die geringste Vorstellung davon, wie komplex und aufwändig es ist, Geschosse in Match-Qualität herzustellen.
Damit sind wir mit den Mantelgeschossen durch. Bleiben die ganz am Anfang erwähnten

Monolith-Geschosse

Wenn man sich so ein Teil ansieht, kommt man nicht umhin zu glauben: Die Dinger müssen super sein. Erst recht, wenn man die in der Werbung verbreiteten BC-Werte mit einbezieht. Bleibt nur die Frage: Stimmt das auch alles?
Anders, als das Wort vermuten lässt, bestehen monolithische Geschosse durchaus nicht immer nur aus einem Material. Einige kommen mit Plastikspitzen, andere – soweit gesetzlich erlaubt – mit Hartmetallkernen daher.

Was die Form anbetrifft, gibt es fast keine Beschränkungen: Nadelfeine Spitzen bis hin zur Haackschen Geschossform; so ziemlich alles ist machbar.
Das ist der wohl größte Vorteil von Monolithen. Mantelgeschosse werden in Matrizen gepresst. So eine Matrize ist teuer, dauert ein halbes Jahr in der Herstellung und ist nur für eine einzige Ogivenform ausgelegt.
Monolithe werden in aller Regel auf CNC-gesteuerten Drehmaschinen hergestellt. Für eine Optimierung der Form benötigt man lediglich eine schnelle Änderung der Software, dann kann es weitergehen. Das ist ganz toll für den Entwickler eines neuen Geschosses, aber Sie als Endverbraucher haben leider recht wenig davon.
Ein weiterer Vorteil liegt darin, dass es über die höhere Festigkeit von Messing im Vergleich zu Blei möglich ist, Jagdgeschosse mit nahezu 100 % Restgewicht herzustellen.
Kommen wir zu den Nachteilen. Da gibt es eigentlich nur einen, aber der hat es in sich. Er manifestiert sich gleich auf drei verschiedene Weisen.
Blei ist 28 % schwerer als Gilding Metal (Tombak mit 5 % Zink). HP-Mantelgeschosse haben je nach innerem »Füllstand« eine Dichte, die vielleicht 13–15 % größer ist als die von Tombak. D. h., Monolithen sind etwa 13–15 % länger. Wenn wir sie mit Jagdgeschossen vergleichen, wird es entsprechend mehr sein. Das hat einige Konsequenzen:

1. Monolithen brauchen mehr Drall, um zu stabilisieren. Wenn ich mit Mantelgeschossen vergleiche, die bereits schwer für ihr Kaliber sind, ist in der Regel ein Lauf mit besonders kurzem Drall erforderlich, der dann für Mantelgeschosse nur mit großen Abstrichen verwendbar ist.
2. Monolithen haben in aller Regel sehr bis extrem lange Führungszylinder. D. h. deutlich erhöhte Laufreibung (gleich mehr Kupferabrieb, und geringere v_0). Zusätzlich erhöhter Luftwiderstand. Man beugt dem vor, indem man dem Geschoss Führungsbänder verleiht. Das heißt nichts anderes, als dass man einige Rillen in den Zylinder dreht, ähnlich den Fettrillen bei Bleigeschossen. Das senkt die Laufreibung. Der Luftwiderstand steigt aber drastisch, weil die Rillen im Überschallbereich zusätzliche Stoßwellen generieren.
3. Wir werden im Kapitel »Bulletpointing« sehen, dass die Hersteller ihre BC-Werte bis zu 25 % optimistischer ausweisen, als sie es tatsächlich sind. Bei Monolithen ist das eher noch drastischer. Das liegt nicht notwendigerweise daran, dass die Hersteller bewusst mogeln. Der BC-Wert von Monolithen ändert sich mit zunehmender Geschwindigkeit in solchem Maße, dass eine Vorausberechnung mit den bekannten Flugbahntabellen schlicht unmöglich ist. Dieser Nachteil ist theoretischer Natur. Nr. 4 ist das nicht.
4. Wenn Sie im Hinblick auf die Gesamtlänge einer Patrone entweder durch das Magazin oder durch das Patronenlager beschränkt sind, dann können Sie die zusätzliche Geschosslänge eines Monolithgeschosses nur IN der Hülse unterbringen. D. h., es bleibt weniger verfügbares Volumen. Das wiederum heißt: Weniger Pulver, wenn Sie nicht den Maximaldruck übersteigen wollen. Das heißt: es wird weniger Gas erzeugt, dessen Druck somit schneller abfällt. Das heißt: eine geringere v_0.

Neue Wege in der Geschossbeschichtung

Wenn man von beschichteten Geschossen spricht, ist nicht mehr automatisch Molybdändisulfid (MoS_2) gemeint. Es gibt auch andere Beschichtungen. Dazu weiter unten gleich mehr. Weshalb wird überhaupt beschichtet? Werfen wir einen kurzen Blick zurück in die Geschichte. Pressen wir zwei Metallflächen zusammen, dann verzahnen sich ihre Oberflächen. Verschieben wir sie dann relativ zu einander, reißen wir Stücke aus der weicheren Oberfläche heraus, die sich natürlich irgendwo ablagern. Bei diesem Vorgang, dem sogenannten Fressen, entsteht eine erhebliche Wärme. Meist ist dies ein höchst unerwünschter Vorgang, dem man dadurch begegnet, dass man ein Trennmittel zwischen die beiden Flächen bringt: einen Schmierfilm. Der kann flüssig sein oder aus geeigneten Festkörpern bestehen (Talkum, Graphit, Molybdändisulfid und andere).

Die gleichen Vorgänge spielen sich bei der Schussabgabe im Gewehrlauf ab. Ein Teil des Geschossmaterials bleibt im Lauf zurück und baut sich dort mit jedem weiteren Schuss immer weiter auf.

Die diversen Armeen experimentierten mit den abenteuerlichsten Mantelmaterialien, aber es waren die Franzosen, die im ersten Weltkrieg herausfanden, dass ein wenig Zinn, wenn es in Form von Stanniolstreifen der Treibladung beigemengt wurde, den Kupferabrieb im Lauf dramatisch verringerte. Wenig später hatte man dann in den USA die Idee, das Zinn direkt dem Mantelmaterial beizufügen. Diese Bronze funktionierte hervorragend. Die Amis nannten das Zeug Lubaloy und wurden natürlich sofort weltweit kopiert.

Zinn ist teuer als Zink. Also lässt man heute das Zinn weitgehend weg und nennt das Messing (95 % Cu, 5 % Zn) jetzt vornehm Gilding Metal bzw. im deutschsprachigem Raum Tombak.

Lubaloy und erst recht Tombak hinterlassen aber noch immer Kupferabrieb im Lauf, wenn auch in moderatem Maße. So begann man in den 50er Jahren damit, Geschosse mit Trockenschmierstoffen zu beschichten, um so den Abrieb ganz zu vermeiden. In den Sechzigern war man dann so weit, dass man MoS_2 direkt auftrommelte.

Wenn hier von Molybdändisulfid die Rede ist, so steht dies Material als Synonym für eine ganze Reihe von Trockenschmierstoffen, die alle mehr oder weniger ähnlich wirken. Darauf komme ich noch zurück. Im Moment nennen wir das Zeug einmal Moly, einfach weil dieser Stoff die weiteste Verbreitung gefunden hat und für ihn die meisten Erfahrungswerte vorliegen.

Die kolportierten Vorzüge der Beschichtung sind überwältigend. Man fragt sich, wie überhaupt noch irgendjemand daran vorbei kommt. So kursieren im Internet folgende Behauptungen:

- Das Laufreinigen nach dem Schießen wird überflüssig.
- Die mögliche Schusszahl, die aus einem Lauf abgegeben werden kann, steigt drastisch.
- Die Schusspräzision wird deutlich verbessert.
- Die Mündungsgeschwindigkeit ist mit beschichteten Geschossen größer als mit nicht beschichteten.
- Die Beschichtung bewirkt eine flachere Flugbahn, kürzere Flugzeit und damit eine geringere Windempfindlichkeit des Geschosses.

Jetzt kommen die Moly-Gegner zu Wort.

- Moly hinterlässt kaum zu beseitigende Rückstände im Lauf.
- Moly wirkt korrosiv und kann einen Lauf – insbesondere, wenn es feucht ist – innerhalb von Tagen so weit anfressen, dass er nicht mehr zu gebrauchen ist.
- Moly-beschichtete Geschosse erreichen nicht die gleiche v0 wie nicht beschichtete; sie sind deshalb windempfindlicher und haben generell eine schlechtere Präzision.
- Moly ist hochgradig gesundheitsgefährdend.

Es fällt auf, dass zum Teil absolut gegensätzliche Ansichten vertreten werden. Was ist Molybdändisulfid eigentlich, und wie wirkt es? Natürlich kommt es meist in Form von Molybdänit (Molybdänglanz, MoS_2) vor, ein anthrazitfarbenes Mineral, das sich fettig anfühlt. Molybdändisulfid ist thermisch wie chemisch stabil, nicht korrosiv und nicht toxisch. (Sicherheitsdatenblatt gem. Verordnung EG 1272/2008-DE besagt: keine gefährliche Substanz, keine gefährlichen

Inhaltsstoffe). Hochgradig gesundheitsgefährdend ist also abgehakt.
Was hat es nun mit der korrosiven Wirkung auf Gewehrläufe auf sich? Molybdänit ist nicht korrosiv. Wer bei einem namhaften Hersteller kauft, kann sicher sein, dass der Schwefelgehalt seines Pulvers den zulässigen Rahmen nicht übersteigt. Wer bei einem Online-Händler unbekannten Namens fündig wird, muss mit hinreichend viel freiem Schwefel rechnen, um zusammen mit Schwitzwasser schweflige Säure zu bilden.
Hier gibt es allerdings ein »Aber«. Moly ist thermisch stabil. Wie stabil? Bei Temperaturen oberhalb 370 °C kann sich in Gegenwart von Luftsauerstoff Schwefel abspalten. Hier wird es etwas unübersichtlich. Der bei der Verbrennung der Treibladung frei werdende Sauerstoff wird sofort beim Entstehen wieder gebunden. Aber vielleicht nicht vollständig. Etwas freier Schwefel mag unter Umständen freigesetzt werden. Wie viel davon im Lauf verbleibt, und wie viel davon beim nächsten Schuss zusammen mit überschüssigem Moly ausgestoßen wird, ist eine andere Sache. Sollte dann noch etwas übrigbleiben, wird es bei der nächsten Reinigung gegen Schmauchablagerungen ohnehin beseitigt.
Ich habe einmal versehentlich einen mit Moly beschossenen Lauf ungereinigt über den Winter gelagert. Ich dachte, ich hätte ihn geschrubbt; aber das war ein Irrtum. Nach sorgfältiger Reinigung bin ich dann mit dem Lauf-Endoskop auf die Suche nach Rostnarben gegangen. Es gab keine.
Bei den Benchrestschützen schießt die überwiegende Mehrheit Moly. Aber keiner von denen käme auf die Idee, seinen Lauf weniger oft und gründlich zu reinigen als zuvor.
Kommen wir zu den kaum zu beseitigenden Rückständen, die das Moly im Lauf hinterlassen soll. Die meisten Geschosshersteller überziehen ihre Moly-beschichteten Geschosse zusätzlich mit einer Wachsschicht. Das sieht gut aus, glänzt schön, und der Kunde bekommt keine schmutzigen Finger. Aber der Preis dafür ist hoch.

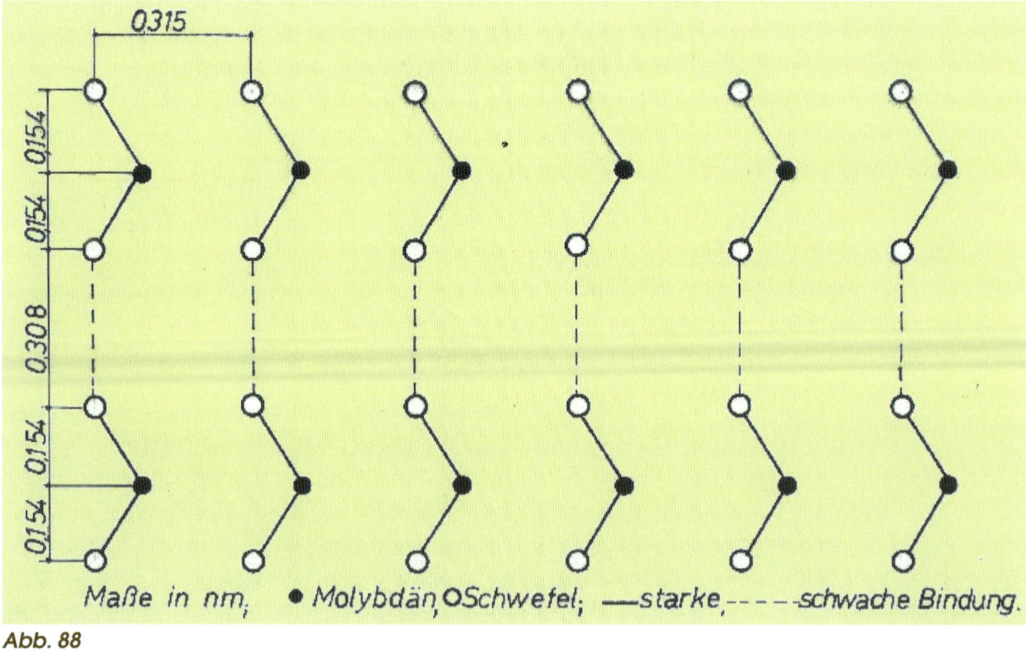

Abb. 88

Sehen wir uns den Mechanismus der Schmierwirkung von Molybdändisulfid doch einmal genauer an. Die Schmierwirkung von Trockenschmierstoffen beruht auf ihrer Schichtstruktur. Im Falle von Molybdänit bilden sich winzige Plättchen aus horizontal angeordneten Molybdänatomen, an die jeweils oben und unten ein Schwefelatom angelagert ist (Abb. 88). Molybdän und Schwefel haben untereinander eine viel stärkere Bindung als die Schwefelatome zu den Schwefelatomen des Nachbarn. Deshalb kann man die Plättchen sehr leicht gegeneinander verschieben. Man kann sich das wie ein Paket Spielkarten denken, die sehr rutschig imprägniert sind.

Stellen wir uns jetzt einen unebenen Fußboden vor, auf dem wir einige tausend dieser Karten ausgebreitet haben. Aufgrund der guten Gleiteigenschaften könnten wir eine schwere Kiste ohne viel Mühe verschieben. Danach könnten wir den Vorgang mit einer zweiten und einer dritten Last wiederholen, solange, bis nicht mehr genügend Karten mehr vorhanden sind, um die Unebenheiten des Bodens auszugleichen. Molybdändisulfid funktioniert genauso: bei zunehmender Belastung werden die Plättchen noch besser zueinander ausgerichtet. Folge: mit zunehmender Last sinkt der Reibwert. Bei niedriger Last ist $\mu = 0{,}07$, bei Drücken von 300 MPa (3000 bar) geht dieser Wert sogar auf $\mu = 0{,}02$ zurück. 0,02 ist wirklich sehr wenig. Das liegt schon im Bereich der Flüssigreibung. Aber die Analogie zu den Spielkarten hört hier nicht auf. Die Rautiefe einer feinbearbeiteten Fläche (Laufbohrung) liegt im Bereich 1–3 µm. Wenn wir also einen Trockenschmierstoff mit deutlich größeren Partikeln verwenden, dann gelingt es den Teilchen nicht so leicht, sich parallel auszurichten. Nanopartikel dagegen können die Täler zwischen den Spitzen ausfüllen und dann eine glatte, reibungsarme Schicht bilden. Je kleiner die Partikel, umso besser.

Jetzt zurück zum Hartwachs. Im Festzustand hilft das bei der Reibungsminderung überhaupt nicht. Da wir aber Wärme erzeugen, wird das Wachs schmelzen und so den Reibwert verbessern. Wir sind aber sowieso schon nahe an den Flüssigreibwerten, also bringt das nicht viel.

Anders als Moly ist Wachs eine organische Substanz. Und die sind alle thermisch instabil. Die gefürchteten Krusten, die sich unmittelbar hinter dem Übergangskegel bilden, sind nämlich keine Moly-Rückstände, sondern Carbon-Krusten.

Kommen wir zu den Reinigungsintervallen. Tatsache ist, dass der Kupferabrieb im Lauf vermindert wird. Die Intervalle, nach denen man mit ammoniakhaltigen Mittelchen wie Sweets reinigen muss, werden also größer. Tatsache ist auch, dass die Schmauchablagerungen die gleichen sind – da muss man genauso oft reinigen wie ohne Moly.

Ammoniak ist aggressiv. Wenn man also die Reinigungsintervalle, in denen Ammoniak zum Einsatz kommt, vergrößert, hilft das ein wenig. Ein entscheidender Faktor ist es aber nicht.

Ähnlich verhält es sich mit der angeblichen Steigerung der Lebensdauer eines Laufes. Wer will das schon beweisen? Manche Läufe sind nach 2500 Schuss nicht mehr ganz taufrisch, andere schießen nach 4000 Schuss so gut wie am Anfang (Benchrest-Maßstäbe). Wenn jemand einen langlebigen Lauf einbaut und gleichzeitig auf Moly umsteigt, wird er unter Umständen die gestiegene Lebensdauer dem Moly zuschreiben. Andererseits: durch unsachgemäßes Reinigen werden Läufe oft mehr beansprucht als durch das eigentliche Schießen. Alles in allem bin ich ziemlich sicher, dass ein hochwertiger Nano-Schmierstoff mit Teilchen, die klein genug sind, um den Platz in den Bearbeitungsriefen auszufüllen, hilft, die Lebensdauer eines Laufes zu verlängern. Teilchen, die deutlich größer sind als die Rautiefe, werden wahrscheinlich wie eine Bugwelle vor dem Geschoss aus dem Lauf geschoben.

Jetzt geht es ans Eingemachte. Die Schusspräzision wird deutlich verbessert.

Fehlerhafte Munition wird durch Moly auch nicht besser. Fehler an Waffe oder Visier werden es erst recht nicht. Was bleibt, ist der Geschosseintritt in den Lauf. Eine mittige Geschosszufuhr

ist der vielleicht wichtigste Einzelaspekt bei der Waffenpräzision. Bei einem Lauf, bei dem das Patronenlager nicht absolut zentrisch sitzt, bei Patronenhülsen, deren Hälse nicht auf wenige Micron genau überdreht wurden, kann die Moly-Beschichtung sehr wohl helfen, das schief eintretende Geschoss wieder gerade zu rücken. Bei einer etwas schlichteren Waffe ist das der vielleicht größte Vorteil der Beschichtung. Schützen, die ihr Sportgerät nicht von der Stange, sondern beim Büchsenmacher ihres Vertrauens kaufen, haben allerdings weiniger davon.
Einige Moly-Schützen berichten, dass bei gleicher v_0 die beschichteten Geschosse eine höhere Treffpunktlage haben als die unbeschichteten. Veränderte Laufschwingungen scheiden als Erklärung aus, denn dann müsste es auch tiefere Treffpunklagen geben. Ich halte folgende Ursache für möglich: Wenn sich die Felder in das Geschoss eingraben und es verformen, bildet sich beim beschichteten Geschossen weniger Grat. Die Außenkontur ist glatter. Damit führt das glatte, rotierende Geschoss im Flug eine dünnere Grenzschicht an ebenfalls rotierender Luft mit sich. Der wirksame Geschossdurchmesser wird also kleiner. Das entspricht aber einem größeren scheinbaren BC und somit einer gestreckteren Flugbahn und weniger Anfälligkeit gegen Seitenwind.
Kommen wir zum letzten Argument, der höheren bzw. geringeren v_0. Ich habe kürzlich einen langen Artikel im Internet gesehen, in dem jemand anhand ausführlicher Schießtests den Nachweis erbringen wollte, dass bei gleicher Ladung die v_0 mit beschichteten Geschossen um einige Prozent niedriger lag als bei nicht beschichteten.
Alter Hut. Der Fehler in der gesamten Versuchsanordnung war der, dass gleiche Hülse + gleichschweres Geschoss + gleiche Pulvermenge eben NICHT die gleiche Ladung darstellt. Die reduzierte Laufreibung hatte einen niedrigeren Verbrennungsdruck zur Folge und dadurch reduzierte sich die Abbrandrate des verwendeten Pulvers, der Maximaldruck war also niedriger. Innenballistisch wird die scheinbare Querschnittsdichte beschichteter Geschosse also kleiner, außenballistisch der wirksame BC größer. Die Folge ist: Wir müssen der v_0 wieder auf die Sprünge helfen. Wie das geht, habe ich ja im Abschnitt »Die Geschossstabilisierung« bereits beschrieben. Wenn wir die Ladedichte so weit erhöhen (bzw. ein etwas offensiveres Pulver verwenden), dass der ursprüngliche Maximaldruck wieder erreicht wird, ist mit beschichteten Geschossen eine Steigerung der Mündungsgeschwindigkeit um 20–30 m/sec realistisch.
Für Sportschützen überwiegen eindeutig die Vorteile beschichteter Geschosse.

Bisher war immer von Molybdändisulfid die Rede. Welche anderen Beschichtungen gibt es noch und wo liegen ihre Vor-und Nachteile?
Die verschiedenen Trockenschmierstoffe haben alle eine ähnliche, schichtförmige Kristallstruktur. Da gibt es einmal die Metallsulfide, also Schwefelverbindungen mit Molybdän, Wolfram, Niob oder Tantal, und dann gibt es den hexagonalen Kohlenstoff (Graphit) und das von der Gitterstruktur her sehr ähnliche hexagonale Bornitrid (hBN).
Zum Beschichten von Geschossen haben sich MoS_2, WS_2 und hBN durchgesetzt.
MoS2 (Molybdändisulfid) ist in der thermischen Stabilität dem Graphit vergleichbar, hat aber einen besseren Reibwert, der überdies mit zunehmendem Druck abnimmt. Allerdings steigt der Reibwert mit zunehmender Temperatur wieder an. Welcher Faktor überwiegt, scheint niemand so genau zu wissen. Für Schützen, die ihre Geschosse mit Moly beschichten wollen, gilt: höchste Reinheit und geringstmögliche Teilchengröße (2–3 Mikron).
WS2 (Wolframdisulfid) hat die gleiche Gitterstruktur wie Moly (Abb. 89), ist aber thermisch stabiler. Es kann bis zu 650 °C eingesetzt werden. Der Reibwert gegenüber Stahl ist über weite Druckbereiche konstant, um dann bei sehr hohen Drücken noch kleiner zu werden. Der Grund für die teils deutliche Verbesserung der Reibwerte von Trockenschmierstoffen bei hohen Flächenpres-

sungen ist wie gesagt darin zu suchen, dass sich die Plättchen unter diesen Bedingungen besser ausrichten. Der Gleitreibungsfaktor für WS_2 im Niedrigdruckbereich liegt bei $\mu = 0{,}03$. Damit ist das Material sicherlich noch geeigneter zum Beschichten von Geschossen als Moly. Der Grund für seine geringe Verbreitung ist der Preis, der jahrzehntelang deutlich über dem von MoS_2 lag. Inzwischen hat sich Molybdän verteuert, sodass sich die Preise angeglichen haben. Auch hier sollten wir die geringstmögliche Teilchengröße erwerben (0,4–1,0 Mikron sind realistisch). Wie Moly ist auch Wolframdisulfid nicht toxisch.

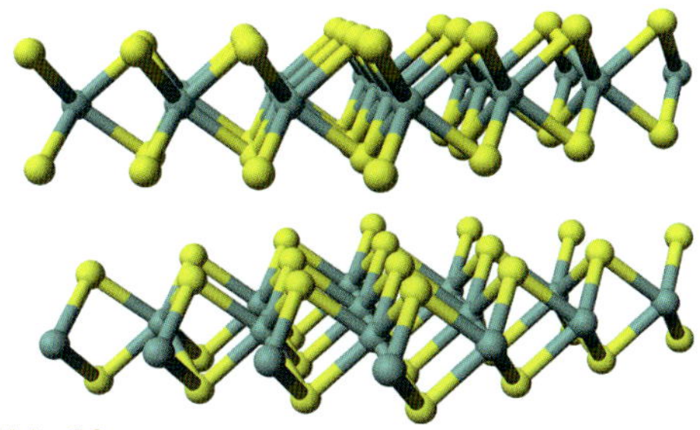

Abb. 89

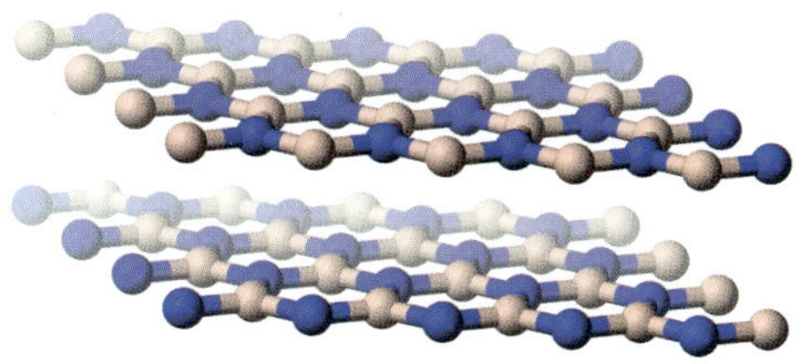

Abb. 90

hBN (hexagonales Bornitrid, auch α-Bornitrid oder weißer Graphit, Abb. 90) ist eng mit dem Graphit verwandt. Wie dieser bildet es eine schichtförmige, sechseckige Gitterstruktur (Abb. 90), in der allerdings jedes zweite C-Atom durch ein Bor-Atom und die andere Hälfte der C-Atome durch Stickstoff ersetzt wurde. hBN ist thermisch sehr stabil. Es kann in einer oxydierenden Umgebung bis zu 1000 °C eingesetzt werden, unter Stickstoff sogar bis 2000 °C. Der Reibwert ist etwas höher als bei MoS_2 aber immer noch sehr gut. Mit steigender Temperatur sinkt die Reibung, um bei 600 °C ein Minimum zu erreichen. Anders als bei Moly und WS_2 besteht nicht einmal die theoretische Möglichkeit der Schwefelbildung. Ein weiterer Vorteil besteht darin, dass dieses Material nicht mit anderen Flüssigkeiten wie zum Beispiel flüssigem Kupfer benetzbar ist. Das kann man sich wie eine Art Lotoseffekt im Hochtemperaturbereich vorstellen. Wiederum sollten wir die kleinstmögliche Teilchengröße wählen, vorzugsweise 70 Nanometer.

Alle drei Trockenschmierstoffe haben sich inzwischen bewährt, wobei hBN thermisch am stabilsten ist, während WS_2 die niedrigsten Reibwerte hat. Wenn unsere Ladedichte ohnehin schon 100 oder gar mehr Prozent beträgt, sodass wir Schwierigkeiten haben, die gewünschte v_0 und damit die erforderliche Geschossstabilisierung zu erreichen, und wenn die Verwendung des früher einmal heißgeliebten N130 anstelle von N133 einem Sakrileg gleichkommt, dann ist hBN sicherlich der Schmierstoff unserer Wahl. Wenn noch Spielraum besteht, ist dem WS2 aufgrund seiner niedrigeren Reibungswerte der Vorzug zu geben. Theoretisch könnten sich da freie Sulfide bilden. Aber es hat sich gezeigt, dass die schon beim MoS_2 kein wirkliches Problem darstellen. Also ist Korrosion bei WS_2, das immerhin über 250 °C höher belastet werden kann als Moly, erst recht kein Thema.

Kommen wir nun zur Praxis. Dazu eine Bemerkung vorweg: Meine Methode hat sich bewährt, erhebt aber keinen Alleinvertretungsanspruch.

Das Beschichten von Geschossen mit Trockenschmierstoff

Für das Beschichten verwende ich zunächst einmal folgende Gerätschaften:

1. Ein Vibrations-Hülsenpoliergerät mit drei Behältern

Zwei Behälter dienen zum Auftrommeln des Schmierstoffes, der dritte zum Polieren. Alle Schüsseln werden ausschließlich für ihren ureigensten Zweck verwendet. (Abb. 91)

2. Zwei Handtücher

Ein gutes, sauberes, sowie ein altes, das nach Dienstantritt nie wieder zu etwas anderem zu gebrauchen sein wird.

3. Ein großes Küchensieb

Da nehme ich eines aus der Küche. Sowie

4. Ein grobes Plastiksieb

Die Maschenweite sollte zwischen 4,5 und 5,5 mm liegen. Groß genug, um die Stahlkugeln durchzulassen, aber klein genug, um die Geschosse zurückzuhalten (s. Abb. 93 weiter unten). Bei einigen Hülsenpoliergeräten bekommt man einen Behälter mit Siebdeckel. Ausprobieren.

Abb. 91

5. Eine etwas größere Auffangschüssel

Zum Auffangen der

6. Stahlkugeln

Manche schwören auf Keramikgranulat, andere auf Stahlschrote der Größen 1/0 bis 3/0 bzw. Rundkugeln fürs Luftgewehr im Kaliber .177. Ich selber habe die besten Erfahrungen mit gehärteten Kugellagerkugeln von 3,5 bis 4 mm Durchmesser gemacht. So etwas bekommt man im technischen Handel. Man benötigt 2,5 bis 3 kg pro Schüssel. Und dann braucht man noch einen

7. Spatel

und eine

8. Präzisionswaage zum Abwiegen des Schmierstoffes

Nach dem Beschichten reicht es im Prinzip, die Geschosse einige Minuten in einem Handtuch hin und her zu rollen. Ich möchte ein schöneres Ergebnis, deshalb folgt noch eine weitere Runde im Tumbler. Als

9. Poliermedium

eignet sich Mais- oder Walnussschalen-Schrot, der aber in die Geschossspitzen eindringen kann. (In der Abb. 92 im linken Geschoss.) Ich verwende deshalb das sanftere Polyethylen-Granulat.

Abb. 92

Das wär's, fangen wir an:

1. Reinigen

Um eine wirklich gute Verbindung zwischen Tombak und Schmierstoff zu gewährleisten, müssen die Geschosse fettfrei sein. Am sichersten ist eine Reinigung in zwei Stufen. Dazu gebe ich die Geschosse randvoll in mehrere Plastikflaschen von 250 ml Größe und füge so viel Aceton dazu, dass es fast bis an den Rand reicht. 30 Minuten im Rotationstumbler laufen lassen. Abgießen, mit frischem Azeton nachspülen, wieder abgießen, ausbreiten und trocknen lassen. Jetzt kommt die zweite Stufe: In drei Liter Wasser mit je einem gehäuften Teelöffel Salz, einem Esslöffel Essig und einem Spritzer Spüli lasse ich die Geschosse einige Minuten köcheln, dann

werden sie durch ein Küchensieb abgegossen, unter fließendem Wasser abgebraust und in einen weiteren Topf mit fünf Litern kochendem Klarwasser gegeben. Nochmals einige Minuten köcheln lassen, abgießen und auf einem großen Handtuch zum Trocknen ausbreiten.
Beim ersten Mal reinige ich die Stahlkugeln genauso.

2. Beschichten

Erhöhte Temperaturen ergeben zwischen Tombak und Schmierstoff eine bessere Verbindung. Deshalb erwärme ich die Geschosse zusammen mit den Stahlkugeln in einem dichtschließenden Topf mit Deckel im Backofen auf 65 °C. Der Topf muss wirklich dicht schließen, damit kein Fettnebel eindringen kann. Ich verwende für 500 Geschosse (6 mm, 68 grn) zirka 2,5 kg Stahlkugeln. Die verschiedenen Festschmierstoffe haben unterschiedliche Schüttdichten. Am Anfang tut man gut daran, das Pulver genau abzuwiegen.

WS_2: 205 mg pro 100 Geschosse 6 mm, 68 grn
hBN: 65 mg pro 100 Geschosse 6 mm, 68 grn
MoS_2: 140 mg pro 100 Geschosse 6 mm, 68 grn

Vor dem ersten Beschichten müssen zunächst die Stahlkugeln und die Schüssel konditioniert werden. Dazu lassen wir zirka 2,5 kg der gereinigten, vorgewärmten Kugeln (d = 3,5 mm) – die wir pro kg mit der fünffachen Menge Pulver, die wir für 100 Geschosse nehmen würden – für eine Stunde laufen. (Für 4-mm-Kugeln reicht die 4,4-fache Menge.)
Nach dem Vorwärmen gebe ich die Kugel-Geschoss-Mischung in den Tumbler, streue das abgewogene Pulver darüber, stellen einen Heizlüfter daneben, verschließe den Deckel und trommle eine Stunde.
Nach einer Stunde sollten die Geschosse (bei Moly und Wolframdisulfid) einheitlich grau sein. Sieht man noch immer rötliches Kupfer durchschimmern, hat man zu wenig aufgetragen. In dem Fall: Pulver nachfüllen und noch eine weitere Stunde laufen lassen. Bei hBN funktioniert das nicht, da dieser Stoff fast farblos aufträgt (weißlich-opak).

3. Separieren

Das kann man mit einem großen Magneten machen, läuft dabei aber Gefahr, dass man die Kugeln dauermagnetisiert. Besser ist es, ein grobmaschiges Sieb zu verwenden (Abb. 93).

4. Polieren

Das geht wieder in zwei Schritten. Das Vorpolieren erfolgt in einem alten Handtuch. Geschosse auf dem Handtuch ausbreiten, Handtuch in Längsrichtung zu einem Drittel zusammenfalten, die andere Seite darüberlegen, und los geht's. Die Handtuchenden einige Minuten auf und ab schwenken.
In der zweiten Stufe werden die Geschosse mit dem gleichen Volumen Polyethylen-Granulat für 15 Minuten getrommelt.

Abb. 93

Wenn man seine Geschosse nicht nur beschichtet, sondern auch pointet, steht man vor der Entscheidung: erst Pointen und dann Beschichten? Oder umgekehrt?
Erst Beschichten heißt, dass beim anschließenden Umformen der Geschossspitze die Beschichtung in diesem Bereich in Mitleidenschaft gezogen werden kann.
Wenn man zuerst pointet, kann man nicht mit letzter Sicherheit ausschließen, dass die sehr

spitz ausgeformte Geometrie der Geschossspitze beim anschließenden Trommeln im Tumbler Schaden nehmen könnte. Das wäre dann mehr als ein Schönheitsfehler.
Die beste Lösung besteht meiner Meinung nach darin, beide Arbeitsgänge (Beschichten und Pointen) zu einem zusammenzufassen. Bei mir geht das so:

Geschosse reinigen
Geschosse vorwärmen
Geschosse beschichten und separieren
Geschosse im Handtuch vorpolieren
Geschosse mit der Spitze zirka 2 mm tief in Trockenschmierstoff-Pulver stecken und pointen
Geschosse in viel PE-Granulat fertigpolieren. (Wenn man mit einem ordentlichen Überschuss an Granulat arbeitet, passiert auch den Spitzen nichts.)

Die Geschosse sind jetzt einsatzbereit. Um aber voll zur Wirkung zu kommen, muss auch der Lauf mit Trockenschmierstoff konditioniert werden. Bei einem guten, glattgeschossenen Lauf geht das am einfachsten, wenn wir 20 bis 50 beschichtete Geschosse verschießen. Sollte man dann noch immer Kupferablagerungen finden (blaues Schusspflaster), kommt man nicht darum herum, das Pulver mit einer Nylonbürste einzubringen. Das geht nur mit einer gut dichtenden Putzstockführung (Abb. 94): Schließlich wollen wir das Pulver im Lauf haben, aber keinesfalls im Patronenlager.

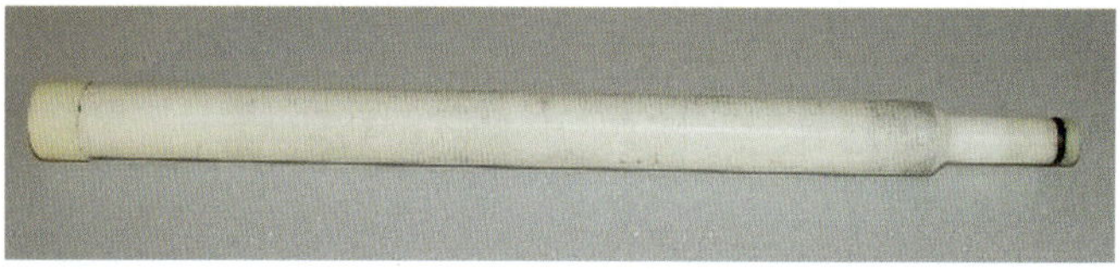

Abb. 94

Bleibt noch ein letzter offener Punkt: Was, wenn ich einen Moly-konditionierten Lauf habe, aber auf einen anderen Trockenschmierstoff umsteigen möchte? Gute Frage, denn MoS_2 lässt sich ja bekanntlich nicht vollständig von Stahl entfernen.
Ich denke, beim Umstieg auf WS_2 ist es ausreichend, den Lauf sorgfältig zu reinigen und dann ein oder zwei Dutzend der neuen Geschosse zu verschießen. Moly und Wolframdisulfid sind sich chemisch sehr ähnlich.
Um auf hBN umzusteigen, würde ich den Lauf zweimal reinigen, dann ein Dutzend unbeschichteter Geschosse schießen, mit Sweets (oder einem ähnlichen Mittel) reinigen, bis kein Kupfer mehr sichtbar ist, und dann mit der Laufbürste etwas hBN in den Lauf einbringen.

Bulletpointing

Bulletpointing bezeichnet eine Methode, mit der der Ballistische Koeffizient von HP-Match-Geschossen nachträglich verbessert werden soll. Die Frage ist nur: Geht das? Und bringt das was? Also: Was hat es damit auf sich?
Rufen wir uns noch einmal in Erinnerung zurück, was der Ballistische Koeffizient eigentlich aussagt. Der BC berechnet sich aus Querschnittsdichte geteilt durch Formfaktor und ist ein Maß dafür, wie gut sich ein Geschoss gegen den Luftwiderstand behaupten kann. Angenähert kann man auch sagen: der $BC_{(G1)}$ ist der Bruchteil von 1000 Yard, über den das Geschoss die Hälfte seiner kinetischen Energie und somit zirka 30 % seiner Geschwindigkeit verliert.
Es ist also offensichtlich: ein möglichst hoher BC ist gut, ein kleiner dagegen weniger. Und da das nur wenige Kunden nachmessen, sei den Herstellern verziehen, wenn ihre publizierten Werte »ein wenig optimistisch« ausfallen.

Über wie viel Optimismus reden wir hier? Ich möchte dem Leser eine Tabelle mit Messwerten vorstellen, die von den beiden Doktoren Michael und Amy Courtney unter wissenschaftlich nachvollziehbaren Bedingungen erstellt wurde. (Der Artikel wurde unter dem Titel »The Thruth About Ballistic Coefficients« ins Netz gestellt.)

Manufacturer	Caliber (inches)	Weight (grains)	Style	Published BC	Reference	Measured BC	Exaggeration (%)	Near Velocity (fps)
Hornady	0.224	40	VMAX	0.200	[HOR07]	0.199(1)	0.50	3137
Hornady	0.224	55	SP	0.235	[HOR91]	0.218(3)	7.80	2400
Barnes	0.224	53	XFB	0.231	[BAR97]	0.197(10)	17.26	2874
Nosler	0.308	150	BT	0.435	[NOS96]	0.381(7)	14.17	2570
Hornady	0.308	150	FMJBT	0.398	[HOR91]	0.361(23)	10.25	2656
Winchester	0.308	168	CTBST	0.475	[WIN07]	0.421(4)	12.83	2644
Hornady	0.308	110	VMAX	0.290	[HOR07]	0.247(28)	17.41	3501
Nosler	0.308	125	BT	0.366	[NOS96]	0.306(5)	19.61	2245
Nosler	0.308	125	BT	0.366	[NOS96]	0.308(10)	18.83	2794
Nosler	0.308	125	BT	0.366	[NOS96]	0.319(11)	14.73	3010
Barnes*	0.308	150	TSX	0.428	[BAR05]	0.349(20)	22.64	2567
Hornady	0.308	150	RN	0.186	[HOR91]	0.163(6)	14.11	2624
Hornady	0.308	165	SPBT	0.435	[HOR91]	0.406(30)	7.14	2750
Hornady	0.308	220	RN	0.300	[HOR91]	0.249(9)	20.48	2444
Winchester	0.257	85	CTBST	0.329	[NOS07]	0.309(9)	6.47	3449
Berger	0.257	115	VLD	0.523	[BER07]	0.419(4)	24.82	3148

***** Barnes has recently undertaken to more carefully determine ballistic coefficients and have measured the BC of this bullet to be 0.369 (BAR07).***

Die Übertreibungen betragen also bis zu (fast) 25 %. Aber das ist erst die halbe Wahrheit. Etwas, worüber auch die Courtneys keine detaillierte Aussage machen, ist folgendes: ein Ballistischer Koeffizient ist keine in Stein gemeißelte Größe. Vielmehr ergeben die verschiedenen Messungen am Ende ein Fenster, das einer Glockenkurve folgt, wie wir sie bereits kennen gelernt haben. Kein publizierter BC gibt Aufschluss über die Streubreite. Er ist lediglich der Mittelwert.
Als Schützen könnten wir mit der Vertikalen leben, die sich aus der Abweichung der Werte von denen, die auf der Schachtel stehen, ergibt. Wir richten unser Zielfernrohr halt entsprechend nach. Die Streuung gilt aber auch für Geschosse, die aus ein und derselben Schachtel kommen, denn die Glockenkurve schlägt hier genauso zu.
Ken Oehler und Larry Bartholome konnten zeigen, dass bei den von ihnen getesteten Geschossen die Streuungen innerhalb eines Loses 0,010 bis 0,040 BC betrugen. (Im Durchschnitt aller untersuchten Geschosse waren es 0,019 BC) Das heißt: wir kaufen eine Schachtel Geschosse mit einem BC von .320, deren tatsächlicher BC aber durchaus zwischen 0,300 und 0,340 streuen kann.

Abb. 95

Das ist nicht mehr besonders komisch, denn die dadurch bedingte Vertikalstreuung sowie die durch den Seitenwind bedingte Horizontale ist für anspruchsvolle Schützen nicht vernachlässigbar. Und es ist eine Streuung, gegen die wir zunächst einmal völlig machtlos sind.

Über wie viel reden wir? Legen wir einmal eine Schussentfernung von 200 m, eine v_0 von 1000 m/s und einen Seitenwind von 16 km/h zugrunde. BC sei einmal 0,300 und einmal 0,340. Im Extremfall ist dann die Vertikalstreuung 11 mm, der Unterschied in der Winddrift beträgt bis zu 12 mm. Treten beide gemeinsam auf, macht das eine zusätzliche Streuung von 16 mm. Wohlgemerkt: ZUSÄTZLICH. Als Schützen haben wir ja schon mit einer ganzen Reihe von möglichen Schießfehlern zu kämpfen, auf die die 16 mm noch draufgesattelt werden. Für die Jagd auf kurze Distanzen ist das zugegebenermaßen nicht besonders aufregend: Was sind schon 16 mm? Aber wie gesagt, sie kommen auf unsere anderen Schießfehler obendrauf, und im Extremfall können sie die Ursache für ein verlorenes Stück sein.

Wenn man das einmal verinnerlicht hat, ist die Schlussfolgerung zwingend: bei der Ausrüstung verwenden wir des Beste, was unser Budget erlaubt. Warum sollten wir also bei der Auswahl bzw. der Vorbereitung unserer Geschosse anders vorgehen. Niemand hat im Wettkampf auch nur das Geringste zu verschenken.

Doch zurück zu den beobachteten Schwankungen im Ballistischen Koeffizienten unserer Geschosse. Woher kommen die?

Produktionsbedingt sind Geschosse niemals genau gleich lang, und ganz vorn sind auch die Geschossspitzen unregelmäßig ausgeformt (Abb. 95). Wiederlader wissen das seit langem und messen Geschosslängen deshalb niemals über die Spitze, sondern über die Ogive.

Eine offensichtliche Abhilfe ist es, die unregelmäßige Geschossspitze zu entfernen. Dave Tooley in den USA war – glaube ich – der erste, der ein Werkzeug für diesen Zweck auf den Markt brachte, eines, mit dem man manuell die Spitze zurücktrimmen kann (Abb. 96). Sinclair und andere folgten auf dem Fuß.

Das Verfahren hat jedoch einen Haken. Man beginnt an einer unregelmäßigen Spitze und dreht dreimal. Das war's dann. Danach sehen die Meplats alle ziemlich gleich aus. Fakt ist: die Geschosse sind zwar besser als zuvor, aber noch immer nicht gleich lang. Das Verfahren lässt sich verbessern, wenn man die Geschosse nach Länge gruppiert und dann für jede Gruppe das Trimmwerkzeug neu justiert. Nach dem Trimmen sind die Meplats größer als vorher, wenn auch nicht alle genau gleich groß. Mit zunehmendem Meplatdurchmesser aber sinkt der BC um mindestens 2 %. Wir erkaufen also eine kleine Reduzierung der Streuung der Vertikalen mit einer erhöhten Empfindlichkeit gegen Seitenwind. Vom Regen in die Traufe, könnte man sagen.

Abb. 96

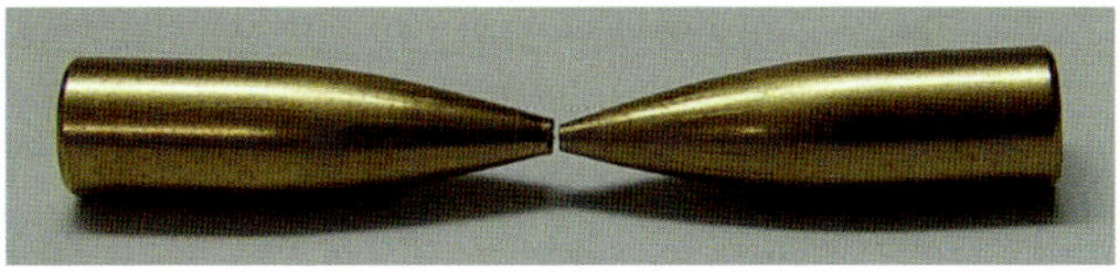

Abb. 97

Die zweite Möglichkeit ist es, das Geschoss vorne anzuspitzen (Abb. 97). Wenn es gelingt, den Meplatdurchmesser zu halbieren, vierteln wir die Frontfläche. Sie ist es, die im Überschallbereich den sogenannten Wellenwiderstand der Frontwelle verursacht. Der Vorteil einer Verkleinerung des Meplatdurchmessers liegt auf der Hand: der BC wird größer, und im selben Atemzug reduzieren wir die Schuss-zu-Schuss-Variation. (Vgl. hierzu auch dazu Kapitel »Theoretische Außenballistik«.)

Experimentiert wird seit langem. Seit einiger Zeit aber gibt es bezahlbare Werkzeuge, die genau das leisten. In den USA macht John Whidden so etwas, in Europa gib es die BCI-Matrize von ral-Engineering (Abb. 99 & 100). BCI steht für Ballistic Coefficient Improvement.

Den größten Vorteil bringt das Verfahren natürlich über wirklich lange Distanzen. Auf 1000 Meter reduziert sich die Vertikale um nahezu 0,5 Meter. Das allein wäre noch keine große Sache; schließlich kompensiert man das ja sowieso mit dem Zielfernrohr. Die Windempfindlichkeit und die Schuss-zu-Schuss-Abweichung stehen aber auf einem ganz anderen Blatt.

Jason Barney von 6mm BR.com konnte nachweisen, dass eine Reduzierung des Meplatdurchmessers von 1,42 auf 0,84 mm bei einem 6mm-Clinch-River-Geschoss von 106 grn zu einer Vergrößerung des Ballistischen Koeffizienten um 0.055 führte!

Was bedeutet dieses Ergebnis nun für handgefertigte Geschosse? Zunächst einmal haben auch diese keinen einheitlichen BC Sie unterliegen genau wie die Industrie-Produktion einer Streuung. Diese wird aufgrund der sehr engen Fertigungstoleranzen wohl enger sein, ist aber genauso vorhanden. Auch bei diesen Geschossen wird die Länge zur Bestimmung der Setztiefe natürlich über die Ogive und nicht über die Spitze ermittelt. Liegt die mittlere Streuung bei Industrie-Geschossen bei 0,019, dann kann man bei handgefertigten vielleicht von 0,016 ausgehen. Diese BC-Streuung wird sich beim Anspitzen reduzieren. Eine Halbierung scheint durchaus möglich. Auch wenn wir das CR-106-Geschoss als nicht repräsentativ ansehen, kann man sagen: handgefertigte Match-Geschosse sind in aller Regel leichter, ihr Ausgangs-BC ist also kleiner. Die prozentuale Verbesserung des Luftwiderstandes wird also auf jeden Fall größer, da handgefertigte Geschosse überdies herstellungsbedingt einen etwas größeren Meplat haben. Die leichteren Geschosse profitieren also eher mehr als schwere, sodass bei einem 6mm-BT-Geschoss von 68 grn eine BC-Vergrößerung von .290 auf .340 durchaus realistisch erscheint. Fragt sich: wie viel davon finden wir auf der Scheibe wieder?

Wenn wir aufs Treppchen wollen, haben wir nichts zu verschenken. Deshalb vergleichen wir einmal ein Standard-Industriegeschoss mit einem BC zwischen .280 und .299 (Meplat = 1,57 mm) mit einem handgemachten (Meplat = 0,80 mm), BC= .335 bis .345. Seitenwind sei 16 km/h aus 9 Uhr; v_0 = 1000 m/s, Entfernung 300 m. Das Zielfernrohr sei auf 100 m eingeschossen. Die Spindrift für einen rechtsdrehenden Drall wurde nicht eingerechnet, da sie gleichbleibend ist. (Bei dem angespitzten Geschoss wurde eine BC-Streuung mit einer sehr konservativen Reduzierung von 0,016 auf 0,010 zugrunde gelegt.)

Wenn ich dann in mein Ballistikprogramm gehe, ergibt sich folgendes Bild:

	BC	Tiefschuss	Höhendifferenz infolge Δ BC	Winddrift	Seitendifferenz infolge Δ BC
Geschoss I Meplat-Ø = 1,57mm	min = .280	34,62 cm		30,17 cm	
	max = .299	33,59 cm	10,3 mm	27,89 cm	23 mm
Geschoss II Meplat-Ø = 0,80mm	min = .335	32,03 cm		24,41 cm	
	max = .345	31,66 cm	3,7 mm	23,59 cm	8 mm

Die (durchschnittliche) Reduzierung der Vertikalen von 22,5 mm ist weniger wichtig, da wir die mit dem Z.F. kompensieren. Aber die vertikale Schuss-zu-Schuss-Variation infolge BC-Streuung hat sich gedrittelt.
Und der Wind! Wir wissen alle, wie schwer es ist, den auch nur annähernd genau zu »lesen«. Ein Geschoss, das 50 mm, also 17 % Fehler »schluckt«, ist eigentlich unbezahlbar.
Und selbst wenn wir in der Lage wären, den Wind tatsächlich genau zu kompensieren, der Restfehler infolge BC-Variation schrumpft auf ein Drittel!
Natürlich sind die Unterschiede nicht riesig, aber selbst bei Windstille ausreichend, um aus einer klaren 9 eine angekratzte 10 zu machen.
Lohnt es sich also, Geschosse anzuspitzen?
Für Benchrester und Sportschützen, die sich mit den Besten der Besten messen wollen, ist die Antwort klar. Für Long-Range-Jäger ebenso: Es lohnt auf jeden Fall, und negative Nebenwirkungen sind bisher nicht bekannt.

Es gibt aber noch einen weiteren Vorteil gepointeter Geschosse, der bisher noch nicht angesprochen wurde. Es kann ja bekanntlich passieren, dass man Schwierigkeiten hat, die für die Geschossstabilisierung erforderliche Geschwindigkeit zu erreichen.
Sehen wir uns deshalb folgendes Beispiel an.
Wir vergleichen zwei Geschosse:

D = 6,17 mm HP
Länge = 21,5 mm
Ogivenlänge = 14,2 mm
Boattail Winkel = 12°
Boattail Länge = 1,8 mm
Sekanten Radius = 12,5 cal.
Meplat-Ø bei Geschoss a) = 1,57 mm
bei Geschoss b) = 0,80 mm

Wenn man diese zwei (bis auf den Meplatdurchmesser gleichen) Geschosse in das Programm von Geoffrey Kolbe (S. 169 ff.) eingibt, zeigt sich, dass das angespitzte Geschoss bei 1005 m/s (3300 ft/s) mit einem 343-mm-Laufdrall einen Stabilitätsfaktor von 1,5 erreicht. Das nicht gepointete Geschoss benötigt für die gleiche Stabilisierung einen Drall von 327 mm. Zur Erinnerung: 1,5 ist für Matchwaffen schon ziemlich hoch stabilisiert.
Damit kommen wir zur 64.000-Dollar-Frage: Wie macht man das?
Ich beschränke mich auf die Funktionsbeschreibung der europäischen BCI-Matrize (Abb. 100). Die von John Whidden funktioniert im Prinzip ähnlich.
Zur BCI-Matrize gehört ein Oberteil mit einer Mikrometerskala, Auflösung von 0,01 mm. Das (nichtrostende, nitrocarburierte) Unterteil hat ein UNF-Gewinde 7/8 - 14. Es passt also in jede handelsübliche Wiederladepresse.

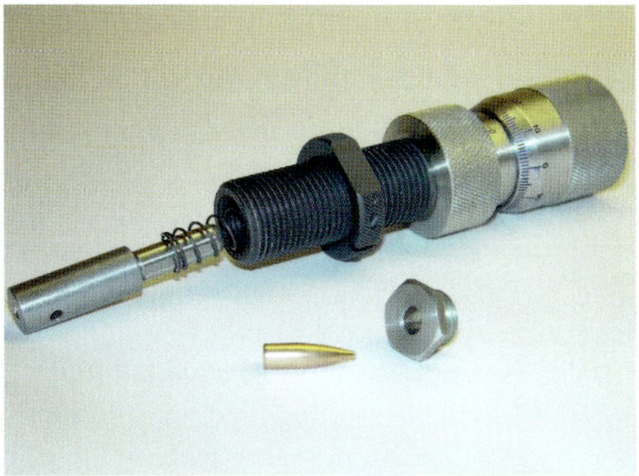

Abb. 98

Abb. 99

Im Unterteil befinden sich der eigentliche Formkopf und eine kaliberspezifische Führungshülse. (Abb. 98) Außerdem gehört ein gehärteter Amboss dazu, der ebenfalls in die meisten Pressenstempel passt (Abb. 99).

Abb. 100

Sind Matrize und Amboss in der Presse, schraubt man die Matrize so weit nach unten, dass gerade noch ein kleiner Spalt zwischen Amboss (in Totpunktlage) und Matrize zu sehen ist. Dann dreht man die Matrize so weit nach oben, bis man die Mikrometerskala im Blickfeld hat. In dieser Stellung wird die Matrize mit der Feststellmutter fixiert.

Zweiter Schritt: Das Skalenoberteil wird ganz nach oben gedreht und ein Geschoss (Spitze nach oben) mittig auf den Amboss gestellt. Pressenstempel wieder nach oben fahren.

Dritter Schritt: Skalenteil solange tiefer schrauben, bis der Formkörper Kontakt mit dem Geschoss macht. Pressenstempel nach unten ziehen, die Geschossspitze etwas fetten und in kleinen Schritten die Matrize tiefer stellen, bis der gewünschte Grad an Meplatverkleinerung erreicht wird. Bitte nicht übertreiben. Viel kleiner als 0,8 mm geht nicht. Das Material des Hülsenmundes setzt hier die Untergrenze. Wenn man zu viel Druck aufbaut, erzeugt man unterhalb der Spitze eine Beule. Das ist nicht Sinn der Sache. Abb. 98 gibt einen guten Eindruck davon, wie ein Geschoss vorher und nachher aussehen sollte.

Wenn man die richtige Einstellung gefunden hat: notieren. Ein Feststellen der Skala ist nicht erforderlich, da sie durch einen eingebauten Reibring vor unbeabsichtigtem Verstellen durch Vibration und dergleichen gesichert ist.

Und damit lassen wir die Geschosse Geschosse sein und wenden uns den Treibladungspulvern zu.

Treibladungspulver

Geschichtlicher Rückblick

Das erste Treibladungspulver (engl.: gunpowder oder propellant) war natürlich das altehrwürdige Schwarzpulver, bestehend aus 75 % Kaliumnitrat, 10 % Schwefel und 15 % Holzkohle. Wer wann was erfunden hat, ist Gegenstand hitziger Debatten, aber es steht außer Zweifel, dass die Chinesen vor zirka 3000 Jahren anfingen, mit dieser oder ähnlichen Mixturen herumzuspielen.
Es heißt, die Chinesen hätten das Zeug lediglich als Feuerwerksmaterial zu ihrer Erbauung eingesetzt. Das scheint so nicht ganz zu stimmen. Es gibt alte Darstellungen, auf denen Soldaten flaschenförmige Behälter an einer Stange vor sich her tragen. Die Behälter mögen getrocknete Kürbisse gewesen sein. Aus diesen Behältnissen »faucht« ein feuriger, mit kleinen Steinen durchsetzter Strahl von etwa 20 Metern Länge. Also, ich hätte nicht unmittelbar davor stehen mögen. (Und wenn ich darüber nachdenke: dahinter besser auch nicht.)
Über die Araber kam das Schwarzpulver (bzw. Berichte über dessen Zusammensetzung und Wirkung) nach Europa.
Im 13. Jahrhundert, so viel ist verbürgt, befasste sich in England Roger Bacon damit, unterschiedliche Mischungsverhältnisse auszuprobieren. Er war aber sicherlich nicht der erste Europäer, der auf diesem Gebiet forschte. Als gesichert gilt, dass er eine Methode entwickelte, um den Salpeter zu raffinieren und feinkörnig zu mahlen. Bacon war ein kluger Mann. Er wusste, er hatte einen kräftigen Explosivstoff. An eine Verwendung als Treibladungsmittel für Kanonen dachte er nicht.
Das blieb – so sagt man hierzulande – Berthold Schwarz vorbehalten. Er soll, so heißt es, einen Tiegel mit einem Gemisch aus Salpeter und Holzkohle auf dem Herd vergessen haben. (Einschub des Autors: Schwefel ist in der Tat nicht wesentlich an der Energieumsetzung bei der Schwarzpulverzündung beteiligt. Salpeter plus Holzkohle allein zünden bei 400 °C, und das praktisch rauchfrei. Aufgabe des Schwefels ist es, die Zündwilligkeit der Mischung zu verbessern.)
Doch zurück zu Berthold Schwarz. Nach einiger Zeit, so geht die Überlieferung, krachte es gar mörderisch, und es kostete einige Männer viele Stunden Arbeit, den Tiegel wieder aus dem Deckenbalken herauszuschälen. Der nächste Schritt war dann, das Zeug in ein Rohr zu schütten, eine Kugel hinterherzuschieben und zu zünden. Der Rest ist, wie man so schön sagt, Geschichte.
Eine neue Entwicklung wurde um 1846 durch Christian Friedrich Schönbein eingeleitet. Der durchfeuchtete Baumwolle mit Salpetersäure und trocknete sie anschließend. Diese nitrierte Zellulose unterschied sich äußerlich kaum von unbehandelter Baumwolle. Wenn man sie ansteckte, verbrannte sie jedoch rapide mit einer hellen Flamme. Und wenn man sie in einem geschlossenen Behälter anzündete, gab es einen gehörigen Knall. Er hatte die Schießbaumwolle (Nitrozellulose) erfunden. Schönbein versuchte, sie als Treibladungspulver zu verwenden, aber er blieb erfolglos. Das Zeug war hierfür zu brisant, ließ sich aber gut als Sprengmittel einsetzen. (Das Soldatenwort »'s gibt Kattun« stammt daher. Kattun = Baumwolle.)
Es dauerte immerhin noch rund 50 Jahre, bis es dem Franzosen Paul Vieille gelang, Nitrozellulose in einem Äther-Alkohol-Gemisch zu einer Art Gelatine aufzulösen, zu trocknen und anschließend zu zerkleinern. Das so entstandene Pulver nannte er Poudre B. Es war das erste einbasige rauchschwache Schießpulver, mit der Nitrozellulose als Energielieferant.
Vieille ist ein Name, an den sich heute außerhalb Frankreichs kaum mehr jemand erinnert. Wenn Sie Band 1 gelesen haben, ist er Ihnen schon einmal im Kapitel Innenballistik begegnet. Der Mann hat bahnbrechende Arbeit auf dem Gebiet der Innen- und Außenballistik sowie in der Pulverchemie geleistet.

Der zweite Grundstein für die Entwicklung moderner Treibladungspulver wurde um 1885 von dem italienischen Chemiker Ascanio Sobrero gelegt, der bei Experimenten mit Nitrozellulose das Nitroglyzerin erfand.
Wie andere nach ihm, fand er schnell heraus, wie gefährlich das Zeug war. Bei einer dieser Explosionen zog er sich schwerste Gesichtsverletzungen zu. Diese Erfahrung bewog ihn, die Erfindung nicht an die große Glocke zu hängen. Einer seiner Schüler, Alfred Nobel, hatte diese Skrupel nicht. Auch er hatte seine liebe Not mit der Stoßempfindlichkeit des Sprengöls, bis er es durch den Zusatz von Kieselgur stabilisieren konnte. Weniger bekannt ist, dass es auch Nobel war, der 1887 Nitrozellulose in Nitroglyzerin löste. Er ging dabei ähnlich vor wie Vieille. Das entstandene Pulver nannte er Ballistit. Es war das erste zweibasige Pulver, energiereicher als Poudre B, da es neben der Nitrozellulose Nitroglyzerin als zweiten Energielieferanten hatte.
In der Folge setzten sich die einbasigen Pulver für Handfeuerwaffen durch, da sie mit geringeren Temperaturen beim Abbrand laufschonender waren. Zweibasige Pulver wurden vorwiegend für großkalibrige Geschützmunition verwendet.
Diese Vorstellung geistert übrigens bis zum heutigen Tage in den Köpfen herum, obwohl es inzwischen möglich ist, auch zweibasige Pulver durch den Einsatz entsprechender Additive soweit zu »bremsen« dass sie die Läufe nicht stärker belasten als einbasige Pulver.
Ich habe mehr oder weniger willkürlich einige Namen in den Vordergrund gestellt. Natürlich waren die genannten Herren nicht die einzigen, die an der Thematik arbeiteten. Unabhängig von Schönbein erfand auch Böttger (übrigens auch anno 1846) die Schießbaumwolle, und ebenfalls fast zeitgleich mit Vieille entwickelte Max Duttenhöfer sein Nitrozellulose-Pulver.

Treibladungspulver in der Theorie

Prinzipiell werden Schießpulver noch immer so hergestellt wie von Vieille und Nobel vor 130 Jahren. Zellulose wird mit Säuren nitriert, anschließend in Äther-Alkohol bzw. Nitroglyzerin gelöst, mit Additiven versetzt, in eine bestimmte Körnchenform (Kugel, Flocken, Spaghetti oder Makkaroni) gebracht und beschichtet. Klingt einfach, ist es aber nicht. Die wichtigsten Additive sind:

1. Stabilisatoren. Ihre Aufgabe ist es, das Treibladungspulver auf Jahre lagerfähig zu machen, ohne dass es chemisch zerfällt. Typisch sind Anteile von 1–3 %. Am häufigsten verwendet werden Centralit, Diphenylamin und Akardit.
2. Flammhemmende Zusatzstoffe. Sie dienen dazu, das Mündungsfeuer zu reduzieren und generell die Verbrennungstemperatur zu senken. Das geht naturgemäß mit einem Absenken der freigesetzten Energie einher. Verwendet werden Kaliumbitartrat (Weinstein) oder Kaliumsulfat.
3. Graphit. Graphit wird auf die Oberfläche der Pulverpartikel aufgebracht. Er hat zwei Aufgaben. Zum einen verhindert er die statische Aufladung der Pulverpartikel, da er elektrisch leitend ist, und zum anderen fungiert er als Gleitmittel. Letzteres verbessert die Fließfähigkeit des Pulvers und ermöglicht beim Befüllen der Patronenhülsen ein genaueres Dosieren.
4. Abbrandregulator. Außer mit Graphit wird die Oberfläche der Partikel mit einem Abbrandregulator beschichtet. Meist nimmt man das bereits unter 1. bereits erwähnte Centralit in Gewichtsanteilen von 1–4 %. Das auf der Oberfläche konzentrierte Centralit verzögert die Abbrandgeschwindigkeit. Wenn die beschichtete Oberfläche weggebrannt ist, beschleunigt sich die Umsetzung. Das Korn verbrennt also am Anfang langsam, dann schnell. Man nennt so etwas ein progressives Abbrandverhalten.

Jede Waffe hat einen sogenannten Konstruktionsdruck, für den das System ausgelegt ist und den man tunlichst nicht überschreiten sollte. Bei einem Pulver ohne Oberflächenbehandlung würde dieser Druck sehr schnell erreicht, um dann auch wieder sehr schnell abzufallen. Gelingt es, den Druck niedriger, dafür aber länger aufrecht zu erhalten, erzielen wir eine höhere Mündungsgeschwindigkeit.
In Abb. 101 ist der Druck- und Mündungsgeschwindigkeitsverlauf in Abhängigkeit vom Grad der Beschichtung mit Centralit dargestellt. Die erreichbare Geschwindigkeit nimmt zwar ab, aber die Abnahme des Maximaldruckes ist deutlich stärker. Man kann also mehr Pulver einfüllen, ohne den zulässigen Druck zu überschreiten, und erhält somit eine höhere v_0.

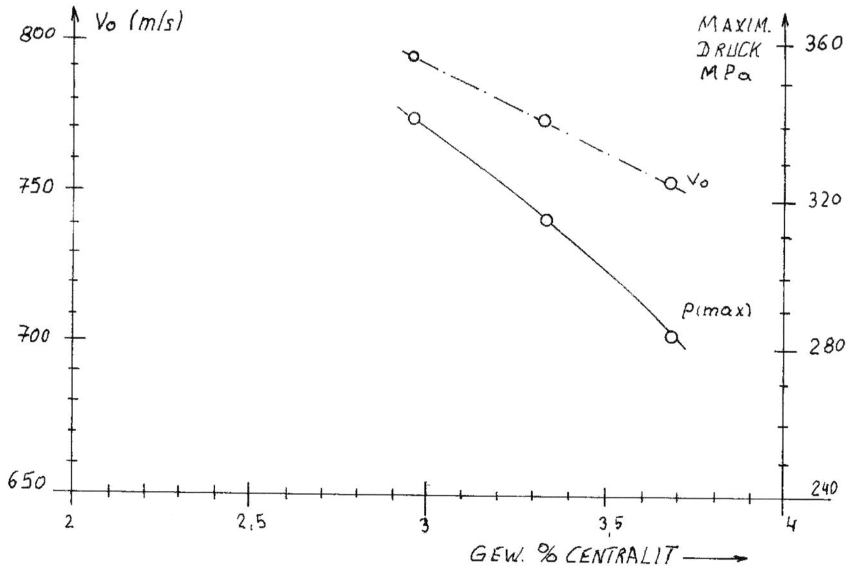

Abb. 101

Was geschieht eigentlich, wenn eine Patrone gezündet wird? Sehen wir uns doch die Vorgänge einmal der Reihe nach an:

1. Der Abzugsstollen gibt den Schlagbolzen frei, der durch die Schlagbolzenfeder nach vorn bewegt wird, bis er auf den Zünder trifft.
2. Die Zündmasse detoniert und schleudert mit großer Geschwindigkeit einen gebündelten Strahl heißer Gase und glühender Partikel auf die Pulverladung.
3. Die Pulverladung wird angezündet. Dabei setzen sich nach und nach Festkörper in Gas um, welches mehr Raum beansprucht. Da dieser zunächst nicht zur Verfügung steht, steigt der Druck.
4. Abhängig von Flächenlast des Geschosses, Grip, Setztiefe, Form des Übergangskegels und des Durchmesserverhältnisses von Lauf und Geschoss beginnt sich dieses bei etwa 10 bis 60 MPa zu bewegen.
5. Je höher der Umgebungsdruck, dem das noch unverbrannte Pulver ausgesetzt ist, desto schneller verbrennt es. In der Folge steigt der Druck schneller an, als das Geschoss Platz schaffen kann.
6. Durch den Druck beschleunigt, nimmt die lineare Geschwindigkeit zu. Im gleichen Maß

beschleunigt sich die durch den Laufdrall verursachte Drehbewegung des Geschosses.

7. Nachdem sich das Geschoss einige Zentimeter bewegt hat, erreicht der Druck sein Maximum. Es wird noch immer weiteres Gas erzeugt, aber jetzt überwiegt die Volumenzunahme. Der Druck sinkt wieder ab. Je nach Abbrandrate des Pulvers dauert es jetzt bei sehr schnellen Pulvern noch etwa 10 % der Lauflänge, bis alles Pulver verbrannt ist. Bei zu langsamen Pulvern kann es sein, dass ein Teil der Ladung erst außerhalb des Laufes verbrennt.
8. Auch wenn der Druck jetzt wieder absinkt, dass Geschoss wird weiterhin beschleunigt.
9. Auf dem Weg zur Mündung schiebt das Geschoss die im Lauf befindliche Luft vor sich her. Außerdem wird es von einem Teil der Gase, denen es gelungen ist, sich am Geschoss vorbeizudrängeln, überholt. (Das ist das sogenannte Gas Cutting.)
10. Diese Gase vor dem Geschoss treten als erste aus dem Lauf aus. Dann folgt das Geschoss, und dann als Mündungsfeuer das Treibgas. Das Treibgas hat zu diesem Zeitpunkt einen Restdruck in der Größenordnung von 10–30 % des Maximaldrucks.
11. Auf eine Entfernung von etwa einem halben Meter wirkt ein Teil der Gase noch immer auf den Geschossboden und beschleunigt das Geschoss weiter. Der weitaus größere Teil wird verwirbelt und überholt das Geschoss.
12. Unregelmäßigkeiten in der Geometrie der Mündung und/oder des Geschossbodens führen dazu, dass das Geschoss auf einer Seite früher vom Gas überholt wird als auf der anderen. Das hat einen seitlichen Versatz, ein Kippen und ein Taumeln des Geschosses zur Folge. Die Seitwärtsbewegung bleibt. Das Taumeln klingt nach 10 bis 20 Metern auf Grund der Drallstabilisierung ab. Auf diesen 10 bis 20 Metern reagiert das Geschoss stärker auf Seitenwind als auf dem Rest der Strecke.

Eben tauchte der Ausdruck Flächenlast (auch: Querschnittsdichte) auf, der uns ja schon auf Seite 82 begegnet ist. Bevor Sie jetzt zurückblättern, hier ist die Definition noch einmal. Der Begriff ist in der Ballistik so wichtig, dass man ihn sich unbedingt einprägen sollte.

Gemeint ist das Geschossgewicht geteilt durch den Querschnitt. Und um es etwas verwirrender zu machen, in der Ballistik lässt man $\varpi/4$ weg. Um auf die in der amerikanischen Literatur veröffentlichen Werte zu kommen, nimmt man das Gewicht in lbs.

Innenballistisch gibt es keinen Formfaktor. Deshalb spielt hier die Flächenlast die gleiche Rolle, wie in der Außenballistik der Ballistische Koeffizient. Und deshalb gilt: Haben zwei Geschosse die gleiche Querschnittsdichte, dann benötigen sie bei vergleichbarer Ladedichte auch das gleiche Pulver. Das Kaliber spielt keine Rolle.

Noch ein paar Worte zur innenballistischen Terminologie. Da gibt es progressive, degressive, offensive, schnelle und langsame Pulver.

Schnell und langsam bedürfen keiner Erläuterung. Ein offensives Pulver ist ein schnell abbrennendes Pulver. Die drei Begriffe beschreiben die Geschwindigkeit, mit der sich das Pulver in Gas umsetzt. Im deutschen Sprachraum wird »progressiv« mit »langsam« gleichgesetzt. Ein progressives Pulver ist hierzulande ein langsames Pulver. Das hat sich so eingebürgert, ist aber verkehrt! Wir haben gesehen, dass man durch die Oberflächenbeschichtung erreichen kann, dass ein Pulver seine Abbrandgeschwindigkeit ändert. Das geht übrigens auch über die Formgebung. Darauf komme ich noch. Ein kugelförmiges Pulver wird mit zunehmender Verbrennung kleiner und erzeugt dann weniger Gas. Ein solches Pulver hat eine abnehmende Abbrandrate. Es ist degressiv. Ein Stangenpulver mit sieben Löchern oder ein oberflächenbeschichtetes Pulver hat eine zunehmende Abbrandrate. Es ist progressiv. Das ist das Verhalten, das mit progressiv beschrieben werden sollte, und so werde ich es im Text auch tun. Ansonsten verwende ich schnell und langsam.

In Abb. 102 sind die Druckkurven für vier verschiedene Pulver mit den zugehörigen Mündungsgeschwindigkeiten dargestellt.

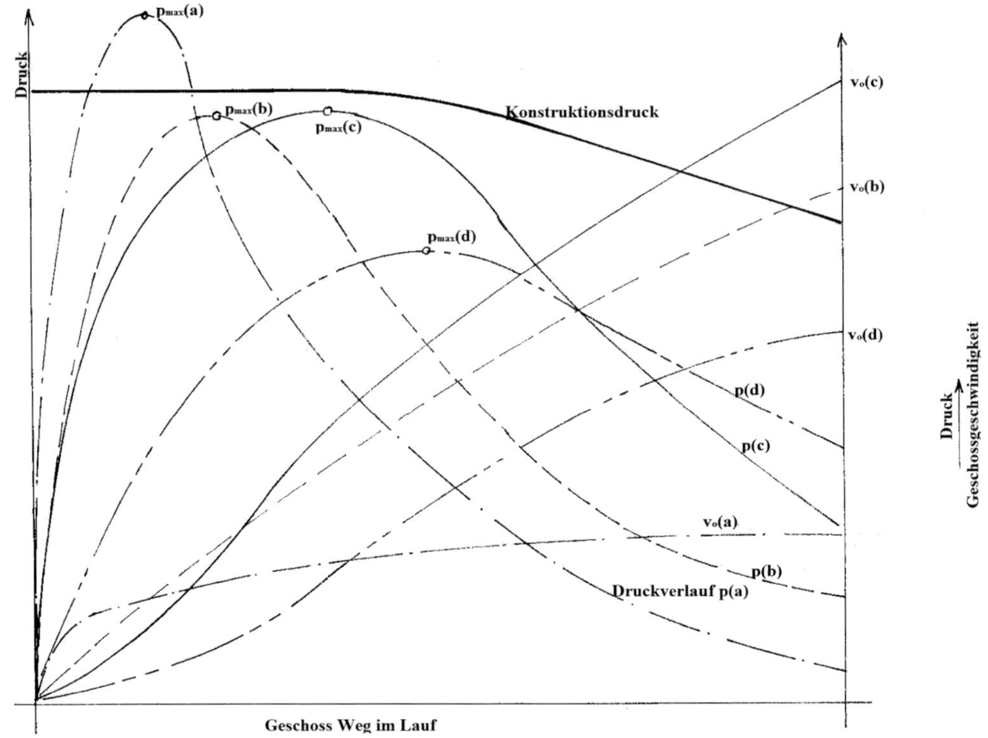

Abb. 102

In der Physik gilt:

$$Energie = Kraft \times Weg$$

In unserem Fall ist die Lauflänge der Weg. Die Kraft ist variabel, aber es gilt zu jedem Zeitpunkt Kraft = Geschossfläche x jeweils herrschender Druck. Genaugenommen muss man hier die Laufreibung abziehen, aber die lassen wir mal außen vor. Da sich die Geschossfläche nicht ändert, ist die Mündungsenergie proportional zum Produkt Druck mal Weg. Und das wiederum ist nichts anderes als die Fläche unter der Druckverlaufskurve.

Wenn man also mit einem Piezokristall die Druckkurve misst und sich einen Ausdruck auf Millimeterpapier macht, braucht man nur noch die Quadrate zu zählen. Man kann auch lauter 1 cm Breite senkrechte Streifen zeichnen, von jedem Streifen die Höhe messen und sie dann addieren. Die Mathematiker unter uns machen die Streifen noch viel schmaler, nehmen den Geschossquerschnitt A wieder an Bord und schreiben für eine Lauflänge von 0,6 m

$$W = \int_{0}^{0,6} pA\,ds$$

mit p = Druck, A = Querschnitt und s = Geschossweg.
Damit haben wir die halbe Miete. Die zweite Gleichung, die man benötigt, um von der Energie auf die Geschwindigkeit zu kommen, ist die Beziehung

$$\text{Energie } W = \frac{\text{Masse} \times \text{Geschwindigkeit}^2}{2} = \frac{m \times v^2}{2}$$

oder

$$v = \sqrt{\frac{2W}{m}}$$

Wenn wir uns die vier Druckkurven in Abb. 102 ansehen, fällt folgendes auf: Der Maximaldruck in Kurve a) (ein zu schnelles Pulver) übersteigt den sicheren Konstruktionsdruck. Trotzdem ist die Mündungsgeschwindigkeit die niedrigste.
Kurve b) zeigt ein für diese Waffe geeignetes Pulver. Der Maximaldruck liegt knapp unter dem zulässigen Wert. Die v0 ist akzeptabel.
Kurve c) erreicht den gleichen Höchstdruck wie b), allerdings etwas später. Dieses Pulver ist aber nicht nur langsamer, es ist auch progressiver. Der Druck fällt längst nicht so stark ab wie bei b). Man braucht keine Mathematik, um zu sehen, dass die Fläche unter der Kurve und damit die v0 größer ist als in b).
In Kurve d) schließlich wurde ein für diese Patrone zu langsames Pulver gewählt. Der maximale Druck bleibt weit unter dem Konstruktionsdruck. Zudem wird er so spät erreicht, dass das Pulver bei Geschossaustritt noch gar nicht restlos verbrannt ist. Ein Großteil der im Pulver enthaltenen Energie leistet deshalb keine Arbeit und verpufft nutzlos. Die v0 bleibt dementsprechend weit hinter den Erwartungen zurück.
Damit ist Pulver c) das Treibmittel unserer Wahl.

Weiter oben wurde schon darauf hingewiesen, dass nicht nur die Oberflächenbeschichtung, sondern auch die Formgebung der einzelnen Pulverpartikel großen Einfluss auf das Abbrandverhalten hat. Die gängigsten Formen sind Flocken, Kugeln, Zylinder, Hohlzylinder und multiple Hohlzylinder mit 7 oder auch 19 Hohlräumen. Letztere interessieren uns hier weniger. Die kommen eher bei Geschützpulvern zum Einsatz, wo die Pulverpartikel sehr viel größer sind.
Flockenpulver brennen degressiv, denn sie brennen ja auch an den Seiten. Wodurch ihre Fläche kleiner wird. Das gleiche gilt für Kugel- und Zylinderpulver. Kugeln werden kleiner, Zylinder noch mehr, da sie nicht nur dünner, sondern auch kürzer werden. Ein einfach perforiertes Pulver brennt beinahe neutral. Es wird dünner und kürzer, dafür nimmt der Innendurchmesser zu. Da dies die häufigsten Pulver für Handfeuerwaffen sind, muss man dem degressiven Verhalten durch entsprechende Additive und Beschichtungen entgegenwirken.
Dass die Abbrandrate von Pulver mit steigendem Umgebungsdruck zunimmt, ist allgemein bekannt. Aber von wie viel reden wir? Eine empirische Umrechnung – man nennt die Formel Vieilles Gesetz oder auch Saint Roberts Formel – besagt:

$$r = Bp^n$$

mit r = lineare Abbrandgeschwindigkeit in mm/s
B = empirische Konstante in mm/sMPa (für Nitrozellulosepulver $\approx$ 0,5–3)
n = empirischer Exponent für den Druck (üblicherweise geringfügig kleiner als 1)

Eine andere Variable ist die Umgebungstemperatur. Wir alle wissen, wenn man einen Patronenkasten im geparkten Auto in der Sonne stehen hat, wird die Ladung im wahrsten Sinne des Wortes heißer. In Zahlen ausgedrückt steigt die lineare Abbrandrate bei einem Temperaturanstieg von 20 auf 50 °C und einem Druck von 400 MPa von vielleicht 400 auf 500 mm/s. Das sind keine in Stein gemeißelten Zahlen. Sie sollen dem Leser lediglich ein Gefühl für die Größenordnungen vermitteln.

Generalisierend kann man sagen: ein Pulver mit einer progressiveren Abbrandrate erlaubt bis zu einer gewissen Grenze höhere Mündungsgeschwindigkeiten bei niedrigerem Maximaldruck.

Auch die Ladedichte hat einen profunden Einfluss. Wenn für die gleiche Menge Pulver weniger Raum zur Verfügung steht, dann wird die entstehende Gasmenge stärker verdichtet. D. h., mit zunehmender Ladedichte nimmt der Maximaldruck zu.

Treibladungspulver in der Praxis

Bisher war von der linearen Abbrandrate die Rede. Genaugenommen ist das ein Wert, der von so vielen Einflussfaktoren abhängt, dass wir als Wiederlader nichts damit anfangen können. Die Pulverhersteller haben deshalb den Begriff der relativen Abbrandrate geschaffen.

Was hat es damit auf sich? Es ist nichts anderes als der Versuch, Pulver untereinander vergleichbar zu machen.

Wie das geht? Nun, man nimmt ein schnelles Büchsen-Pulver wie Viht. N110 oder Hodgdon 110 und gibt ihm die willkürlich gewählte Bezugszahl 100. Nennen Sie das meinetwegen Prozent. Dann zündet man ein anderes Pulver, z. B. Viht. N133, und stellt fest: unter den gegebenen Versuchsbedingungen beträgt dessen Abbrandrate nur 72 (%). Es ist also langsamer. Ein drittes Pulver, diesmal IMR 4227, ergibt einen Wert von 78. Es wird also zwischen den beiden vorhergegangenen angesiedelt. Ein weiteres Pulver (diesmal Unique für Faustfeuerwaffen) ergibt einen Wert von 200. Es ist also deutlich schneller als Viht. N110.

Alle Wiederlade-Handbücher überschlagen sich geradezu darin, uns zu versichern, die Reihenfolge in der Liste der relativen Abbrandraten (s. nachfolgende Tabelle) diene nur als grober Anhalt und dürfe keinesfalls dazu verwendet werden, ein Pulver durch ein benachbartes zu ersetzen. Da haben wahrscheinlich die Hausjuristen die Feder geführt. Im theoretischen Teil haben wir ja schon gesehen, dass Abbrandraten vielen Variablen unterworfen sind. Streng genommen gilt das mit dem Ersetzen auch für ein und dasselbe Pulver, wenn es aus einer anderen Charge stammt oder schon einige Monate gelagert wurde. Selbstverständlich kann man ein Pulver durch einen unmittelbaren Nachbarn in der Liste ersetzen, sofern man die üblichen Sicherheitsregeln (um 10 % reduzierte Versuchsladung) einhält.

Welche Pulver sind denn überhaupt im Angebot? Wer sind die Hersteller? In amerikanischen Handbüchern findet man außer VihtaVuori ja nur amerikanische Marken. Gibt es die hierzulande eigentlich auch, und sind die alle zugelassen?

Zunächst die Hersteller. Die bekanntesten Europäer sind: RWS (Rottweil), Vectan (Nobel Sport, Frankreich), Norma (Schweden), VihtaVuori (Finnland), Lovex (Tschechien) und Reloader Swiss (genau wie die südafrikanische Somchem eine Tochterfirma von Rheinmetall).

Die bekanntesten Amerikaner sind: Hodgdon, Alliant, IMR, Ramshot und Winchester. Außerdem gibt es noch Accurate Arms, aber deren Pulver sind in Deutschland entweder nicht erhältlich oder gar nicht zugelassen. Auch von den anderen Herstellern führe ich lediglich die Pulver auf, die hierzulande erhältlich sind.

VihtaVuori	Norma	RWS	RS	Vectan	Lovex	Hodgdon	Alliant	IMR	Winchester	Ramshot
N310		P805		Ba 10	D013		Bullseye			
					S011					
N320		P801		Ba 9½	S015	Intern'l	Red Dot	700 X		
				AS	D032	TiteGroup		Trailboss		Zip
N32C					S030	HP 38	Green Dot		WC231	
					S020				Autocomp	
N330		P804		A1	S035					
				Ba 9	D036	Universal Cl	Unique			
N340			RS20			HS6				
3N37				AO-Ba 7½		Long Shot	Herco	800 X		True Blue
N350					D037.1					
3N38		P806	RS24	Sp2 Pract			Blue Dot			
N105					D037.2		Steel	SR 4759		
N110			RS30	Ba 6½	S040	H110				Enforcer
					D060		2400		WC296	
				SP 3	S053			IMR 4227		
					D063	Lil'Gun				
N120	N200			TU 2000		H 4198	Reloader7	IMR 4198		
		R901		SP 1	S060	H 322				
					D073.4	Benchmark		IMR 3031		
N130	N201	R902			D073.5	H335				XTerminator
N530			RS40	TU 3000		H4895		8208 XBR		TAC
N133	N202					Varget			WC748	
				SP 9	D073.6	BL-C(2)		IMR4895		Wild Boar
N135		R903			S062	CFE 223		IMR4064		
N140	N203B		RS50			Leverrevolution	Reloader 15	IMR4320		
N540			RS52	SP 11	S065	H380				
		R907		SP 7						
N150	URP			TU 5000						Big Game
N550			RS60			H414	Reloader 17		WC760	
N204		R904	RS62	TU 7000	S070	H4350		4350		
N160							Reloader 19			
N560						H4831SC		4831		
		R905		TU 8000						
N165	MRP	RS70			S071	Superperformance	Reloader 22		Supreme780	
	N217						Reloader 25	7828SSC		
						H 1000				Magnum
N170										
N570			RS80	SP 13						
24N41										
20N29					D100					

Hogdon ist inzwischen der weltweit größte Pulverhersteller. IMR wurde 2003 von Hodgdon übernommen. Im Jahr 2006 übertrug Winchester seine Patente in einem Lizenzabkommen an Hodgdon. IMR- und Winchester-Pulver gibt es demzufolge zwar noch immer, aber montags bis mittwochs produziert die Anlage Hodgdon-Pulver, am Donnerstag IMR und freitags Winchester. Das produzierte Pulver ist natürlich immer das gleiche, nur die Dosen und Aufkleber sind andere.

Im theoretischen Teil haben wir gesehen, dass die Hersteller prinzipiell über zwei Möglichkeiten verfügen, das Abbrandverhalten von Pulver zu beeinflussen: Partikelform und -größe auf der einen Seite und chemische Additive auf der anderen.
Der Leser könnte jetzt einwenden: »Mir egal, wie die das machen. Hauptsache, das Ergebnis stimmt.«
Das ist gleich zweimal falsch.
Kleine, kugelförmige Körnchen benötigen eine Menge Additive. Dafür lassen sie sich prima in volumetrischen Dosiergeräten verarbeiten. Diese Pulver fließen hervorragend, verhaken sich nicht und ergeben genauere Ergebnisse. Für grobkörnige, zylinderförmige Pulver gilt das Gegenteil.
Doch so einfach ist es nicht. Reine Schießbaumwolle verbrennt praktisch rückstandsfrei und entwickelt bei der Verbrennung auch so gut wie keinen Rauch. Für Treibladungspulver gilt das nicht. Die heißen nicht umsonst rauchschwache Pulver. Was da raucht, sind die Additive. Viel Additiv, viel Rauch. Und viel Rauch heißt: viele Ablagerungen im Lauf. Das, was wir gemeinhin als Schmauch bezeichnen. Jagdlich ist das nicht so relevant. Bei Sportdisziplinen, bei denen man nach sieben oder acht Schuss reinigen kann, auch nicht. Bei allen anderen schon. Ein »verrußter« Lauf beeinträchtigt die Präzision.
Auch die Reinheit der Rohstoffe, aus denen das Pulver gefertigt wurde, spielt eine wesentliche Rolle. Manche Produzenten treiben da anscheinend mehr Aufwand als andere. Dass sich das in einem höheren Preis niederschlägt, kann man nachvollziehen.
Ohne einen der oben genannten Hersteller ins Rampenlicht heben zu wollen – die machen alle gute Pulver –: In Hinblick auf einen sauberen, rückstandsarmen Abbrand galt meine persönliche Vorliebe in den letzten Jahren VihtaVuori. (Dies ist übrigens kein gesponserter Einschub.)
Wie ist das mit ein- und zweibasigen Pulvern? Zweibasige Pulver haben mehr Umpf! Und das aus gleich zwei Gründen. Ihre Energiedichte ist zirka 10 % höher (4000 J/g anstelle von 3600 J/g), und sie sind dichter: in einen Kubikzentimeter bekommt man um die 950 mg anstelle von zirka 900). Bei VihtaVuori schwören sie Stein und Bein, dass ihre zweibasigen Pulver dank moderner Additive nicht heißer abbrennen als die einbasigen. Ob das so ganz stimmt, sei dahingestellt.
Wenn man verschiedene Wiederladehandbücher vergleicht und deren Ladedaten gegenüberstellt, kann man ins Grübeln kommen. Die Werte stimmen nicht überein. Es geht noch weiter. Nehmen wir H414 von Hodgdon, das ja auch unter dem Pseudonym Win 760 vermarktet wird. Es ist ein und dasselbe Pulver, aus ein und derselben Produktionsanlage, aber laut Hornady-Handbuch braucht man im Kaliber 7mm Rem. Mag. mit einem 120-grain-(7,78 g)-Geschoss für eine v_0 von 884 m/s 53,0 grn Win 760, aber 54,3 grn H414.
Wenn dann noch jemand hergeht, und die veröffentlichen Werte mit denen auf dem vereinseigenen Chrony F1 Chronographen ermittelten vergleicht, dann dauert es meist nicht mehr lange, bis der Begriff »Mogelei« im Raum steht. Was ist da los? Werden hier tatsächlich Zahlen geschönt? Ich behaupte mal: Nein.
Für die beschriebenen Diskrepanzen gibt es gleich ein ganzes Bündel an Erklärungen. Das beginnt beim verwendeten Chronographen. Der F1 ist ein erstaunliches Gerät, das für wirklich

kleines Geld Messwerte liefert, nach denen man sich vor 50 Jahren die Finger abgeschleckt hätte. Aber lassen wir doch bitte die Kirche im Dorf. Die Messwerte, die das Gerät liefert, werden von den Lichtverhältnissen, der Außentemperatur, dem Luftdruck und möglicherweise auch noch von den Mondphasen oder unserem persönlichen Hormonspiegel beeinflusst.
Ich erinnere zum x-ten Mal daran: Ein Auflösungsvermögen von einem m/s ist nicht gleichbedeutend mit einer Genauigkeit von einem m/s.
Wenn Norma oder RWS oder Heckler und Koch Geschossgeschwindigkeiten messen, verwenden Sie ein Gerät, das nennt sich Doppler-Radar. Und zwar eines von der Sorte, an die Sie als Privatperson gar nicht rankommen. (LabRadar hat inzwischen ein bezahlbares und tragbares Gerät auf den Markt gebracht, das bis zu 100 Meter Reichweite haben soll. Aber mit dem habe ich keine persönlichen Erfahrungen.)
Der Chronograph ist nur die erste Variable. Das Lagerverhalten von Treibladungspulver spielt auch eine entscheidende Rolle. Pulver wird nicht vollständig trocken ausgeliefert. Es enthält noch immer einen bestimmten Prozentsatz der bei der Herstellung verwendeten Lösungsmittel. Man kann das riechen. Dieses Lösungsmittel verflüchtigt sich im Lauf der Zeit. Das Volumen der Pulverkörner bleibt aber gleich. Das bedeutet nichts anderes, als dass unser Pulver im Lauf der Zeit leichter wird. Wenn Sie vier Gramm frisches Pulver abwiegen und den Energieinhalt mit dem von vier Gramm gelagertem Pulver vergleichen? Das gelagerte Pulver hat mehr Power. Das ist der Grund, weshalb es nicht genauer ist, Pulver abzuwiegen. Über die Zeit liefert die Volumenmessung konstantere Ergebnisse.
Ein gutes, möglichst ein kugelgelagertes Pulverfüllgerät ist natürlich Voraussetzung. Ich werde später noch einige Geräte vorstellen. Benchrestschützen jedenfalls benutzen eine Waage – wenn überhaupt – nur zur gelegentlichen Kontrolle.
Keine zwei Geschosse sind wirklich gleich. Ein Flachbodengeschoss dichtet den Lauf besser ab als ein Boattail. Die Folge ist eine höhere v_0. Ein härterer Bleikern erzeugt mehr Widerstand bei der Verformung. Folge: höhere v_0. Ein dickerer Mantel bei einem Jagdgeschoss erzeugt mehr Druck als ein dünnerer Matchmantel. Folge: höhere v_0. Ein Rundkopf mit einem sehr langen, zylindrischen Führungsteil erzeugt viel Reibung im Lauf. Folge: kleinere v_0.
Durchmesser sind verschieden. Dabei spielt es keine Rolle, ob das Geschoss dicker ist oder der Lauf dünner oder beides: Eine um 2,5 µm engere Passage bewirkt einen Druckanstieg um etwa 7 MPa (≈ 70 bar). Das sind knapp 1,75 % vom Maximal- und rund 3,5 % vom Durchschnittsdruck. In m/s ausgedrückt sind das zirka 1 % v_0-Differenz pro 2,5 µm Das kann man nicht mehr vernachlässigen.
Noch eine andere Variable ist die Lauflänge. War der im Handbuch verwendete Lauf kürzer oder länger als unser eigener? Auch da gibt es eine Faustformel. Pro Zentimeter Längenzunahme steigt die v_0 um 3,5 m/s. (Die 3,5 schwanken je nach Patrone zwischen 3 und 3,8 m/s. Das Berger-Handbuch liefert Einzelwerte.)
Mit größter Wahrscheinlichkeit blieb auch der Einfluss der Setztiefe (Freiflug, Ogivenform) unberücksichtigt.
Auch der verwendete Zünder hat einen Einfluss auf die v_0. Ein heißer Zünder mit viel Zündmasse sorgt für höheren Druck als einer, der gerade zur Zündung der Pulverladung ausreicht.
Wenn man sich also vergegenwärtigt, wie viele Variablen da im Spiel sind, dann würde ich bei Abweichungen zwischen meinen und fremden Messwerten erst ganz zuletzt an Mogelei denken.
Damit bin ich bei den Zündern angelangt. Ich denke, das Thema Treibladungspulver ist erst mal abgehakt.

Zünder

Ursprünglich hatte ich vor, an dieser Stelle die Verfahren aufzuzeigen, mit denen man die Ansprechzeit und den Energieinhalt von verschiedenen Zündern messen und sichtbar machen kann. Im Prinzip benötigt man für das Ansprechverhalten und den Druckimpuls eine piezoelektrische Prallscheibe mit einem Oszillographen. Für den Größenvergleich sowie die optische Veranschaulichung der Energie der Zündflamme eine Abschussvorrichtung ohne Lauf in einem abgedunkelten Raum, Millimeterpapier und eine Kamera auf einem Stativ. Man bringt das Millimeterpapier hinter die Abschussvorrichtung, macht das Licht aus, öffnet den Verschluss der Kamera, feuert den Zünder ab und schaltet die Kamera wieder aus. Bereits in Band 1 wurde ein Verfahren vorgestellt, wie man mit Zündern Diabolos über einen Chronographen verschießen kann. Mit der Piezoelektrik kann man den Zeitverlauf der Zündung messen. Alle drei Verfahren sind extrem umständlich, zeitraubend und überdies teuer. Ich bin sicher, keiner meiner Leser würde es nachvollziehen. Also beschränke ich mich auf ein paar Ergebnisse. Auch die sind nicht in Stein gemeißelt, denn schon das nächste Fabrikationslos kann etwas anders aussehen. Aber in diversen veröffentlichten Tests hatten Federal 205M, Fiocchi, CCI BR4 und Rem 7½ in wechselnder Reihenfolge die Nase vorn.

Das Konzept von Patronengesamtlänge und Ogivenkontaktlänge

Im Kapitel für Neueinsteiger ging es an dieser Stelle so richtig los. Ich denke aber, wir sollten für einen Moment innehalten und versuchen, uns über unsere eigene Zielsetzung klar zu werden. Im Schießsport ist es wie in jeder anderen Sportart auch. Wenn wir mehr wollen, als nur sichere und gute Munition zu laden, dann müssen wir etwas dafür tun. Mit einem Sportgerät von der Stange können wir sicherlich »dabei sein«. Aber wenn das für Sie eben nicht »alles« ist, wenn Sie nicht applaudieren, sondern selbst aufs Siegertreppchen wollen, dann reicht das in der Regel nicht.
Wir bleiben bei unserem virtuellen Schützen, der F-Class schießen und mit der gleichen Waffe auch über (sehr) große Entfernungen jagen will.
Unsere Bundesliga-Kicker laufen schließlich auch nicht mit Serientretern von Adidas oder Nike auf. Diese Firmen liefern zwar das Logo, aber zusätzlich auch den Orthopädie-Schuhmacher-Meister, der das Sportgerät dieser Herren anfertigt. Serienlatschen bleiben außen vor.

SAAMI und CIP

Die Größen im Schießsport werden von den Normenausschüssen der SAAMI bzw. der CIP vorgegeben. SAAMI steht für Sporting Arms and Ammunition Manufacturers Institute. Die haben ihren Sitz in den USA. Das europäische Gegenstück ist die CIP, die Commission Internationale Permanente pour L'Epreuve des Armes a Feu Portatives (Ständige internationale Kommission für die Prüfung tragbarer Feuerwaffen).

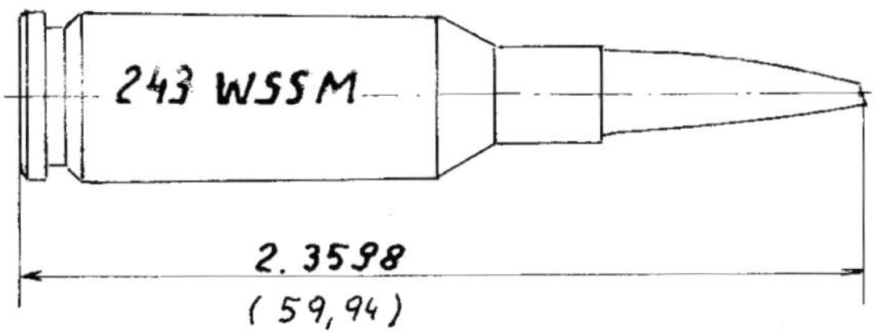

Abb. 103

Eines vorneweg: CIP und SAAMI sind unverzichtbare Institutionen. Wenn es sie nicht bereits gäbe, müssten sie umgehend gegründet werden. Nur durch die Arbeit dieser Ausschüsse wurde sichergestellt, dass eine Patrone von RWS auch in ein Lager von Sako hineinpasst. Andererseits passt trotz – manche sagen auch wegen – der Normung eine 6mm BR Norma nicht in ein Lager 6mm BR Remington.
Was ist da aus dem Ruder gelaufen? Oder ist so was einfach unvermeidlich? Vielleicht ist das wie bei den Dinos, die schließlich so groß waren, dass sie sich nicht mehr anpassen konnten. Nach meinen persönlichen Erfahrungen im Normungsbereich vermute ich, die Antwort ist: Wenn sich etwas seit 100 Jahren bewährt hat, dann sollte man 25-mal nachdenken, bevor man etwas ändert. »Don't rock the boat«. Das mit den 100 Jahren können Sie gern wörtlich nehmen.
Ich selbst habe nie an einer Ausschusssitzung der CIP teilgenommen. Aber ich habe wenig Grund zu der Annahme, dass es da wesentlich anders zugeht als bei den Normenausschüssen, an denen ich teilgenommen habe.
Diese Tagungen fanden ausnahmslos in einem recht luxuriösen Umfeld statt und erstreckten sich über vier bis fünf Tage. Die Teilnehmer waren in aller Regel keine jüngeren Mitarbeiter aus dem Bereich F&E, sondern gestandene Vertriebsleiter, die sich besten darin auskannten, eine Reisekostenabrechnung so zu formulieren, dass sie ohne Rückfragen durchgeht. Jeder einzelne dieser Herren – Damen waren so gut wie nie anzutreffen – war ein absoluter Fachmann, wenn es darum ging, die eigene Vernetzung im »ol' boys network« zu hegen. Entscheidungen getroffen wurden auch, meist unter vier Augen beim abendlichen Martini an der Hotelbar. Offiziell wurden die Tagesordnungspunkte auf der Liste abgearbeitet und gelegentlich eine für alle unverbindliche Vornorm verabschiedet.
Bei mir als nicht ständigem Teilnehmer verfestigte sich der Eindruck, oberste Prämisse war die Zementierung des Status quo. »Don´t rock the boat.«
Ich möchte nochmals betonen, ich rede hier nicht von der CIP, auch nicht von SAAMI. Aber ich wüsste zu gern, warum die es nicht schaffen, beispielsweise eine Norm zur Messung der Länge einer Patrone auf die Beine zu stellen. Und jetzt sind wir mitten im Thema.
CIP gibt die Länge einer Patrone so an wie in Abb. 103 dargestellt. Ich habe als Beispiel die 243 WSSM ausgewählt. Es könnte aber auch jede andere sein. Gemessen wird vom Hülsenboden bis zur Geschossspitze. Die Geschossform ist dabei nicht angegeben.
Diese Art der Längenmessung ist nicht fragwürdig, sie ist falsch. Bei einem Vollmantelgeschoss mit Rundkopf könnte man das so machen. Bei HP-, aber auch bei Spitzer-Geschossen mit freiliegender Bleispitze liefert jede Messung ein anderes Ergebnis.
Wenn Sie sich die Ausführung der Spitze des gezeichneten Geschosses genau ansehen, wird Ihnen auffallen: da hat der Zeichner nicht ganz exakt gearbeitet. Hat er doch. Die gezeichnete Form entspricht ziemlich genau der Realität. (Deshalb werden Geschossspitzen ja nachgedreht bzw. in einer BCI-Matrize nachgearbeitet.)
Die sogenannte COL (in manchen Büchern auch COAL) = Cartridge Overall Length jedenfalls ist schlicht nutzlos. Aber damit fängt der Spaß erst richtig an. In Abb. 104 sehen Sie drei Patronen gleicher Länge mit drei gleich schweren Geschossen unterschiedlicher Kopfform.

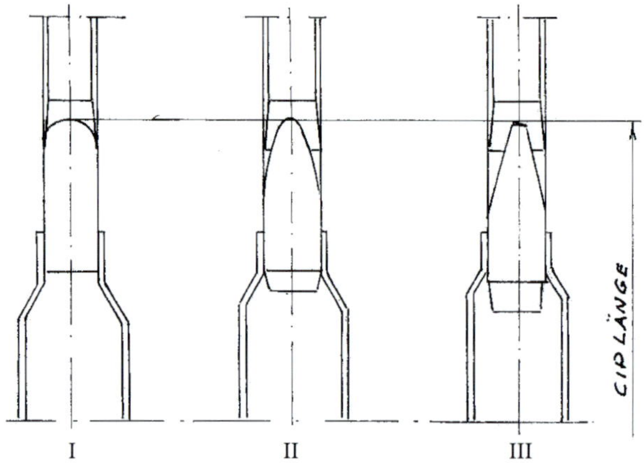

Abb. 104

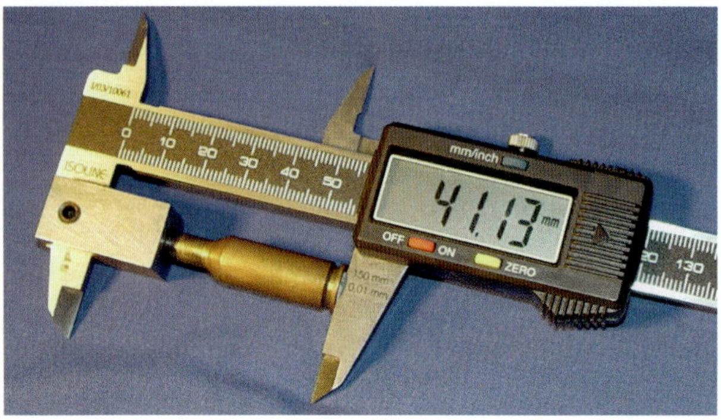

Abb. 105

I	=	Ogive mit 0,5 Kalibern
II	=	Ogive mit 6 Kalibern
III	=	Ogive mit 22 Kalibern

Diese Art der Längenangebe hat letztlich gleich zwei Konsequenzen. Erstens geht bei Patrone III viel wertvoller Innenraum der Hülse verloren. Das ist nur die halbe Geschichte. Nehmen wir an, Patrone I liegt gerade am Übergangskegel an. Dann hat Patrone II viel und Patrone III sehr viel rotationslosen Freiflug. Die Konsequenzen bei Geschossen mit Sekanten-Ogive sind bekannt. Das Ding fliegt weiß Gott wohin, nur nicht ins Ziel.

Langer Rede kurzer Sinn: Sie benötigen ein Messgerät, mit dem Sie die Länge Ihrer Patrone in Bezug auf die Anlagefläche der Ogive messen (Abb. 105) . Ich nenne diese Länge die OKL = Ogiven-Kontakt-Länge. Die entsprechenden Aufsätze für den Messschieber gibt es im Fachhandel. In Band 1 finden Sie eine Zeichnung, falls Sie sich so ein Ding selbst machen wollen. Keine zwei Aufsätze sind genau gleich, und die Übergangskegel zweier Patronenlager sind es auch nicht. Deshalb sind die OKLs, die sie mit einem Messkopf ermittelt haben, auch nicht auf einen anderen übertragbar. Das macht aber nichts. Die Wiederholgenauigkeit ist gewährleistet, solange sie denselben Messkopf verwenden.

Ermittlung der optimalen Setztiefe

Bei einer neuen Waffe sollte man umgekehrt vorgehen. Der übliche Weg ist ja der: Wir haben ein gegebenes Patronenlager und wählen die Setztiefe so, dass wir die besten Schussergebnisse erzielen. Unser virtueller Schütze mit seiner 6mm Dasher geht einen anderen Weg.

Über lange Distanzen hat sich im Kaliber 6 mm ein Gewicht von 105–108 grn (6,80–7,00 g) als optimal erwiesen (für 6,5 mm sind 140 grn = 9,07 g das Optimum). Da Sekantengeschosse ausgesprochen zickig auf geringste Änderungen der Setztiefe reagieren, nimmt er ein Hybridgeschoss mit Doppelogive.

Wenn Sie die Möglichkeit haben, gehen Sie den unüblichen Weg: Wählen Sie die Setztiefe so, dass Sie optimale Raumverhältnisse in Ihrer Hülse schaffen. Danach lassen Sie Ihren Büchsenmacher das Patronenlager an diese Setztiefe anpassen!

Zunächst einmal wird die optimale Setztiefe durch das Geschoss-Heck bestimmt (Abb. 106). Wir wählen die Setztiefe so, dass der Beginn des Boattails ein wenig oberhalb eines möglichen Donuts liegt.

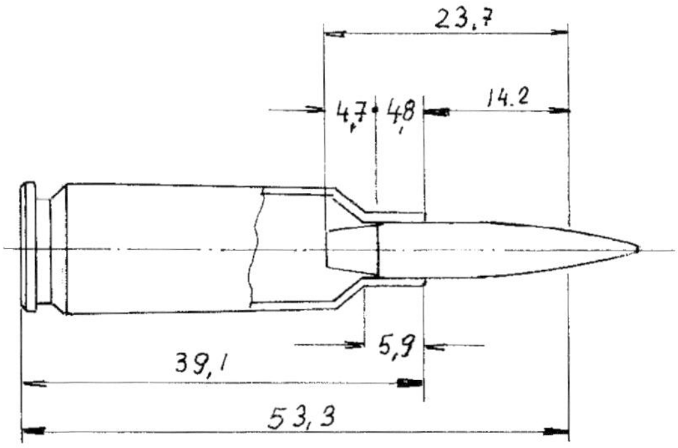

Abb. 106

Annahme: Unser Geschoss habe eine OKL von 23,7 mm, der Boattail sei 4,7 mm lang. Die Hülsen hatten eine Trimmlänge von 39,1 mm. Der (getrimmte) Hals ist 5,9 mm lang. Deshalb wählen wir eine Setztiefe von 4,8 mm. 4,7 + 4,8 ergeben eine Gesamtsetztiefe von 9,50 mm. Damit wird die Gesamtlänge unserer Patrone (bezogen auf die Ogive) OKL = 39,1 + 23,7 - 9,5 = 53,3 mm. Das ist die Länge, mit der wir das Optimum aus der Patrone herauskitzeln können. Wir gehen also zu unserem Büchsenmacher, drücken ihm unsere Skizze in die Hand und beauftragen ihn, das Patronenlager so zu schneiden, dass bei dieser Patronenlänge (dazu müssen wir unseren Messschieber mit übergeben) unser Geschoss (der Mann braucht ein Muster) gerade die Felder berührt.

Vermessen des Patronenlagers

Wenn wir eine Waffe »von der Stange« gekauft haben, müssen wir deren Patronenlager vermessen. Entspricht es unseren Vorstellungen? Fein. Wenn nicht? Es kostet nicht die Welt, das Lager vom Büchsenmacher nach unseren Vorstellungen nachsetzen zu lassen.
Wie vermisst man ein Patronenlager? Da gibt es drei Wege.

1. Sie nehmen eine leere Hülse, laden mit einem Geschoss mit immer kleiner werdenden OKL, bis Sie an dem Punkt angekommen sind, an dem sich der Verschluss gerade noch mit einigem Kraftaufwand schließen lässt. Wenn sie diese Dummypatrone wieder entnehmen, hat sie die Feldanlagelänge. Oder auch nicht. Es kann nämlich passieren, dass sich das Geschoss so sehr in den Zügen verkeilt, dass es bei der Entnahme wieder ein Stück herausgezogen wird. Unter Umständen hilft ein klein wenig Fett.
   Genauer wird diese Art der Messung, wenn Sie wirklich in allerkleinsten Schritten tiefer stellen, sodass Sie im Arbeitspunkt nur wenig Druck brauchen, um den Kammerstängel nach unten zu drücken. Ein wenig Ruß auf dem Geschoss zeigt Ihnen nicht nur, ob alle Felder gleichförmig anliegen, sondern über das Länge-zu-Breite-Verhältnis auch, wie tief sie gesetzt haben. Bei diesem Versuch nach Möglichkeit mit ausgebautem Schlagbolzen arbeiten. Sie haben dann ein feineres Gefühl.
2. Die zweite Möglichkeit ist die Verwendung eines handelsüblichen Messgerätes. Die Dinger wurden früher von Stoney Point gemacht. Inzwischen hat Hornady die Lizenz erworben. Die Genauigkeit ist nicht besser als nach Methode 1, da man am Schluss gezwungen ist, etwas schräg zu messen.
3. Dann gibt es noch die in Band 1 bereits vorgestellte Methode mit dem Messschloss. Das ist im Prinzip ein passender Zylinder mit Kammerstängel mit einer 5-mm-Bohrung, in der

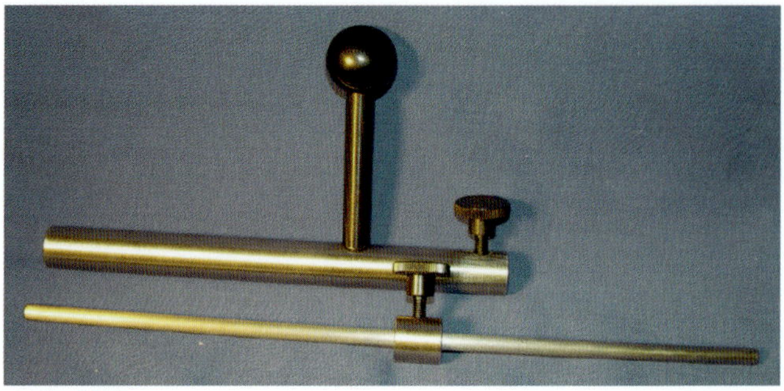

Abb. 107

eine längsverschiebbare Stange steckt (Abb. 107). Die Anwendung geht so: Mann stellt die Waffe senkrecht auf die Mündung und steckt ein Geschoss ins Patronenlager. Dann kommt das Messschloss ins System, und die Mess-Stange wird vorsichtig auf das Geschoss abgesenkt. Das Eigengewicht ergibt gerade den richtigen Druck.
Den Schieber auf der Stange so weit absenken, dass er auf dem Messschloss aufliegt. Schieber feststellen. Messschloss und Geschoss entnehmen. Leere, feuergeformte und kalibrierte Hülse ins Patronenlager geben. Messschloss wieder ins System einführen. Die Stange liegt jetzt auf dem Hülsenboden auf. Stange mit der zweiten Klemmschraube im Messschloss festsetzen. Der Abstand zwischen Messschloss und Stangenschieber ist gleich dem Abstand zwischen dem Hülsenboden und dem Geschossboden. Dieses Maß zuzüglich OKL des Geschosses ist OKL der Patrone bei Feldanlage.
Das Ganze klingt wirklich komplizierter als es ist, und so ein Ding kann man sich wirklich leicht selbst herstellen.

Diese Feldanlagelänge ist bei vielen Waffen die Länge, die auch am besten schießt. Nicht bei allen. Und nicht mit allen Geschossen. Wie schon erwähnt, sind da gerade VLD-Geschosse (Very Low Drag) empfindlich. Eine Variation von 0,1 mm kann da der Unterschied zwischen »Gut und Böse« sein. Um das Optimum zu erreichen, muss man bei diesen Geschossen nach der Ladeleiter für die Ladung noch eine zweite für die Setztiefe schießen. Und da der Übergangskegel ja durch Flammerosion langsam wegbrennt, muss man die Setztiefe eventuell alle 500 Schuss neu ermitteln. Meine persönliche Meinung zu dem Thema ist ziemlich klar. Ich lasse die Finger von den Dingern und schieße Hybrid, die übrigens sogar einen noch besseren Luftwiderstand haben. Der Unterschied ist nicht groß, aber niemand hat was zu verschenken, wenn er vorn stehen will.

Schießen einer Ladeleiter für die Setztiefe

Zunächst mal schießen wir diese Ladeleiter nach der für die Ladung. Dann nehmen wir je drei Patronen und laden mit: Feldkontakt, 0,15 mm Freiflug, 0,3 mm, 0,45 mm und 0,6 mm. Wer will, mag auch noch 0,75 und 0,9 ausprobieren. (Bei VLD-Geschossen nehmen Sie auch noch 1,05 mm.) Eine dieser Längen wird besser schießen als die anderen. Wenn Sie Zeit und Gelegenheit haben, schießen Sie den Test einmal über 100 und einmal über 300 Meter. Es steht nicht fest, dass dieselbe Länge über beide Entfernungen das beste Ergebnis erbringt.
Haben Sie herausgefunden, dass Ihre Waffe mit Ihrer Ladung und Ihrem Geschoss beispielsweise bei 0,3 mm am besten schießt, dann laden sie noch einmal, diesmal mit einem Freiflug von 0,25 mm, 0,30 mm und 0,35 mm.
Sollte bei Ihrer Waffe der sweet spot der Druck-Lagerleiter zufällig bei der Maximalladung liegen, dann ist zu bedenken, dass Sie durch das Tiefersetzen des Geschosses den Druck noch

mehr erhöhen. Sie werden die Ladung etwas reduzieren müssen. Auf jeden Fall werden Sie überprüfen müssen, ob sich der sweet spot, den Sie bei der Ladeleiter für die Ladung gefunden haben, mit Änderung der Setztiefe verschoben hat. Das ist gut möglich, da sie durch den rotationslosen Flug weniger Druck entwickeln. Die größere Setztiefe erhöht den Verbrennungsdruck allerdings. Welcher Faktor überwiegt und ob sich das überhaupt bemerkbar macht, ist unmöglich vorauszusagen.
Damit genug der Theorie. Schauen wir unserem Widerlader dabei zu, wie er seine 6mm Dasher lädt.

Laden mit Handmatrizen

Fassen wir zusammen. Unser Wiederlader hat die Hülsen. Die sind fertig feuergeformt. Nehmen wir an, der alte Zünder steckt noch drin. Die Hülsenwandung ist auf 0,250 mm abgedreht.
Bei den Zündern hat er sich für Federal 205 M entschieden.
Pulver: Der Händler hatte Viht. N550 vorrätig. Dessen Maximalladung hat gemäß Berger-Handbuch bei CIP-Setztiefe eine Ladedichte von 100 %. Bei Reloader 15 (ebenfalls ein zweibasiges Pulver) liegt die Ladedichte bei nur 93 %. Da haben wir noch Reserven. Eine weitere Reserve bietet unser länger gesetztes Geschoss, das Raum für zusätzliche 1,25 grn bietet, ohne dass wir die Ladung komprimieren müssten. Pulver der Wahl ist also Reloader 15 von Alliant.
Zurzeit scheint niemand handgemachte 6-mm-Geschosse in 105 grn anzubieten. Die nächstbeste Lösung sind Berger-Match-Geschosse 6 mm, 105 grn, mit Hybridogive und Boattail.
Fangen wir an:

1. Hülse rekalibrieren und entzündern

Abb. 108

Das ist ein Arbeitsgang. Wir verwenden dazu eine Rekalibriermatrize vom Wilson-Typ (Abb. 108 und Abb. 54 rechts). Dazu wird die Hülse zunächst mit dem Krazy Kloth abgerieben. Dann wird der Hals von innen mit einer Bronzebürste gereinigt. Im Hals- und Schulterbereich wird sie mit ein wenig Hülsenwachs leicht gefettet.
Unser Wiederlader benötigt nur einen leichten Grip, da er die Waffe als Einzellader schießen wird. 0,03 mm sollten ausreichen. Die Berechnung der Kalibrierringgröße geht wie gehabt (vgl. S. 72 f.):

$$\varnothing_{K\text{-}Ring} = \varnothing_{Geschoss} + 2 \times Wanddicke_{Hals} - (Grip + 0{,}025)$$

In Zahlen sind das:

$$\varnothing = 6{,}17 + 2 \times 0{,}25 - (0{,}03 + 0{,}025) = 6{,}615\ mm = 0{,}2604\ Zoll$$

Wir nehmen einen 260er Ring und setzen ihn mit der Schrift nach oben in die Matrize.

Wünschen Sie etwas weniger Grip, nehmen Sie den 261er Ring und setzen ihn mit der Schrift nach unten ein. Die Kalibrierringe sind ein ganz klein wenig konisch ausgeführt. Schrift nach unten bedeutet, dass der Ring auf ganzer Länge mit der engsten Stelle kalibriert. Das macht knapp eine halbe Größe Unterschied.
Wir stecken also die Hülse in die Matrize und drücken einmal mit der Dornpresse (Abb. 55). Die Hülse ist jetzt kalibriert.
Matrize umdrehen, sodass der Auswerferstift nach oben zeigt. Noch einmal drücken, und die Hülse ist entzündert und wird ausgestoßen.

2. Zündglocke reinigen

Geht am besten mit einem Zündglockenfräser (Abb. 52). Dieser Arbeitsgang ist nicht zwingend. Die meisten machen es aber.

3. Zünder setzen

Tun Sie sich einen Gefallen und geben etwas mehr für das Setzgerät aus. Das von Sinclair (Abb. 60) ist Top. Es vermittelt hervorragendes Feedback.

4. Hülse entfetten

Nach dem Kalibrieren wird das Hülsenwachs wieder mit einem nicht fusselnden Tuch abgerieben.

5. Pulver füllen

Über Pro und Contra Wiegen versus volumetrisches Dosieren habe ich mich ja schon ausgelassen. Volumetrisch geht schneller, ist genauer und teurer. Die besten Geräte macht Harrells (Abb. 109). Entwickelt wurden Sie ursprünglich von einem Mr. Culver (daher der Name Culver-measure). Der hat ursprünglich die Schlichtgeräte mit einer besseren Messtrommel versehen, bis er dann eigenständige Dosiergeräte baute. Aber ich glaube, der Mr. Culver ist schon seit längerem tot.
Die Harrell-Dosierer haben eine unverrückbare Rastenverstellung, die eine sehr feine Dosierung erlaubt. Die Messtrommel läuft in Kugellagern und hat einen butterweichen Schlossgang. Das Einzige, was manchmal hakt, sind sehr grobe Stangenpulver mit langen Zylindern. Für eine gleichbleibende Füllmenge ist es ratsam, in einen festen Laderhythmus zu verfallen. Etwa so: Hebel nach oben, einmal am Anschlag »anklopfen«, Hebel nach unten, eine halbe Sekunde warten, dreimal am unteren Anschlag anklopfen, um sicherzustellen, dass die Messtrommel vollständig entleert ist. Hebel nach oben. Nächste Hülse.
Wenn wir Hülsen haben, die zu 100 % oder mehr gefüllt werden, hilft es, ein extra langes Fallrohr zu verwenden. Damit bekommt man etwas mehr Pulver in die Hülse.

Abb. 109

6. Geschoss setzen

Dazu verwenden wir die zweite unserer Wilson-Matrizen. (Abb. 54, links). Durch einige Versuche stellt man fest, welche Länge die Setzspindel braucht, um die gewünschte Setztiefe zu erzielen (Abb. 110). Diese Länge wird notiert.

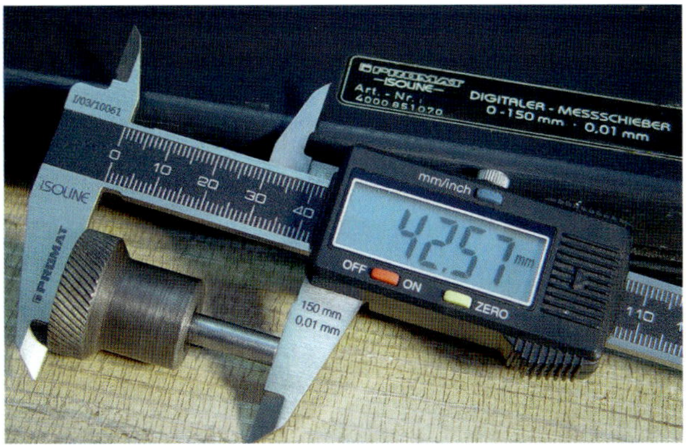

Abb. 110

Abb. 111

Der eigentliche Setzprozess ist denkbar einfach. Die mit Pulver gefüllte Hülse und das Geschoss mit der linken Hand in der Dornpresse aufstellen. Mit der rechten die Matrize »darüberstülpen«. Matrize nach unten schieben, bis sie aufliegt. Dabei schiebt sich der Setzstempel nach oben. Presse kurz betätigen. Mit der Hand den Setzstempel nach oben ziehen und noch einmal nach unten drücken.

Die Stempelführung ist eng genug, dass die Hülse jetzt pneumatisch ausgestoßen wird. Tut sie das ausnahmsweise nicht, hilft ein kleiner Schraubendreher, mit dem man in die Ausziehrille greift und die Hülse aus der Matrize hebelt.

Im Prinzip war es das schon. Es gibt aber noch etwas anzumerken. Bei jedem Abfeuern der Hülse wird die Hülsenwand mit 400 MPa an die Wandung des Patronenlagers gepresst. Die Hülse besteht aus Messing, und das ist vergleichsweise weich. Folge: das Material fließt, nach vorn und auch nach hinten. Auf jeden Fall wird die Hülse ein wenig länger. Das ist nicht viel, aber nach 10 bis 20 Schuss kann es sein, dass sich der Verschluss nur noch schwer schließen lässt. Dann muss man nicht nur die Hülsenlänge nachtrimmen, sondern auch die Schulter zurücksetzen. Dazu gibt es eine spezielle Schulter-Matrize (engl. shoulder bumper, Abb. 111), die genau das tut. Sie lässt die Hülse in Ruhe und drückt lediglich die Schulter so weit zurück, dass die Hülse wieder »passt«. Wie oft man das macht, ist Ansichtssache. Dieser Autor macht es nach jedem Schuss. Der Betrag ist dann so gering, man merkt es gar nicht. Ich versuche damit, die Schuss-zu-Schuss-Variation so gering wie möglich zu halten. Ich muss aber zugeben, dass ich mit dieser Vorgehensweise ziemlich allein auf weiter Flur stehe. Die meisten warten, bis es erforderlich ist.

Schießen und Auswerten einer Ladeleiter

Bei der Ermittlung der Setztiefe habe ich so getan, als hätten wir die Ladeleiter für den Druck schon geschossen. Haben wir aber nicht. Jedenfalls nicht für das Beispiel der 6mm Dasher.

Im Prinzip geht es natürlich genauso wie auf Seite 47 bis 49 beschrieben. Weil es aber ein wichtiger Punkt ist, um das Maximum aus Waffe und Munition herauszuholen, wiederhole ich mich:

Das Berger-Handbuch listet für das 105-grn-Geschoss eine Anfangsladung von 27,0 grn Reloader 15 und eine Maximalladung von 31,5 grn. Wir laden also fünf Schuss mit 30 grn (2 Ölschüsse). Unser Geschoss ist länger gesetzt als bei CIP, deshalb können wir mit einer höheren Startladung anfangen.

Es folgen je 3 Schuss mit:

30,5 Grain
31,0
31,75
32,0
32,25
32,5
32,75
33,0
33,25
33,5
33,75
34,0

Bei der Ladeleiter geht es darum, die Ladung an die Schwingungen des Laufs anzupassen. Nehmen wir vereinfacht an, die Laufmündung schwingt von oben nach unten. In der Mittellage hat sie die größte Vertikalgeschwindigkeit (die sich ja auf das Geschoss überträgt), während die Mündung in den Endlagen für einen gaanz kurzen Augenblick zum Stillstand kommt. Wir suchen genau die Ladung, bei der das Geschoss im »Stillstandspunkt« die Mündung verlässt. Das sind die sogenannten sweet spots.

Es ist übrigens für die Ladeleiter nicht zwingend, drei Schuss abzugeben. Man kann sich mit einem begnügen. Dann haben wir über den Vergleich zur Treffpunktlage der benachbarten Ladungen einen sweet spot oder nicht. Das beschriebene Verfahren mit drei Schüssen gibt uns aber zusätzlichen Aufschluss über die Variationsbreite der Schwingung.

Wir haben also 41 Schuss, von denen die letzten drei Gruppen nicht bei glühender Hitze geschossen werden sollten. Alles, was über Anzeichen von hohem Gasdruck geschrieben wurde, gilt nach wie vor, egal wie lange Sie schon dabei sind. Also nehmen Sie nicht nur eine Lupe mit auf den Schießstand, sondern vor allen Dingen eine Mikrometer-Messschraube.

Man kann die Ladeleiter auf eine Standardscheibe oder auch auf eine mit sechs oder mehr Scheibenspiegeln schießen. Im ersten Fall schießt man jeweils drei Schuss und notiert Gruppenmaß und -lage, um die Schusslöcher dann abzukleben.

In unserem Fall ziehen wir es vor, auf ein DIN-A3-Blatt 12 nummerierte schwarze Kreuze zu zeichnen und auf ein DIN-A4 ein dreizehntes. So ausgerüstet, gehen wir auf den Schießstand. Der Wetterbericht hat einigermaßen Windstille versprochen. Selbstverständlich schießen wir sitzend oder liegend aufgelegt. Wir wollen die Munition und das Schwingungsverhalten unseres Laufes messen, nicht uns selbst.

Wir feuern auf Kreuz 1 einen Ölschuss. Haltepunkt ist das Zentrum. Wir lassen – wie vor allen nachfolgenden Schüssen auch – die Waffe mit offenem Verschluss eine Minute abkühlen. Vor dem zweiten Ölschuss richten wir die Waffe wieder auf das Zentrum. Ohne die Lage der Waffe im Geringsten zu verändern, bewegen wir das Absehen des ZF auf das erste Schussloch. Die

Waffe schießt jetzt (mit dieser Ladung) dorthin, wo wir hinsehen. Wir feuern wieder auf Kreuz eins den zweiten Ölschuss. Dann folgen (immer mit einer Minute Pause) die nächsten drei Schuss. Die nächsten drei Schuss gehen auf Kreuz Nr. 2. Wir halten immer auf denselben Zielpunkt. Das ZF wird nicht nachgerichtet. Bei wechselnden Windverhältnissen warten wir. Falls es doch passiert, dass der Wind uns verbläst, notieren wir das.
Spätestens ab 32 grn ist es angesagt, die Hülsen mit dem Mikrometer zu vermessen. Alle anderen Anzeichen von Hochdruck (S. 45) verfolgen wir natürlich genauso akribisch.
Nehmen wir an, bei 33,75 ist die Maximalladung für unsere Kombination erreicht. Dann nehmen wir die drei Patronen mit 34 grn Ladung wieder mit nach Hause und entladen sie dort.
In dem Fall haben wir also ein Blatt mit 38 Schusslöchern, das so aussieht wie in Abb. 112 dargestellt. Es gibt offensichtlich drei Ladungen mit akzeptablem Ergebnis. Die Gruppen 2 und 3, 8 und 9 sowie 11 und 12 liegen eng beieinander. Das sind gleich drei sweet spots, in denen eine leichte Variation der Ladung keine größere Veränderung der Treffpunktlage bewirkt. Im Interesse einer möglichst gestreckten Flugkurve wählen wir eine Ladung von 33,75 Grain, wenn es etwas kühler ist, und 33,5 Grain bei höheren Temperaturen.
Bitte nicht vergessen. Dies ist ein Beispiel mit einer extrem lang gesetzten 6 mm Dasher, die nicht mehr CIP-Maßen entspricht. Es ist keinesfalls möglich, diese Ladung auf eine genormte 6 mm Dasher zu übertragen.

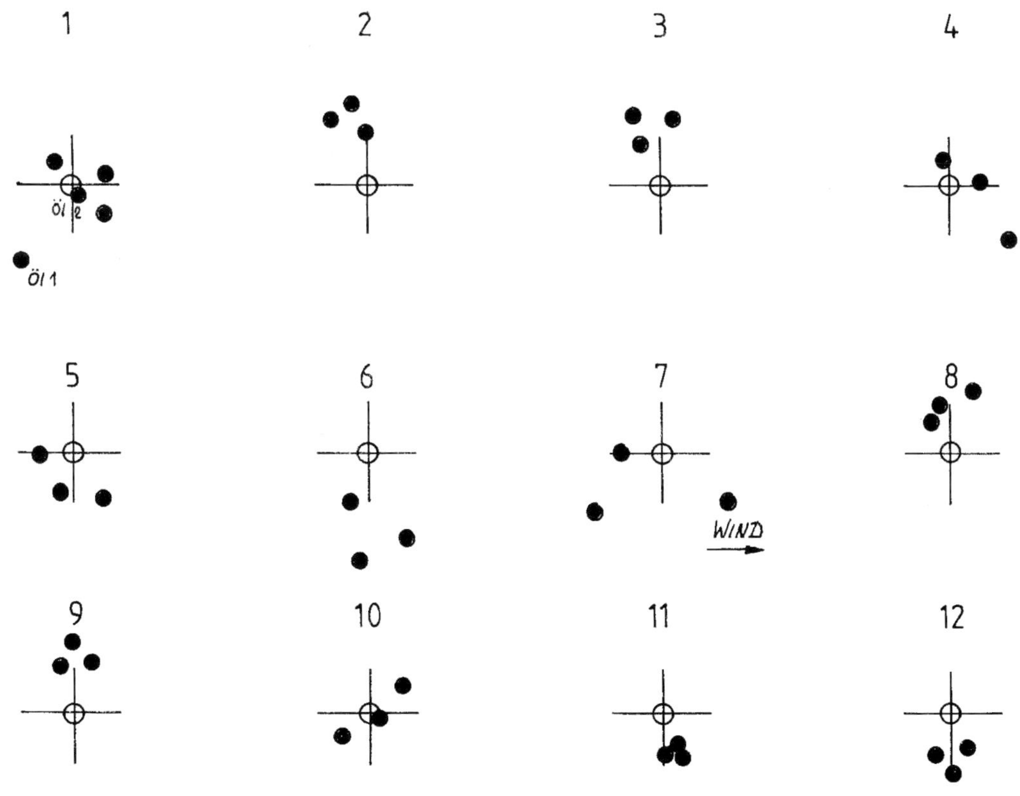

Abb. 112

Teil 3: Ballistik

Praktische Außenballistik

Die Ballistik wird gemeinhin in Innen-, Abgangs-, Außen- und Zielballistik aufgedröselt. Zur theoretischen Innenballistik habe ich mich recht ausführlich in Band 1 ausgelassen. Die praktische Innenballistik wurde auf den vorhergehenden Seiten ebenfalls behandelt. Zur Abgangsballistik sei nur noch einmal wiederholt: All die kolportierten Vorzüge abgesetzter Bootsheckgeschosse bestehen mehr oder weniger in der Phantasie der Verfasser. Alles, was ein » rebated boattail« kann, kann ein Flachbodengeschoss besser. Zur Außenballistik (in Praxis und Theorie) komme ich noch. Bleibt die Zielballistik.

Die sollte in einem Buch wie diesem eigentlich am Anfang stehen. Warum schießen wir? Was wollen wir erreichen? Das sind Fragen, die vor der Beschaffung einer Waffe geklärt sein müssen. Andererseits ist eine auch nur halbwegs erschöpfende Behandlung des Themas nur möglich, wenn Begriffe wie der Ballistische Koeffizient zumindest schon mal angerissen wurden. Bei mir kommt das Thema also in der Mitte an die Reihe.

Zielballistik ist keine exakte Wissenschaft. Es gibt zu viele Unwägbarkeiten wie Schussplatzierung, Adrenalinspiegel beim Schützen wie beim Getroffenen und den Stand der Gestirne.

Zunächst einmal müssen wir unterscheiden zwischen Faustfeuerwaffen für die Selbstverteidigung bzw. für die Jagd auf der einen und Langwaffen für die Jagd bzw. für den taktischen Einsatz auf der anderen Seite.

Sportschützen brauchen keine Zielballistik. Ihnen reicht es, wenn das Geschoss auf einer möglichst vorhersehbaren Flugbahn das Ziel erreicht und dann ein Stück Papier durchschlägt. Eine Ausnahme hiervon sind die »Metallic Silhuette«-Schützen. Bei denen muss das Geschoss genügend Bumms mitführen, um eine größere Stahlplatte umzuwerfen.

Mannstoppwirkung bei Faustfeuerwaffen

Faustfeuerwaffen für die Selbstverteidigung müssen hinreichend Mannstoppwirkung haben. Ob sie tödlich wirken, ist in dem Augenblick, da sie benötigt werden, unerheblich. Wenn ein Terrorist das Magazin seiner AK 47 auf Sie leerschießt, dann wollen Sie, das er stoppt. Augenblicklich. Das gleiche gilt, wenn jemand ein Beil schwingend Ihr Äußeres korrigieren will. Sie wollen ihn stoppen. Wenn er das überlebt, auch gut. Aber im Moment wollen Sie ihn stoppen. Wenn Sie für die Mafia oder den Mossad tätig sind, brauchen Sie keine 45er. Eine 22er aus dem 3-D-Drucker müssen Sie nicht durch den Zoll schmuggeln, und deutlich weniger Lärm macht sie auch noch. Aber um einen Angreifer zu stoppen, brauchen Sie Kaliber. Bei Automobilen sagte man früher: Hubraum ist durch nichts zu ersetzen. Da stimmt das nicht mehr. Beim Kaliber von Faustfeuerwaffen aber sind diverse Polizeibehörden, die einer Empfehlung des FBI und der Streitkräfte folgend auf die 9mm Beretta umgestiegen sind, gerade dabei, ihre Beamten wieder mit Kaliber 40 oder größer auszurüsten.

Das Hauptargument des FBI ist es, die 45 ACP sei deutlich schwieriger zu beherrschen als eine 9-mm-Pistole. Dem möchte ich entgegenhalten: Jemand, der sich nicht die Zeit nimmt, so

lange zu trainieren, bis er die Waffe im Schlaf beherrscht, sollte überhaupt gar keine Waffe tragen.
Was macht die Mannstoppwirkung aus? Die Briten – das war noch zu Webleyzeiten – brachten einmal folgenden Vergleich. Wenn man mit voller Kraft mit der Faust gegen eine schwere, offene Safe-Tür schlägt, bricht man sich wahrscheinlich die Hand; die Tür wird sich dabei aber keinen Deut bewegen. Lehnt man sich mit der Schulter dagegen und schiebt, dann schließt sie sich. Auf Revolver-Geschosse übertragen bedeutet das: Niedrige Geschwindigkeit und großes Gewicht bringen mehr als umgekehrt. Oder politisch korrekt ausgedrückt: Die Mannstoppwirkung einer Faustfeuerwaffe beruht mehr auf dem Impuls als auf der Energie.
Auf die beiden komme ich gleich zurück. Im Moment nur so viel: Der Impuls p (oder die Stoßkraft) ist das Produkt aus Masse und Geschwindigkeit:

$$p = m \times v$$

Die kinetische Energie E eines bewegten Körpers dagegen ist

$$E = \frac{m \times v^2}{2}$$

Man sieht, beim Impuls gehen Masse und Geschwindigkeit zu gleichen Teilen ein. Bei der kinetischen Energie dagegen wirkt die Geschwindigkeit im Quadrat.
Es scheint, als sei bei Faustfeuerwaffen der Übergang von Klein- auf Großkaliber nicht fließend. Ein Babybrowning cal. 6.35 ist zur Verteidigung ungeeignet. Wenn der Angreifer mit Adrenalin vollgepumpt ist, bemerkt er so einen Treffer möglicherweise nicht einmal. Die gleiche Erfahrung machten die amerikanischen Soldaten im amerikanisch-philippinischen Krieg 1899–1902. Die GIs waren damals mit 38er Revolvern ausgerüstet, mit denen sie die Moros wohl trafen, aber nicht stoppten. In ihrer Verzweiflung erinnerten sich die Herren bei der Heeresleitung gerade noch rechtzeitig daran, dass es mit dem Vorgängermodell im Kaliber 45 diese Probleme nicht gegeben hatte. Nachdem man die Truppe mit den Altbeständen, die noch gelagert waren, ausgerüstet hatte, war das Problem Geschichte. Diese Erfahrung trug maßgeblich dazu bei, die 45 ACP als Dienstwaffe der Streitkräfte einzuführen.
Es scheint, als sei das Kaliber .40 für Faustfeuerwaffen eine Grenze, oberhalb derer die Stoppwirkung gewährleistet ist. Auf jeden Fall, wenn Sie einen double tap schießen. Ein double tap ist eine Schießtechnik, für die es, soweit ich weiß, keinen deutschen Ausdruck gibt. Gemeint ist, zweimal nacheinander in rascher Folge ($\leq$ 0,3 Sek.) ohne erneutes Visieren abzudrücken.
Solange es nicht offensichtlich ist, dass der Angreifer eine »Weste« trägt, zielen Sie auf den Solarplexus. Vitale Bereiche im Kopf sind in einer Stress-Situation wie dieser sehr schwer zu treffen. Der Solarplexus liegt inmitten der größten Fläche, die sich bietet. Auch wenn Sie das Zentrum Ihres eigentlichen Ziels um 15 cm verfehlen, treffen Sie noch immer.
Ein Treffer im Solarplexus führt in aller Regel zu einer starken Gefäßerweiterung im Bauchraum. Die Folge ist ein plötzlicher, starker Blutdruckabfall im Kopf, der zumindest zur Bewusstlosigkeit führen sollte. Ganz sicher ist das nicht. Deshalb der double tap. Der zweite Treffer, der ja unmittelbar auf den ersten folgt, hat eine Reizüberflutung des vegetativen Nervensystems zur Folge. Diese führt in vielen Fällen zum sogenannten Reflextod, in jedem Fall aber zur sofortigen Bewusstlosigkeit.
Jagdlich genutzte Faustfeuerwaffen (sofern es sich nicht um eine Fangschusswaffe handelt) fallen eigentlich unter Langwaffen. Kanonen wie die 500 Smith & Wesson sind in Leistungsbereiche vorgestoßen, die früher Langwaffen vorbehalten waren.

Letalität von Büchsengeschossen

Wenden wir uns der Letalität von Büchsengeschossen zu. Ich habe schon weiter vorn die wachsende Beliebtheit des Long-Range-Jagens angesprochen. Moderne Laserentfernungsmesser und Ballistikprogramme, die man auf dem Notebook sofort zur Verfügung hat, machen es möglich. Dabei muss man ehrlicherweise zugeben, nicht jeder Novize, der sich auf solche Art ausgerüstet hat, verfügt auch über das nötige Rüstzeug zwischen den Ohren, um mit den technischen Neuentwicklungen mitzuhalten.
Die maximale Reichweite, bis zu der eine Jagdwaffe effektiv eingesetzt werden kann, wird durch drei Faktoren beschränkt:

1. Die maximale Entfernung, auf die mein Geschoss noch in der Lage ist, zuverlässig und waidgerecht zu töten.
2. Die maximale Entfernung, auf die meine Waffe/Laborierung noch in der Lage ist, zuverlässig und waidgerecht zu töten.
3. Die maximale Entfernung, auf die ich, der Schütze, noch in der Lage bin, zuverlässig und waidgerecht zu töten.

Punkt drei ist am schnellsten beantwortet und am schwierigsten zu erlernen. Natürlich muss man sich mit der Anatomie des gejagten Wildes auskennen. Fragen Sie erfahrene Kollegen und lesen Sie die einschlägigen Bücher. Den Wind zu lesen, ist der schwierigste Punkt von allen. Üben Sie, indem sie auf nichtlebende Ziele schießen. Im Lauf der Zeit werden Sie sich steigern. Das mit dem Üben gilt auch für Punkt zwei. Verwenden Sie einen schönen, windstillen Tag, um herauszufinden, was Ihre Waffe kann.
Damit sind wir beim Kernpunkt dieses Kapitels. Auf welche Entfernung ist mein Geschoss wirksam? Zufallstreffer ins Gehirn oder das Genick lassen wir in dieser Betrachtung außen vor. Wir reden von gezielten Schüssen in den Herz-Lungen-Bereich.
Die Leistung, die ein Geschoss im Ziel erbringen kann, hängt von mehreren Faktoren ab: Restgeschwindigkeit, Kaliber, Gewicht und Geschossaufbau. Die ersten drei sind, was ich mal den außenballistischen Einfluss auf die Zielballistik nenne. Auf die komme ich gleich zurück. Als erstes beschäftigen wir uns mit der sogenannten Wundballistik. Welche Schäden richtet unser Geschoss an? Und was passiert dabei?

Geschosswirkung oder: Darf man Matchgeschosse für die Jagd verwenden?

Wie tötet ein Geschoss? Es macht ein Loch. Klar. Den machen ein Pfeil oder ein Armbrustbolzen auch. Trotzdem ist das Geschoss tödlicher. Jedenfalls in dem Sinn, dass das Wild schneller stirbt. Der Unterschied ist offensichtlich. Das Geschoss ist um ein Vielfaches schneller.
Wenn ein Geschoss in elastisches Gewebe eindringt, erzeugt es dort einen Hohlraum. Dieser Hohlraum ist zunächst deutlich größer als die permanente Kaverne, die sich etwas später aufgrund der Elastizität des Gewebes einstellt. Dieser elastische Hohlraum übt einen außerordentlich hohen Druck auf sein Umfeld aus. Ein Druck, der sich durch das Gefäßsystem bis ins Gehirn fortpflanzt und dort zu neurologischen Veränderungen führt, die den Tod oder zumindest die vorübergehende Bewusstlosigkeit des Tieres zur Folge haben.
Ich weiß, dass über diesen sogenannten hydrostatischen Schock viel halbwahres Zeug geredet wird. Aber wenn Sie sich die Mühe machen und im Internet nach einigen zielballistischen Abhandlungen der Doktoren Courtney suchen (das sind dieselben, die uns schon auf Seite 107 begegnet sind), dann werde Sie einen Eintrag finden, in dem ein Dr. A. Suneson Hochfrequenz-Druckaufnehmer im Gehirn lebender Schweine angebracht hat. Ein Schuss in den

Hinterlauf führte zu einem Druckanstieg im Gehirn von 1,18 bis 3,36 bar. Also über 0,3 MPa. Das ist eine Menge Holz (etwa so viel wie in Ihrer Wasserleitung), und es führte, wie anschließende Untersuchungen ergaben, zu deutlichen Schäden im Hippocampus und Hypothalamus.
Die Restgeschwindigkeit des Geschosses ist also außerordentlich entscheidend, und die wiederum wird maßgeblich durch den Ballistischen Koeffizienten bestimmt, den BC. Der $BC_{(G1)}$ hat, wie wir schon auf Seite 107 gesehen haben, den Nebeneffekt, ein grobes Schätzmaß zu liefern für die Entfernung in Yard, nach der sich die Geschossenergie halbiert hat. Das wiederum ist gleichzusetzen mit der Entfernung, nach der sich die Geschossgeschwindigkeit auf 70 % verringert hat.
Damit ist klar: Je größer der BC, desto größer die Restenergie, und desto größer auch die Fähigkeit des Geschosses, Formänderungsarbeit zu verrichten. Treffen zwei gleich große und gleich schwere Geschosse, abgefeuert mit gleicher v_0, aber mit unterschiedlichem BC (ein Spirepoint und ein SST) auf einen Gelatineblock, dann erzeugt das SST (größerer BC) einen größeren Schusskanal.
Auf kurze Entfernungen macht sich das in der Praxis kaum bemerkbar. Das stumpfere Geschoss ist dann nicht lange genug unterwegs, um wirklich viel mehr an Geschwindigkeit zu verlieren als das SST. Auf längere Distanzen aber macht das eine Menge aus.
Das wirft die Frage auf: Den besten BC und die geringsten Inhomogenitäten im inneren Aufbau haben Matchgeschosse. Ist es also denkbar, Matchgeschosse jagdlich einzusetzen? Ich weiß, ich habe gerade ein Sakrileg ausgesprochen. Gestandene Jäger schütteln sich bei dem bloßen Gedanken. Ein Jagdgeschoss muss ein möglichst hohes Restgewicht behalten, gut aufpilzen und einen möglichst tiefen (langen) Schusskanal erzeugen. Am besten gewährleistet es einen sicheren Ausschuss, damit wir einer gut sichtbaren Schweißspur folgen können. Habe ich auch nichts vergessen?
Speziell bei der Forderung nach möglichst großer Penetration fühle ich mich an die Wirkungsweise eines Pfeils erinnert.
Nun, es gibt eine zweite, radikal andere Sichtweise. Ein hochgenau gefertigtes Geschoss hat eine größere Präzision und Treffsicherheit. Ein Geschoss mit möglichst großem BC erreicht sein Ziel mit der maximal möglichen Energie. Aber bevor ich in den Verdacht gerate, hier nur meine eigene, schlecht begründete Meinung kundzutun, lassen Sie mich Walt Berger aus seinem Bullets Reloading Manual 1st edition zitieren. Ich übersetze nur:
Unsere Jagdgeschosse sind Geschosse in Match-Qualität, die sich als die am schnellsten tötenden Jagdgeschosse erwiesen haben. Alle sind mit VLD-Ogiven ausgeführt. Das beinhaltet eine scharfe Geschossspitze, die es dem Geschoss erlaubt, 5–8 cm tief einzudringen, bevor es anfängt zu expandieren. Nachdem es angefangen hat, sich zu vergrößern, beginnt es, sich zu zerlegen, wobei das Geschoss zwischen 40 und 85 % seines Gewichtes verliert. Diese Geschoss-Fragmente durchdringen das umgebende Gewebe (die inneren Organe). Das Zusammenwirken dieser Fragmentierung und des dabei entstehenden hydrostatischen Schocks resultiert in einem riesigen Wundkanal von 33 bis 50 cm Länge (in Abhängigkeit von Geschossgeschwindigkeit und der Größe des Wildes.)
Dieser riesige Schusskanal hat zur Folge, dass das Stück sehr schnell fällt, da die meisten Stücke nach einer derartigen Verletzung in Schockstarre verfallen. Selbst diejenigen, die nicht an Ort und Stelle niedergehen, kommen nicht weit, da der Blutdruck sehr schnell absinkt und das damit einhergehende Organversagen zu einem schnellen, waidgerechten Tod führt.
Unsere Geschosse pieken kein Loch durch den Wildkörper so wie ein Pfeil (hohes Restgewicht, große Eindringtiefe), sondern sie geben ihre Energie dort ab, wo es am meisten nützt: im Tierkörper.

Die Mantelstärke der Berger-Match- und Jagdgeschosse ist fast gleich. Die Matchgeschosse scheinen – wenn überhaupt – eher einen etwas dickeren Mantel zu haben. Viel Differenz besteht da nicht. Glauben Sie mir, egal, ob Sie ein HP-Jagd- oder Matchgeschoss verwenden, das Wild wird keine Zeit mehr haben, den Unterschied herauszufinden. Andererseits bin ich mir völlig im Klaren darüber, dass ich hier an Glaubensgrundsätzen rüttle, und auf dem Gebiet sind die meisten von uns wenig diskussionsbereit.
Aber kommen wir von der qualitativen zu einer quantitativen Betrachtung.

Außenballistische Einflüsse auf die Zielballistik

Während die Größe des Schusskanals von der Höhe der kinetischen Energie bestimmt wird, scheint die Höhe des Druckgradienten mehr von Impuls abzuhängen.
Impuls und Energie haben wir ja gerade kennengelernt.
Es waren:

$$p = m \times v \quad und \quad E = \frac{m \times v^2}{2}$$

Ich möchte Ihnen jetzt eine empirische Formel vorstellen, die auf einen Herrn Matuna zurückgeht, die sogenannte Matuna-Formel:

$$G_W = v^3 \times m^2 \times 1{,}5 \times 10^{-12}$$

Hierin ist G_W das Lebendgewicht des Wildes in lbs,
v die Geschossgeschwindigkeit bei Zielankunft in ft/s und
m das Geschossgewicht in grn.

Die Formel nimmt keinen Bezug auf das Geschossverhalten (Aufpilzen, Fragmentieren etc.). Sie setzt weiterhin voraus, dass der Schütze seinen Teil beigetragen hat. Aber sie liefert dennoch sehr brauchbare Werte.
Wenn man sich die Formel anschaut, sieht man, dass der Herr Matuna die Energie und den Impuls als Produkt zusammengefasst hat.
Für diejenigen, die mit dem amerikanischen Maßsystem auf Kriegsfuß stehen, habe ich die Formel auf unsere Maßeinheiten umgerechnet:

$$G_{W(metr.)} = v^3 \times m^2 \times 5{,}72 \times 10^{-9}$$

Hierin ist jetzt G_W = das Lebendgewicht in kg
v = die Geschossgeschwindigkeit am Zielort in m/s und
m = das Geschossgewicht in g.

Man kann die Geschichte auch sinnvoll rückwärts formulieren. Mit amerikanischen Maßen wäre dann (mit G_W in lbs und m in grn)

$$v_{erforderlich} = \sqrt[3]{\frac{G_W \times 10^{12}}{1{,}5 \times m^2}} ,$$

im metrischen System dagegen wäre (mit G_W in kg und m in g)

$$v_{erforderlich} = \sqrt[3]{\frac{G_W \times 10^9}{5{,}72 \times m^2}}$$

Wenn wir wissen, was wir jagen wollen, unsere v_0 und der BC unseres Geschosses bekannt sind, dann ist es ein Leichtes, einer Ballistiktabelle oder einem ballistischen Programm für verschiedene Entfernungen die zugehörigen Geschossgeschwindigkeiten zu entnehmen. Solange diese Geschwindigkeit nicht kleiner ist als $v_{erforderlich}$, hat das Geschoss genügend Power.
Im Beispiel sieht das so aus: Wir bleiben bei der 6mm Dasher unseres virtuellen Schützen. Der will die Waffe für Rehwild und Raubzeug verwenden. Zunächst entnehmen wir der folgenden Tabelle das Gewicht des Wildes:

Wild	männlich kg (lbs)	weiblich kg (lbs)
Schwarzwild	150 (330)	80 (175)
Rehwild	25 (55)	20 (45)
Rotwild	230 (500)	150 (330)
Damwild	100 (220)	60 (130)
Gamswild	45 (100)	35 (75)
Elch	800 (1750)	400 (880)
Muffelwild	60 (130)	50 (110)
Grizzly	650 (1430)	350 (770)
Kudu	320 (700)	200 (440)
Impala	65 (140)	40 (90)

Zunächst die Vorwärtsrechnung.
m = 105 grn = 6,805 g
v_0 = 3050 ft/s = 930 m/s
$BC_{(G1)} \approx$ .570 (aufgrund eines reduzierten Meplatdurchmessers)
Damit ergibt sich (aus dem Hornady-Ballistikprogramm) eine Restgeschwindigkeit bei 1000 Metern von 1614 ft/s = 492 m/s. Eingesetzt in die (metrische) Matunaformel ergibt sich dann ein Maximalgewicht von

$$G_W = 492^3 \times 6{,}805^2 \times 5{,}72 \times 10^{-9} \approx 31\ kg$$

Es zeigt sich also, dass die geplante Schussentfernung von 1000 Meter für Böcke und Schmaltiere allemal zulässig ist.
Jetzt ein Beispiel für eine Rückwärtsrechnung, Kaliber: 30-06.

m = 208 grn = 13,48 g
v_0 = 2600 ft/s
$BC_{(G1)}$ = .648

Um mir unnötige Umrechnerei zu ersparen, werde ich in amerikanischen Dimensionen weiterrechnen. Was wollen wir wissen? Wir haben die Waffe und das Geschoss. Unser Revier hat einen guten Schwarzwildbestand. Die Eber bringen bis zu 150 kg (330 lbs) auf die Waage. Bis zu welcher Entfernung ist es waidgerecht zu schießen (sofern ich selbst als Schütze alles richtig mache)? Es ist

$$v_{erforderlich} = \sqrt[3]{\frac{330 \times 10^{12}}{1{,}5 \times 208^2}} = 1720\ ft/s = 524\ m/s$$

Mit diesem Wert gehen wir in die Kurve in Abb. 113 und erhalten eine Entfernung von 650 Metern. (Die Kurve ergibt sich aus den Geschossgeschwindigkeiten im Ballistikprogramm.)

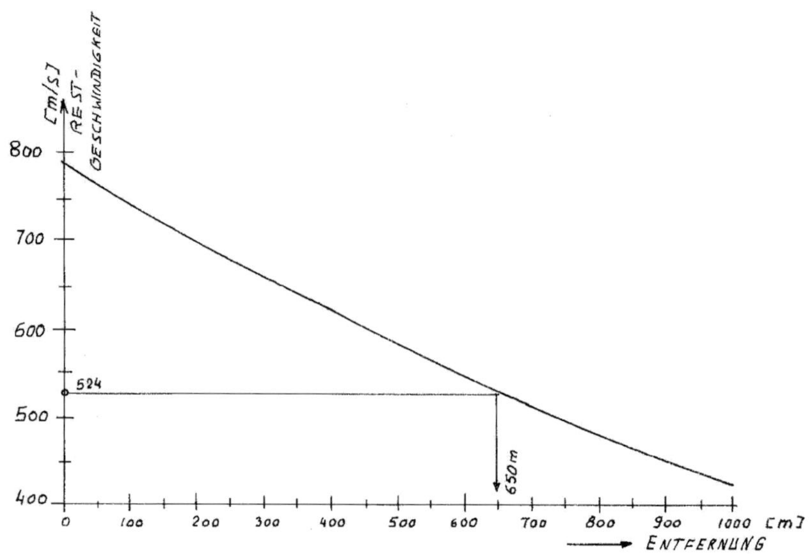

Abb. 113

Bleibt als dritte Frage: Was ist besser, ein schweres oder ein leichtes Geschoss? Schwere Geschosse haben bei gleichem Kaliber eine größere Querschnittsdichte. Das wiederum heißt, bei ähnlicher Geschossform hat das schwere Geschoss einen größeren BC. Es verliert weniger an Geschwindigkeit als das leichte. Dafür kann das leichtere Geschoss bei gleicher Mündungsenergie mit einer höheren v_0 starten. Welcher Faktor überwiegt?

Wir bleiben bei der 30-06 und wählen drei Geschosse: a = 208 grn (BC = .648), b = 178 grn (BC = .495) und c = 155 grn (BC = .435). Alle drei vom Typ A-Max, alle BCs bezogen auf die G1-Funktion.

Die Kurve für Geschoss 1 haben wir schon. Jetzt müssen wir die beiden anderen noch runterladen.

Die Mündungsgeschwindigkeiten sind a = 2600 ft/s, b = 2700 ft/s und c = 3000 ft/s. Das ergibt drei Geschwindigkeitskurven gem. Abb. 114.

Die drei Kurven veranschaulichen sehr schön, wie Geschoss a nach 200 Metern schneller ist als b und nach 500 m schneller als c.

Jetzt bilden wir noch drei Gewichtsklassen Wild:

Bis 150 kg (Schwarzwild)

Bis 230 kg (Rothirsch)

Bis 400 kg (Elchkuh)

Dafür ziehe ich neun Mal die dritte Matuna-Wurzel für die drei Geschossgewichte in jeweiliger Kombination mit den drei Wild-Gewichtsgruppen. Aber ich erspare es mir, die Werte alle einzeln aufzuschreiben. Hier sind die Ergebnisse:

$V_{erf.}$ (150 kg / Geschoss a) = 1720 ft/s = 524 m/s

$V_{erf.}$ (230 kg / Geschoss a) = 1975 ft/s = 602 m/s

$V_{erf.}$ (400 kg / Geschoss a) = 2384 ft/s = 727 m/s

$V_{erf.}$ (150 kg / Geschoss b) = 1908 ft/s = 582 m/s

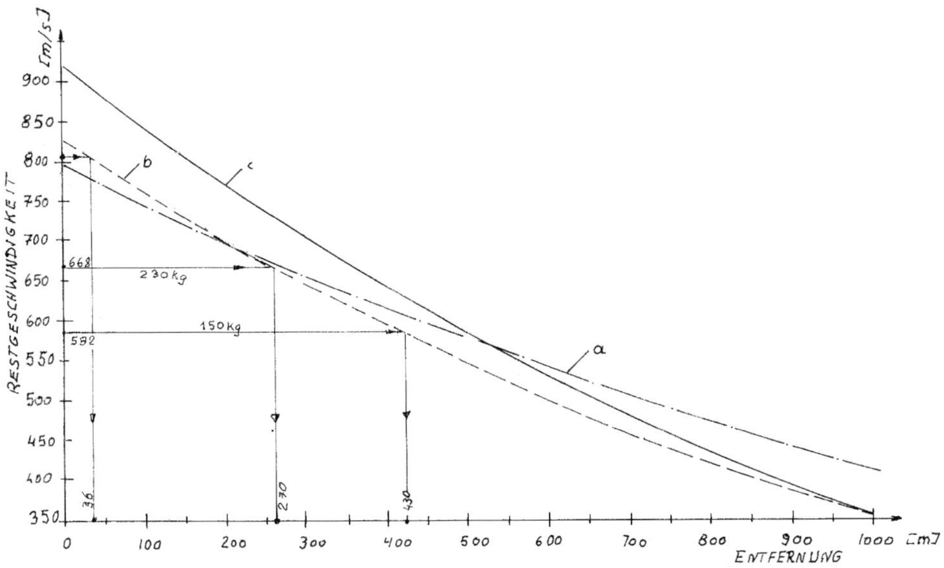

Abb. 114

$V_{erf.}$ (230 kg / Geschoss b) = 2191 ft/s = 668 m/s
$V_{erf.}$ (400 kg / Geschoss b) = 2645 ft/s = 806 m/s

$V_{erf.}$ (150 kg / Geschoss c) = 2092 ft/s = 638 m/s
$V_{erf.}$ (230 kg / Geschoss c) = 2403 ft/s = 732 m/s
$V_{erf.}$ (400 kg / Geschoss c) = 2901 ft/s = 884 m/s

Mit diesen Geschwindigkeitswerten gehen wir in die Geschwindigkeitskurven in Abb. 114. So erhalten wir die 9 Maximalentfernungen (gezeichnet habe ich nur Geschoss b; die anderen gehen genauso):

S (150 kg/a) = 650 m	S (150 kg/b) = 430 m	S (150 kg/c) = 415 m
S (230 kg/a) = 450 m	S (230 kg/b) = 270 m	S (230 kg/c) = 260 m
S (400 kg/a) = 145 m	S (400 kg/b) = 36 m	S (400 kg/c) = 38 m

Wenn man das in einem Balkendiagramm darstellt, sieht das so aus:

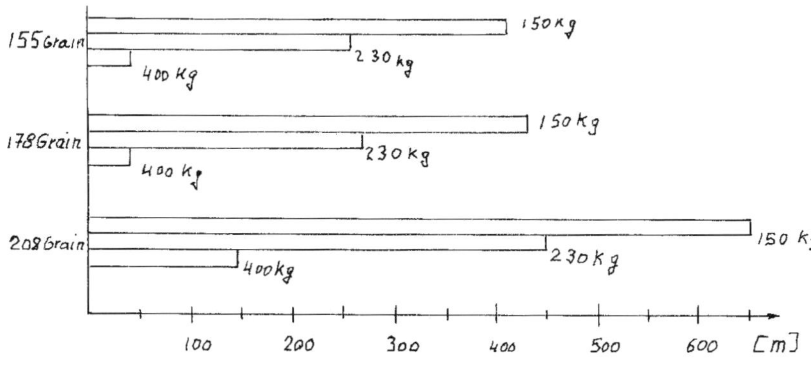

Abb. 115

Die Unterschiede zwischen dem 155-grn- und dem 178-grn-Geschoss sind marginal, während das 208-grn-Geschoss in Bezug auf waidgerechte Maximalentfernungen deutlich bessere Werte bringt. Das ist wie im Schiffbau. Da gibt es eine alte Binsenweisheit: Länge lauft. Bei Geschossen gilt das genauso. Dass der Schritt von 155 auf 177 grn so wenig und der nächste von 177 auf 208 so viel bringt, hat mich selbst auch überrascht. Ich habe dreimal nachgerechnet, ob ich auch keinen Fehler gemacht habe. Es liegt wohl daran, dass die Masse auf der einen Seite quadratisch eingeht und der anfänglich sehr viel steilere Geschwindigkeitsabfall bei b) und c) diesen Effekt aufhebt, bei a) aber nicht.
Man sieht übrigens, dass die Matuna-Formel recht konservativ ist. Sie erachtet die 30-06 mit 208-grn-Geschoss als adäquat für Wild bis etwa 500 kg Gewicht, wenn es auf sehr kurze Distanz geschossen wird. Elchbullen fallen nicht mehr in diese Kategorie. Natürlich werden jedes Jahr Elche sogar mit noch kleineren Kalibern erlegt. Karamojo Bell hat schließlich mehr als hundert Elefanten mit einer 7mm Mauser von einer Trittleiter aus geschossen. Aber nach Matuna war das eben nicht mehr waidgerecht. Bei Kleinwild und Raubzeug sieht er das übrigens weniger eng, da wird der Faktor 1,5 (bei den amerikanischen Maßeinheiten) durch 5 ersetzt. Zum anderen habe ich als v_0 die jeweiligen Maximalwerte aus dem Widerladehandbuch gewählt. Die sind aus verschiedenen Gründen auch ziemlich »konservativ«. Im wirklichen Leben lassen sie sich deutlich übertreffen.

Ich habe in den Beispielen den $BC_{(G1)}$ verwendet, ganz einfach deshalb, weil ich bisher noch nicht zum $BC_{(G7)}$ gekommen bin. Der wird im Detail im Kapitel Ballistik abgehandelt. Nur so viel vorweg: Der Ballistische Koeffizient gilt als Zahl, die beschreibt, wie gut sich ein Geschoss gegen den Luftwiderstand behaupten kann. In Wirklichkeit ist es keine feste Zahl. Der Wert ändert sich mit der Geschwindigkeit. Man findet den BC, indem man ein genormtes Geschoss auf die Reise schickt und dann seine Flugdaten erfasst. Dann nimmt man das zu messende Geschoss, schießt es ebenfalls und vergleicht die Flugbahnen.
BC war gleich Querschnittsdichte geteilt durch Formfaktor. Das Normgeschoss hat den Formfaktor 1. Nimmt man ein Militärgeschoss mit einem Ogivenradius um und bei einem Kaliber – so wie es vor 130 Jahren vom Militär verwendet wurde – dann ist ein modernes Boattailgeschoss natürlich deutlich windschnittiger. Es benötigt einen sehr kleinen Formfaktor von etwa 0,46, um vergleichbare Werte zu bekommen. Der so berechnete BC ist dann zahlenmäßig entsprechend groß. Das ist der von der Industrie verwendete BC bezogen auf die Funktion von Geschoss1, der $BC_{(G1)}$.
Es gibt eine ganze Reihe anderer Normgeschosse, unter anderem Geschoss Nr. 7. Das ist ein BT-Geschoss, das den heute verwendeten Matchgeschossen sehr ähnlich ist. Wenn man diesem Geschoss den Formfaktor 1 gibt, dann bewegt sich der Formfaktor unserer Matchgeschosse in der Größenordnung von 0,92 bis 1,04. Das liefert dann den zahlenmäßig kleineren $BC_{(G7)}$.
Man muss kein Ballistik-Freak sein, um zu verstehen, des ein sehr ähnliches Geschoss bessere Vergleichswerte liefert als eines, das in seiner Form stark abweicht.
Deshalb sind die oben gerechneten Beispiele nicht nutzlos. Die Matuna-Entfernungen sind ja keine in Stein gemeißelten Gebote, die bis auf die letzte Dezimale genau sind. Es sind Anhaltswerte, bis zu denen ein Geschoss mit einiger Sicherheit seinen Job tun wird. Und dafür reicht auch die G1-Funktion allemal. Wenn Sie aber den $BC_{(G7)}$ ihres Geschosses kennen: der Ballistik-Kalkulator von Hornady, den ich hier benutzt habe, nimmt auch den $BC_{(G7)}$ an. Sie finden ihn unter:
http://www.hornady.com/ballistics-resource/ballistics-calculotor

Kaliberwahl und Steckbrief einiger ausgesuchter Patronen

Der Herr Matuna hat uns also ein brauchbares Werkzeug für die Wahl des korrekten Geschossgewichtes in die Hand gegeben. Aber bevor wir ein Gewicht wählen, müssen wir ja zunächst mal geklärt haben, welches Kaliber wir denn überhaupt schießen wollen.
Hängt natürlich mit der vorgesehenen Verwendung zusammen. Da ich mich zum Thema Kaliber für Faustfeuerwaffen schon geäußert habe, beschränke ich mich jetzt auf Langwaffen. Da fallen mir im Moment acht unterschiedliche Kategorien ein:

Sportschützen ≤ 300 Meter: mittlerer BC bei leichtem Geschoss, sehr hohe v_0
Sportschützen ≥ 300 Meter: sehr großer BC, möglichst hohe v_0
Jagd ≤ 300 Meter: hinreichend Geschossgewicht und v_0
Jagd ≥ 300 Meter: großes Geschossgewicht, sehr große v_0, sehr großer BC
Jagd auf Raubzeug und Kleinwild ≤ 200 Meter: kleines Geschossgewicht, mittlere v_0
Jagd auf Raubzeug und Kleinwild ≥ 200 Meter: kleines Geschossgewicht, maximale v_0
Jagd auf gefährliches Wild: Kaliber und Gewicht nach Bedarf (vgl. S. 154 ff.)

Sehen wir uns einmal einige Kandidaten für diese 8 Kategorien an.

Kaliberwahl für Sportschützen bis 300 Meter

6mm PPC

Das wird ein kurzes Kapitel mit nur einem Vorschlag: 6mm PPC (mit überdrehtem Hals).
Bis auf Weiteres bleibt die 6mm PPC das Maß aller Dinge. Es hat unzählige Versuche gegeben, etwas Besseres zu finden. Bisher ohne Erfolg, und so wie es aussieht, wird sich daran auch für einige Zeit nichts ändern. Laden Sie mit 65- oder 68-Grain-Geschossen. Das Lee-Handbuch listet eine Maximalladung von 28,2 Grain Viht. N133. Das ist nah am Maximum, weil tatsächlich nicht viel mehr als 29 Grain reingehen. Damit erzielen Sie eine v_0 von knapp über 1000 m/s. Mit einem Lauf von 600 mm oder etwas mehr vielleicht auch 1025 m/s.
Eine bessere Wahl gibt es nicht!

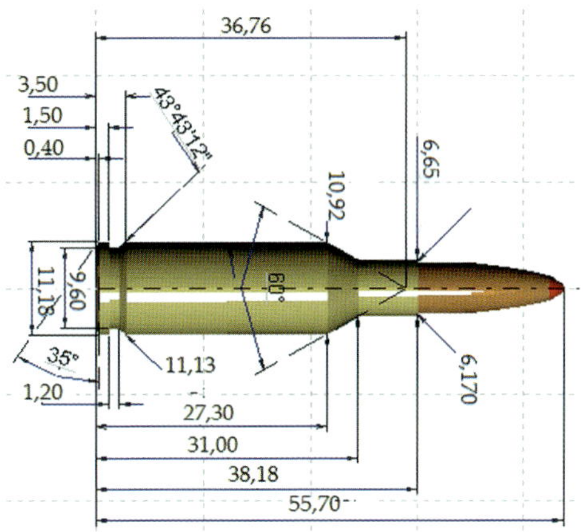

Abb. 116

Kaliberwahl für Sportschützen über 300 Meter

Dies war einmal die Domäne der Kaliber-.30-Schützen. Aber das ist Geschichte. Es gibt noch immer ein paar Unentwegte, die da glauben, der größere Geschossdurchmesser könne einen Ring noch ankratzen, den ein kleineres Geschoss verfehlt. Doch das gilt nicht mehr über die kurze Distanz, und auf den langen schon gar nicht. Wer's nicht glaubt, der möge sich die Sie-

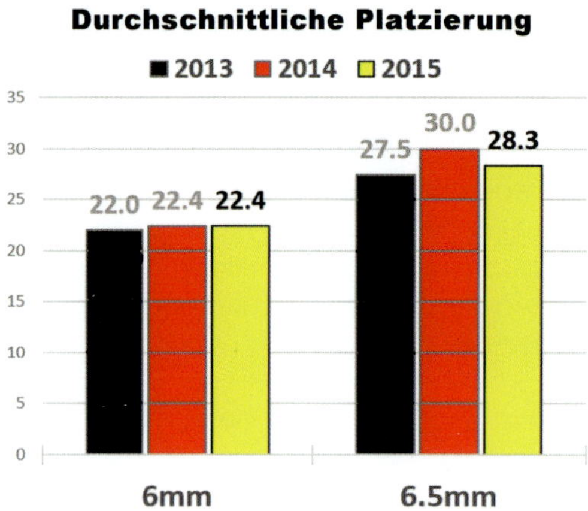

Abb. 117

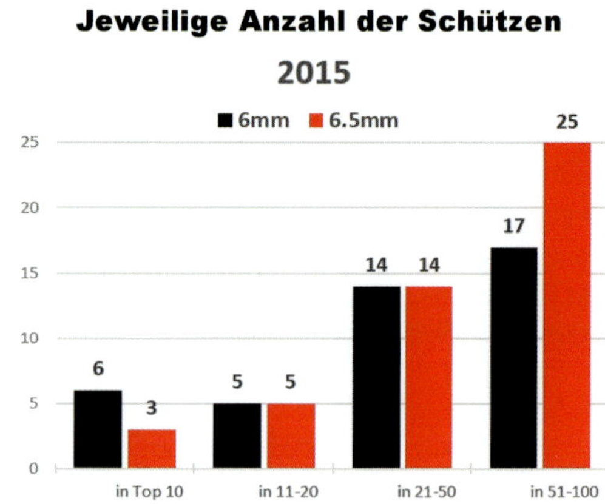

Abb. 118

gerlisten der Longrange-Wettbewerbe anschauen. Abb. 117 bis 119 repräsentieren das Abschneiden der verschiedenen Kaliber in der Precision Rifle Series, die in den USA und in Schweden über Entfernungen von 400 bis 1400 Yard bzw. Meter durchgeführt werden.

Man kann jetzt trefflich darüber streiten, ob diese Kaliber so erfolgreich waren, weil die Steuerleute so gut waren, oder ob es umgekehrt war. Ich denke, es ist die falsche Frage. Die Leute, die gut genug sind, um es regelmäßig die Top 20 zu schaffen, schießen 6 mm und 6,5 mm, weil sie dahin wollten, wo sie sind.

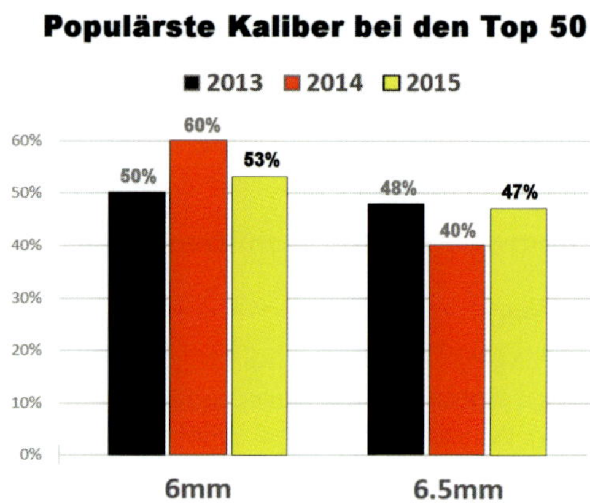

Abb. 119

Abb. 117 zeigt, welchen Durchschnittsrang die Kaliber belegt haben. (Das beinhaltet alle Teilnehmer.) Die Schützen mit Kaliber 6mm landeten 2015 im Durchschnitt auf Rang 22,4. Die mit Kaliber 6,5mm wurden 28,3. usw.

Abb. 118 zeigt, wie die Kaliber unter den Top 100 vertreten waren. (Schwarz sind die 6mm-Schützen. Bei den Top 10 also 6. Dreimal finden wir Kaliber 6,5mm.)

Abb. 119 zeigt die populärsten Kaliber bei den Top-50-Schützen. 53 % schossen 6mm, 47 % schossen 6,5mm.

Ich finde, die drei Diagramme haben eine klare Aussage.

Von welchen Patronen reden wir also? Im Kaliber 6mm sind das im Wesentlichen:

6mm BR Norma
243 Winchester
6mm Dasher
6 x 47 Lapua
6 XC
6mm Creedmoore
243 WSSM

Und bei den 6,5mm-Kalibern sind das:

- 6,5 mm Grendel
- 6,5 mm Creedmoor
- 6,5 x 47 Lapua
- 6,5 - 284 Norma

Fangen wir mit den 6mm-Kalibern an.

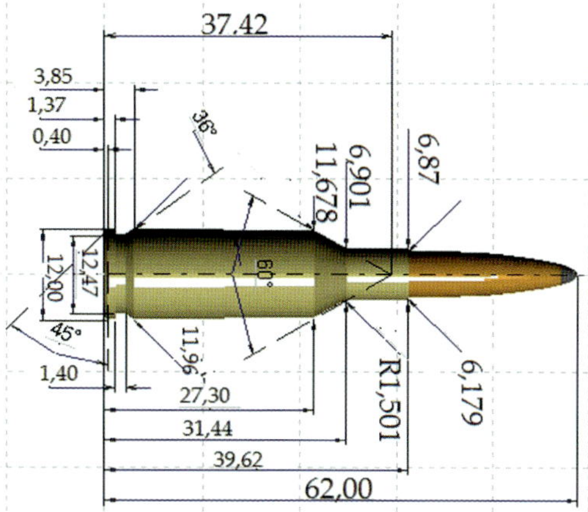

Abb. 120

6mm BR Norma

Zur 6mm BR Norma (Abb. 120) habe ich mich bei der Bearbeitung der Dasher-Hülsen ja schon ausgelassen. Hier noch mal die Zusammenfassung. Als es noch schwierig war, Hülsen für die PPC zu bekommen, versuchte Remington mit der 6mm BR die Marklücke zu besetzen. Das war ein Flopp ohnegleichen. Dann setzte Norma ein längeres Geschoss ein und ließ sich die »Neuentwicklung« von CIP zertifizieren. Über wirklich lange Distanzen würde ich ein anderes Kaliber wählen, da hat die BR einfach nicht genügend Hubraum. Aber geladen mit einem 105 Grain und 30 Grain IMR 4895 ist sie bis zu 600 Metern eine gute Wahl.

243 Winchester

Das ist jetzt ein wirklich uraltes Schlachtross; aber die Patrone steht noch immer ihren Mann. Sie ist nichts anderes als eine auf Kaliber 6mm eingezogene .308. Die erreichbare Mündungsgeschwindigkeit von etwa 925 m/s mit einem 105-Grain-Geschoss und einer 45-Grain-Norma-MRP kann sich sehen lassen. Munition oder Hülsen sind überall zu bekommen. Von Lapua bekommt man Hülsen mit kleiner Zündglocke.

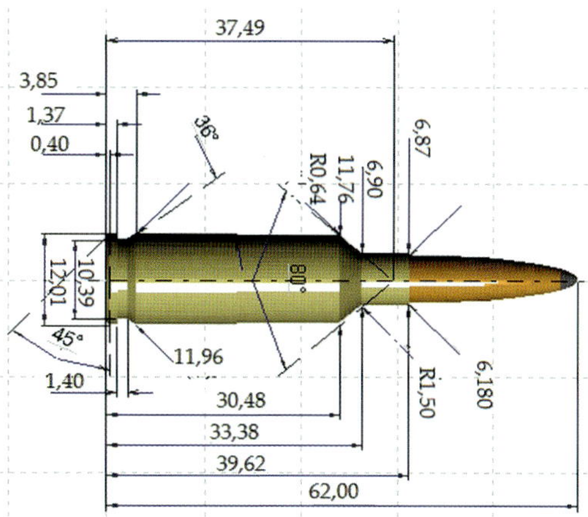

Abb. 121

6mm Dasher

Wenn Sie die 6mm Dasher (Abb. 121, ist identisch mit Abb. 48) schießen, sagt der Bodenstempel der Hülse auch 6mm BR Norma. Denn das ist die Hülse, aus der die Dasher umgeformt wird. Das kann man sehr aufwändig machen, so wie ich es weiter vorn beschrieben habe. Es geht aber auch ganz einfach. Nehmen Sie eine fabrikgeladene 6BR-Patrone und verschießen Sie sie aus dem Dasher-Patronenlager. Die Hülse, die sie dann entnehmen, ist eine Dasher. Laden Sie sie mit einem 105-Grain-Geschoss und 31 Grain Rel. 15. Mündungsgeschwindigkeiten bis zu 930 m/s sind realistisch zu erreichen. Die Präzision dieser Patrone ist legendär. Im Bereich 600 bis 1000 Yard hat die Dasher mehr Benchrest-Rekorde gesetzt als alle anderen. Sie kickt überhaupt nicht, und wer mit einer gut

zugerichteten Patrone in einer Spitzenwaffe schlechte Ergebnisse erzielt, sollte sich zunächst an die eigene Nase fassen.
Die Dasher muss man nicht mit abgedrehten Hälsen schießen, aber dann ist es halt keine gut zugerichtete Patrone mehr.
Neben der 6mm Dasher gibt es noch die sehr ähnliche 6mm BRX mit praktisch gleichen Ladedaten, aber geringerer Gefolgschaft.
Longrange-Benchrestschützen scheinen der Dasher gegenüber den anderen Kalibern den Vorzug zu geben, solange sie auf Gruppenmaß schießen. Wird auf Ringe geschossen, werden offenbar die etwas heißeren Geschwister bevorzugt.

6 x 47 Lapua

Anfang der 70er Jahre wurde die Benchrest Szene einmal von einer 6 x 47 beherrscht. Das war die 222 Remington Magnum mit einem 6mm Hals. Diese Patrone ist längst Geschichte und hat mit der 6 x 47 Lapua (korrekt müsste es eigentlich heißen: 6-6,5 x 47 Lapua) nur noch den Namen gemein. Ähnlich wie die 6mm Creedmoor ist auch die 6 x 47 Lapua die Tochter einer 6,5mm-Patrone. Die Hülse hat mehr Hubraum als die Dasher und ist in der Leistung der 6XC vergleichbar; dabei hat sie den Vorteil, dass man die Hülsen leicht über den Ladentisch erwerben kann. (Als 6,5 x 47 Lapua).
Die Hülse ist kurz genug, um in kurzen Systemen arbeiten zu können. Mit einem 105-Grain-Hybridgeschoss und dahinter zirka 40 Grain Viht. N550 ist die 6 x 47 eine sehr ernst zu nehmende Alternative. Die Mündungsgeschwindigkeiten liegen etwa 25 m/s höher als bei der Dasher. Das 105-Grain-Hybridgeschoss hat einen gleich großen BC und eine höhere v_0 als das115-Grain-VLD. Deshalb ist es das bevorzugte Geschoss für alle 6mm-Patronen dieser Klasse.
In der Precision Rifle Serie belegte die 6 x 47 Lapua 2015 bei den Top-50-Schützen in der Popularitätsliste Platz 4. Die Zeichnung ist bis auf den Halsdurchmesser die gleiche wie bei der 6,5 x 47 Lapua.

6 XC

XC wurde von David Tubbs entwickelt, einem der erfolgreichsten 1000-Yard-Teilnehmer bei den NRA High Power Matches. Die Patrone entstand durch Umformen der 22-250 Remington. Diese Hülse macht es möglich, die ballistisch effizienten 105-Grain-Geschosse so lang zu set-

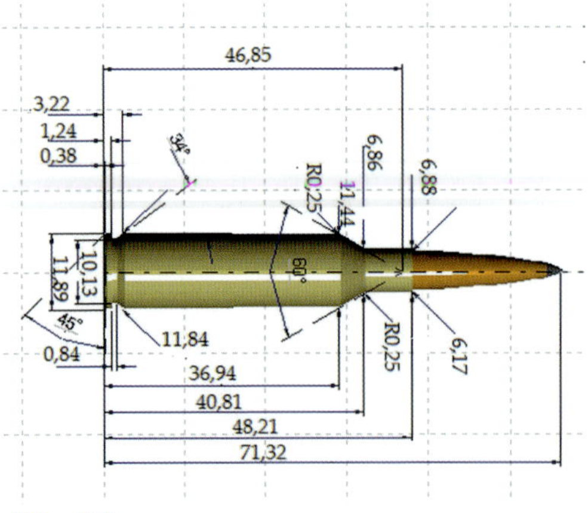

Abb. 122

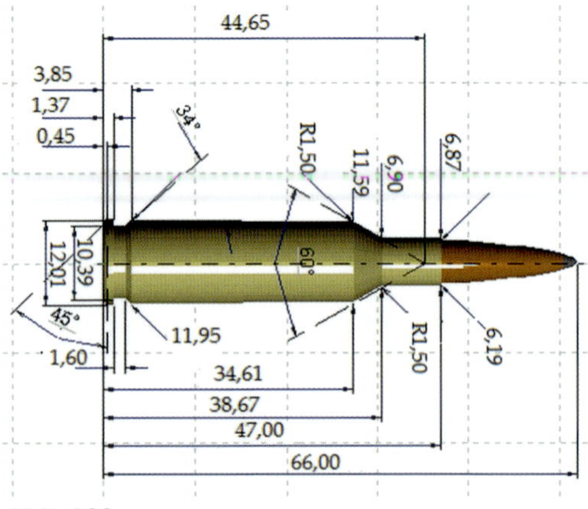

Abb. 123

zen, dass die Geschosse außerhalb des Donut-Bereiches bleiben und trotzdem noch in ein Magazin passen (vgl. Abb. 106) Das ist bei der von mir vorgestellten »langen« Dasher mit extra langem Geschosssitz nicht unter allen Umständen gewährleistet. Da muss man gegebenenfalls einzeln laden. Die Hülse ist mit einer Kapazität von 3,24 cm³ schon recht groß und braucht einen großen Büchsenprimer. Die 6XC (Abb. 122) ist CIP-zertifiziert. Es ist die bisher einzige Patrone, die jemals das NRA Long Range Aggregat (6 verschiedene Durchgänge von 600 bis 1000 Yard) mit einem perfekten Ergebnis von ausschließlich Zehner-Ringen beendet hat.
Ein 105-Grain-Geschoss und knapp 42 Grain RE 17 sind eine heiße, aber beherrschbare Ladung. Von der Größe und der Ballistik her ist die 6 XC der in Europa verbreiteteren 6 x 47 Swiss Match (Abb. 123) sehr ähnlich. In der Precision Rifle Serie (PRS) hat sie sich nicht durchsetzen können. Bei den NRA-Highpower-Wettbewerben hingegen erfreut sie sich größerer Beliebtheit.

6mm Creedmoor

Wie die 6 x 47 Lapua ist auch die 6mm Creedmoor eine eingezogene Variante einer 6,5mm-Schwester. Die große Schwester ist eine Hornady-Entwicklung aus dem Jahr 2007. Sie kam 2008 auf den Markt und wurde noch im selben Jahr von Wildcattern auf 6mm umgeformt. Die Creedmoor hat einen großen Büchsenzünder. Anders als bei Lapua, die auch die 47-mm-Hülse mit kleiner Zündglocke versehen, da die bei der Entwicklung der PPC geführten Überlegungen zu diesem Thema ja nach wie vor gültig sind, kam man bei Hornady nach längeren Tests zu der Ansicht, dass Pulversäulen von über 35 Grain mit einem großen Zünder besser schießen.
Das ist ein Streit, der wohl auf längere Sicht nicht entschieden wird. Die erreichbaren Mündungsgeschwindigkeiten liegen mit 960 m/s (42 Grain H 4350, 105-Grain-Berger-Hybr.) geringfügig über denen der 6 x 47 Lapua. In der PRS war die 6mm Creedmoor anno 2015 das beliebteste Kaliber. 26 % der Top 50 schossen es. Zeichnung wie 6,5mm Creedmoor.

.243 WSSM

Die 243 Winchester Super Short Magnum (Abb. 123) ist nicht nur heiß, wenn es um die Mündungsgeschwindigkeit geht. Was eine lange Lebensdauer der Läufe angeht, sollte man sich besser keiner allzu großen Hoffnungen machen. Die drei zuvor genannten sind schon keine Chorknaben, wenn es um den Laufverschleiß geht. Die WSSM (das gilt praktisch für alle, aber mit zunehmendem Kaliber in geringerem Maße) ist ein Lauf-Fresser. Bis Sie den Lauf glattgeschossen und die richtige Ladung bzw. Setztiefe gefunden haben, ist das Beste schon weg. Bei Jagdwaffen, die nur gelegentlich durch den Lauf entladen werden, mag das angehen. Bei den Match-Kalibern würde ich die Patrone – trotz ihrer guten Präzision – nicht ansiedeln.

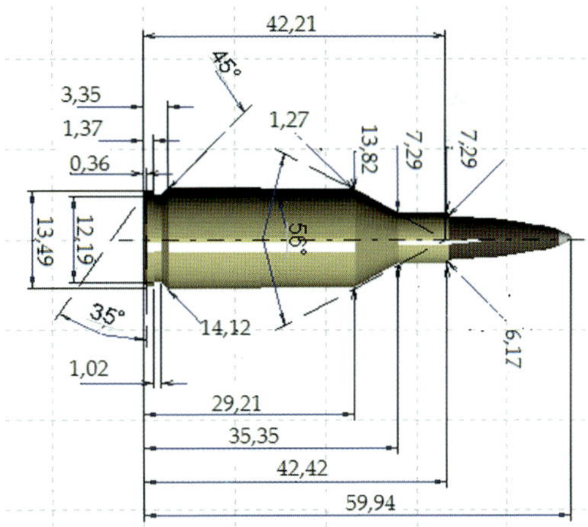

Abb. 124

Einige Wiederlader erreichen mit bis zu 44 Grain RE-19 und einem 105-Grain-Hybridgeschoss Geschwindigkeiten von bis zu 980 m/s. Interneteinträge, die von 3800 Fuß fabulieren, haben sich wahrscheinlich im Geschossgewicht vertan.

Wenden wir uns nun den 6,5mm-Kalibern zu.

6,5mm Grendel

Die gibt es inzwischen auch schon 13 Jahre. Ursprünglich wurde sie für all die Amerikaner entwickelt, die mit einem größeren Kaliber als .223 mehr aus ihrer AR 15 herausholen wollten. Wenn man wollte, könnte man diese Patrone auch 6,5-6 PPC nennen. Bis auf den Hals sind die zwei nämlich fast identisch. Der Name Grendel kommt übrigens aus der Beowulf-Sage. So hieß das Ungeheuer, dem Beowulf den Arm ausgerissen hat.

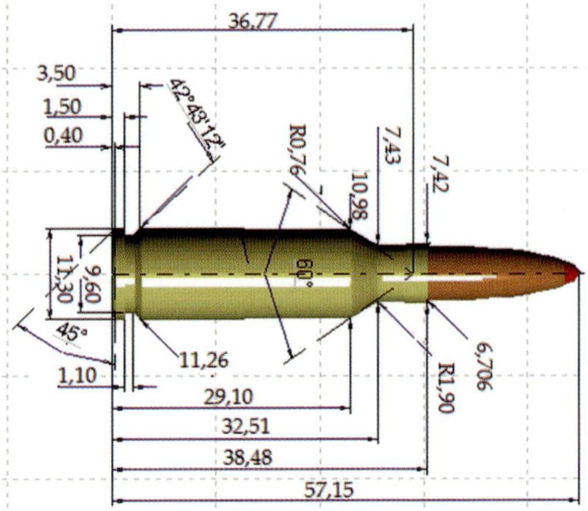

Abb. 125

Die Leistung der Grendel (Abb. 125) ist so, wie es der Stammbaum vermuten lässt. Ein Problem ist die Hülsenlänge. Wenn man die Patrone aus der AR 15 verschießen will, darf die Gesamtlänge OAL 57,3 mm nicht übersteigen, sonst passt sie nicht mehr ins Magazin. Das ist nur mit Geschossgewichten bis etwa 80 Grain zu machen. Verschießen Sie die Patrone aus einer Waffe mit Zylinderverschluss, können Sie einzeln laden. Mit einer Ladung von 28,5 Grain IMR 8208XBR hinter einem123-Grain-Amax-Geschoss haben einige Sportsfreunde Geschwindigkeiten um 850 m/s erreicht. Das ist aber so ziemlich das Maximum dessen, was möglich ist.

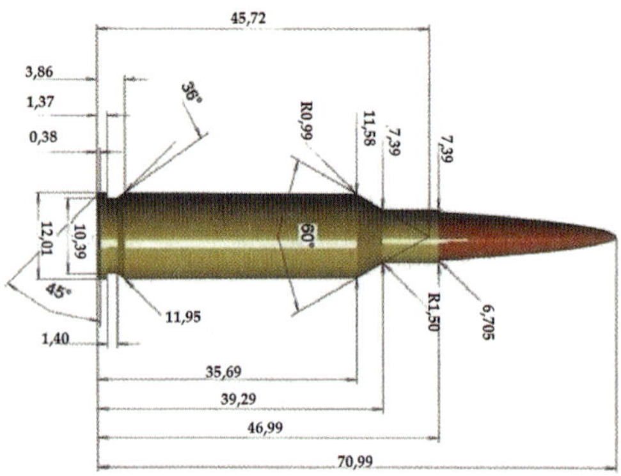

Abb. 126

6,5 x 47 Lapua

Für Entfernungen bis zu 1000 Metern ist das jetzt eine richtig heiße Nummer. In der Precision Rifle Serie war es 2015 das von den Top 50 am zweithäufigsten verwendete Kaliber. Im Prinzip gelten die Kommentare für die 6mm-Version hier genauso. Das ideale Geschossgewicht (gilt auch für die zwei nachfolgenden Kaliber) ist 136–140 Grain (9,07 Gramm). Die Patrone arbeitet am besten mit langsameren Pulvern in der Viht.-N540-Klasse. In Band 1 habe ich ein Loblied auf die 6,5-284 Norma gesungen. Als ich das damals geschrieben habe, war es auch Stand der Technik. Inzwischen nicht mehr. Mit der richtigen Ladung sind bei der Lapua (Abb. 126) 870 m/s möglich. Das sind gerade mal 5 % weniger als bei der Norma. Aber der Rückstoß ist deutlich geringer. Eine Ladung von 38 Grain Viht. N540 hinter einem 139-Scenar-Geschoss liefert etwa 860-m/s, und das ist noch nicht das Ende der Fahnenstange.

Weniger Pulver bedeutet ja auch immer weniger Lauferosion. Die Lapua ist da ebenfalls freundlicher als die Norma.

6,5 Creedmoor

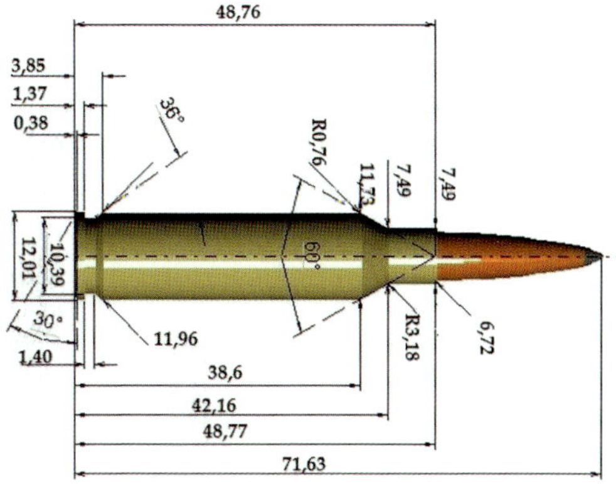

Abb. 127

Die 6,5 Creedmoor (Abb. 127) ist in der gleichen Klasse wie die Lapua. Entwickelt in 2007, war sie als eine Patrone konzipiert worden, die ohne jedes Gedöns so, wie sie fabrikgeladen aus der Schachtel kommt, in Präzisionswettbewerben eingesetzt werden kann. Als alter Wiederlader sage ich mal: ehrenwertes Ziel, aber unmöglich zu erreichen. Teilnehmen kann man natürlich - nur, es so unter die Top 20 zu schaffen, ist aussichtslos. Aber wer sagt denn, dass man die Patrone nicht tunen darf? Und dann ist sie ein richtiges Schmuckstück. Vielleicht nicht ganz so oft eingesetzt wie die vorstehend genannte Lapua, aber ihr dicht auf den Fersen. Anders als die 6,5-284 Norma ist die Hülse so kurz, dass auch noch 140-Grain-Geschosse aus einem kurzen Zylindersystem mit Magazin verschossen werden kann, ohne dass man dazu die Geschosse so tief setzen muss, dass der halbe Hubraum für das Geschoss draufgeht. Die Creedmoor bevorzugt ähnliche Pulver wie die Lapua, allerdings bringen die etwas langsameren offenbar bessere Ergebnisse: also Viht. N550 bzw. H 4350 oder aber Alliant RL 17. Wie schon weiter oben gesagt: die Creedmoor benötigt einen großen Büchsenzünder. Mit einem 120-Grain-Geschoss und 43,4 Grain RL 17 sind Geschwindigkeiten von 920 m/s erreichbar. Mit dem ballistisch effizienteren 140-Grain-Geschoss müssen wir uns bei knapp unter 43 Grain RL 17 mit etwa 870 m/s begnügen. Dafür haben wir weniger Lauferosion und ein Geschoss, das nach etwa 275 Metern schneller ist als das mit 120 Grain.

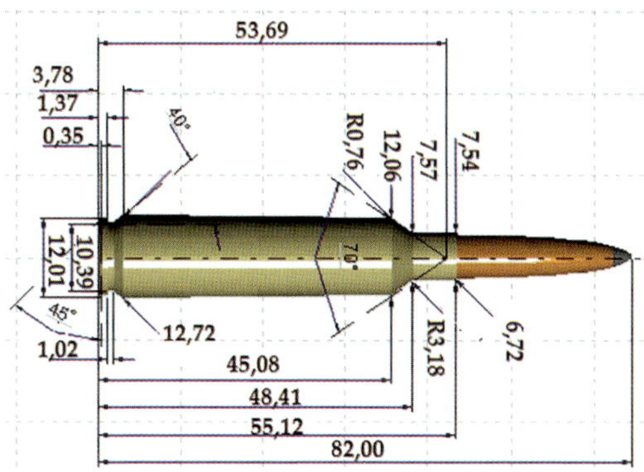

Abb. 128

6,5-284 Norma

Bis vor wenigen Jahren war die 6,5-284 der King unter den 1000-Meter-Laborierungen. Egal ob Benchrest, F-Class, NRA High Power oder Precision Rifle Serie: die 6,5-284 Norma (Abb. 128) dominierte in allen Wettbewerben die Siegerlisten. In Band 1 habe ich damals geschrieben, die Norma sei in ihrer Stellung wohl mit der 6 x 47 (der alten, nicht der neuen von Lapua) zu vergleichen, die einst - vor der Ankunft der PPC - im Präzisionsschießen das Maß aller Dinge war.

Das waren prophetische Worte. Mit 54,5 Grain Viht. N560 hinter einem 136 Scenar SJ erreicht die Patrone immerhin ein v_0 von 904 m/s (Ladedaten Vihtavuori). Damit erreicht sie klar Magnum-Niveau. Die .264 Win Mag erreicht mit 57,4 Grain N560 hinter einem 140-Grain-A-Max-Geschoss lediglich 884 m/s (Ladedaten Hornady). Die Norma erreicht also mit weniger Pulver, weniger Rückstoß und weniger Lauferosion eine höhere v_0. Aber die oben genannten Kaliber (6 und 6,5 mm) sind fast genauso schnell unterwegs und haben spürbar weniger Rückstoß, da sie noch effizienter verbrennen.

Das waren jetzt gewiss nicht alle Kaliber, mit denen man erfolgreich sportlich schießen kann. Aber ich denke, ich habe die erfolgreichsten Entwicklungen der letzten Jahre vorgestellt. Übrigens, falls Sie feststellen sollten, dass die Maßangaben in den Zeichnungen nicht mit denen in Ihrem Handbuch übereinstimmen: Nehmen Sie vier verschiedene Handbücher, und Sie werden vier verschiedene Maßangaben finden. Da wasche ich meine Hände in Unschuld.

Kommen wir also zu den jagdlich genutzten Kalibern.

Jagdkaliber bis zu 300 Metern Entfernung

Eines vorab: Die bisher aufgeführten Kaliber für das Sportschießen sind selbstverständlich auch hervorragende Jagdkaliber. Natürlich ist die Kaliber- und Gewichtsbeschränkung zu beachten, der Gesetzgeber schreibt ja in vielen Ländern detailliert vor, welches Kaliber für welches Wild zugelassen ist. Allerdings sind diese Vorschriften nicht überall dieselben, und sie werden auch nicht überall gleich strikt durchgesetzt. Ich vertraue darauf, dass jeder Jäger – in unseren Breiten jeder Jagdscheininhaber – mit diesen Vorschriften vertraut ist. Da ich aber nicht für jeden Gültigkeitsbereich eine eigene Abhandlung schreiben kann, halte ich mich hier an die bereits vorgestellte Matuna-Formel.
Sehen wir uns doch einmal zwei der oben vorgestellten Kandidaten an:
6mm PPC. Wir wählen ein 88-Grain-(5,70 Gramm)-VLD-Geschoss. BC = .412; Entfernung 200 m; v_0 = 890 m/s; v_{200} = 756 m/s.
Nach Matuna ergibt das über 200 Meter ein Wildgewicht von

$$G_W = 756^3 \times 5{,}70^2 \times 5{,}72 \times 10^{-9} = 80\ kg$$

Das ist wahrscheinlich mehr, als die meisten von uns gedacht hätten.
6,5 Creedmoor. Hier vergleichen wir zwei Geschosse: 120 und 140 Grain (metrisch: 7,78 und 9,07 Gramm).
120 Grain: BC = 0.453; v_0 = 920 m/s; v200 = 796 m/s. Mit diesen Zahlen wird GW = 174 kg.
140 Grain: BC = 0.612; v_0 = 870 m/s; v200 = 772 m/s. Dann wird GW = 216 kg.
Wieder zeigt sich: Der Herr Matuna war recht konservativ. Die Schweden schießen seit 100 Jahren erfolgreich Elche mit der schwächeren 6,5 x 55 Schweden Mauser.
Langer Rede kurzer Sinn: Solange Geschossgeschwindigkeit im Ziel und das Geschossgewicht hinreichend groß sind, kann man fast jede Patrone verwenden, um das Wild waidgerecht zu erlegen.
Einen Haken hat die Sache allerdings. Bevor das Geschoss seine Arbeit verrichten kann, müssen wir – der Schütze – das unsere getan haben. Soll heißen: Wir müssen erst mal ordentlich treffen. Wenn es auf unserem Planeten keine Schwerkraft gäbe, wäre das vergleichsweise einfach. Wir bräuchten lediglich eine ruhige Hand. (Ich weiß, da fangen die Probleme schon an.)
Aber leider unterliegt unser Geschoss der Schwerkraft. Unabhängig davon, wie schnell es sich horizontal bewegt, fällt es auch nach unten, mit genau derselben Geschwindigkeit, mit der ein Stein fällt, wenn sie ihn loslassen.
Ein Geschoss, das mit einer v_0 von 900 m/s losfliegt und nach 250 Metern noch eine angenommene Restgeschwindigkeit von 720 m/s besitzt, hat also so ungefähr eine Durchschnittsgeschwindigkeit von 810 m/s. Damit braucht es für die 250 Meter 0,308 Sekunden. und genau während dieser 0,308 Sekunden fällt unser Geschoss auch nach unten. Der Fallweg h berechnet sich nach:

$$h = \sqrt{\frac{g \times t^2}{2}} = 0{,}68\,m$$

Das wäre in etwa der Tiefschuss bei horizontalem Abschuss. Bei 220 Metern wären es nur noch 60 cm. Natürlich schleppen wir weder eine Flugzeitentabelle noch einen Entfernungsmesser mit uns herum.

Wir haben zwei Werkzeuge, um das Problem aus der Welt zu schaffen. Zunächst einmal schießen wir natürlich nicht horizontal, sondern unter einem Winkel nach oben. Wenn wir mit einem Zielfernrohr schießen, durchquert das Geschoss die Sichtlinie nach etwa 15–20 Metern von unten nach oben. Das Geschoss beschreibt dann eine Kurve, erreicht einen Scheitelpunkt und beginnt danach wieder zu sinken. Bei einer bestimmten Entfernung – der Einschießentfernung – durchbricht das Geschoss unsere Sichtlinie ein zweites Mal. Danach fällt es weiter nach unten. Wenn wir als Jäger die Zielgröße, in der wir unser Geschoss platzieren müssen, um einen waidgerechten Schuss anzubringen, mit 15 cm annehmen, dann müssen wir die Distanz, über die wir die Waffe einschießen, so wählen, dass im höchsten Punkt der Flugbahn gerade 7,5 cm über der Sichtlinie erreicht werden. Wenn dann das Geschoss nach Durchlaufen der Sichtlinie weitere 7,5 cm gefallen ist, ist Schluss. Die Distanz, auf die wir die Waffe eingeschossen haben, um das eben beschriebene Verhältnis zu erreichen, ist natürlich nichts anderes als die altbekannte GEE: Die Günstigste Einschieß-Entfernung (engl.: point blanc range).

Die ist bei vielen Herstellern von Munition auf die Packung gedruckt. Als Wiederlader müssen wir uns selbst helfen.

Zu dem Zweck werden wir sicher kein Ballistikprogramm erwerben. Es geht auch ganz ohne Rechnerei, und zwar so:

Bleiben wir beim 140-Grain-(9,07 Gramm)-Geschoss. Diesmal nehmen wir nicht den $BC_{(G1)}$, sondern den $BC_{(G7)}$. (Der passt beim Berger 140 grn VLD Hunting einfach besser und beträgt 0.313.) Die v_0 sei 870 m/s. Mit diesen Werten gehen wir im Internet in das auf Seite 140 erwähnte Ballistikprogramm von Hornady. Wir geben mal als weiteste Schussentfernung 300 m ein und als Einschießentfernung 250 m (Zero Range). Das Ergebnis (Abb. 129) verrät uns: Wir waren zu optimistisch. Die größte Erhöhung der Flugbahn beträgt zirka 10 cm und

Hornady® Accurate. Deadly. Dependable.

BALLISTICS CALCULATOR

Your Input Variables

Ballistic Coefficient	0.313	Velocity (m/s)	870	Weight (grains)	140
Maximum Range (m)	300	Interval (m)	25	Drag Function	G7
Sight Height (cm)	4	Shooting Angle (degrees)	0	Zero Range (m)	250
Wind Speed (km/h)	0	Wind Angle (degrees)	90	Altitude (m)	0
Pressure (hg)	29.53	Temperature (C)	15	Humidity (%)	0.78

Ballistics Results - Boattail

RANGE (METERS)	VELOCITY (MPS)	ENERGY (JOULES)	TRAJECTORY (CM)	COME UP IN MOA	COME UP IN MILS	WIND DRIFT (CM)	WIND DRIFT IN MOA	WIND DRIFT IN MILS
Muzzle	870	3434	-4	0	0	0	0	0
25	858	3336	0.5	-0.7	-0.2	0	0	0
50	845	3242	4.2	-2.9	-0.8	0	0	0
75	833	3149	7	-3.2	-0.9	0	0	0
100	821	3059	8.9	-3.1	-0.9	0	0	0
125	809	2970	9.9	-2.7	-0.8	0	0	0
150	797	2884	9.9	-2.3	-0.7	0	0	0
175	785	2799	9	-1.8	-0.5	0	0	0
200	774	2716	7	-1.2	-0.4	0	0	0
225	762	2635	4.1	-0.6	-0.2	0	0	0
250	751	2556	0	0	0	0	0	0
275	739	2479	-5.3	0.7	0.2	0	0	0
300	728	2404	-11.6	1.3	0.4	0	0	0

Abb. 129

liegt zwischen 159 und 175 Metern. Nach 300 Metern sind es dann 11,6 cm Tiefschuss. Zusammen also fast 22 cm, deutlich mehr als die 15, die wir uns als Zielgröße gesetzt haben.

Neuer Versuch. Wir reduzieren die maximale Schussentfernung auf 265 Meter und setzen die Einschießentfernung auf 215 Meter. Das Ergebnis (Abb. 130) sieht schon besser aus. Die Flugbahn-Überhöhung ist von 10 auf 6,8 cm geschrumpft, dafür kommt die Summe aus 6,8 und 9,5 Tiefschuss unserem Ziel schon recht nahe.

Einige Versuche später setzen wir eine maximale Schussentfernung von 265 m ein und wählen die Einschießentfernung mit 223 m. Das Ergebnis (Abb. 131) passt gut genug. Die GEE ist 223 m und die maximale Schussentfernung 270 m. Das sind die Einstellungen, bei denen wir sicher sein können, ein 15 cm großes Ziel zu treffen, egal, wie weit weg es steht. Mathematiker nennen diese Methode, eine Aufgabe anzugehen, »etwas auf iterativem Wege lösen«. Wir Normalbürger sagen »probieren«. Das klingt nicht so vornehm, ist aber genau dasselbe (vgl. Seite 185–188).

Die Konsequenz, die sich daraus ergibt: Wir suchen Laborierungen mit

1. hoher v_0 (für eine gestreckte Flugbahn),
2. großem BC (für eine gestreckte Flugbahn und große Endgeschwindigkeit),
3. hohem Geschossgewicht (Matuna-Formel) und

Ballistics Results - Boattail

RANGE (METERS)	VELOCITY (MPS)	ENERGY (JOULES)	TRAJECTORY (CM)	COME UP IN MOA	COME UP IN MILS	WIND DRIFT (CM)	WIND DRIFT IN MOA	WIND DRIFT IN MILS
Muzzle	870	3434	-4	0	0	0	0	0
25	858	3336	-0.1	0.2	0.1	0	0	0
50	845	3242	3	-2	-0.6	0	0	0
75	833	3149	5.1	-2.3	-0.7	0	0	0
100	821	3059	6.4	-2.2	-0.6	0	0	0
125	809	2970	6.8	-1.9	-0.5	0	0	0
150	797	2884	6.2	-1.4	-0.4	0	0	0
175	785	2799	4.7	-0.9	-0.3	0	0	0
200	774	2716	2	-0.3	-0.1	0	0	0
225	762	2635	-1.6	0.2	0.1	0	0	0
250	751	2556	-6.2	0.9	0.2	0	0	0
275	744	2513	-9.5	1.2	0.4	0	0	0

Abb. 130

Hornady
Accurate. Deadly. Dependable.®

BALLISTICS CALCULATOR

Your Input Variables

Ballistic Coefficient	0.313	Velocity (m/s)	870	Weight (grains)	140
Maximum Range (m)	265	Interval (m)	25	Drag Function	G7
Sight Height (cm)	4	Shooting Angle (degrees)	0	Zero Range (m)	223
Wind Speed (km/h)	0	Wind Angle (degrees)	90	Altitude (m)	0
Pressure (hg)	29.53	Temperature (C)	15	Humidity (%)	0.78

Ballistics Results - Boattail

RANGE (METERS)	VELOCITY (MPS)	ENERGY (JOULES)	TRAJECTORY (CM)	COME UP IN MOA	COME UP IN MILS	WIND DRIFT (CM)	WIND DRIFT IN MOA	WIND DRIFT IN MILS
Muzzle	870	3434	-4	0	0	0	0	0
25	858	3336	0	0	0	0	0	0
50	845	3242	3.3	-2.2	-0.6	0	0	0
75	833	3149	5.5	-2.5	-0.7	0	0	0
100	821	3059	7	-2.4	-0.7	0	0	0
125	809	2970	7.5	-2.1	-0.6	0	0	0
150	797	2884	7	-1.6	-0.5	0	0	0
175	785	2799	5.6	-1.1	-0.3	0	0	0
200	774	2716	3.1	-0.5	-0.2	0	0	0
225	762	2635	-0.3	0	0	0	0	0
250	751	2556	-4.8	0.7	0.2	0	0	0
275	744	2513	-8	1	0.3	0	0	0

Abb. 131

4. mäßigem Rückstoß (bei Jagdpatronen nicht so wichtig wie bei Matchmunition).
Es gibt sicherlich viele Patronen, die diesen Kriterien entsprechen. In der Folge ein paar Empfehlungen, die sich gut geschlagen haben:

6mm	6,5mm	7mm	7,62mm
6 PPC	6,5 x 54 Mannlicher	7mm-08 Rem	.300 Savage
.243 Win.	6,5 Grendel,	7 x 57 Mauser	308 Win
6mm Dasher	6,5 xx 55 Schw.Mauser	7mm Rem. SAUM	30-06
6 BR Norma	6,5 Creedmoor	7 mm Rem. Mag	300 H&H
6 CX	6,5-.284 Norma	7 x 64 Brenneke	308 Norma Mag
6 x 47 Lapua	6,5 x 57		300WSM
6 Creedmoor	6,5mm-06		300 Ruger Comp.M
.243 WSSM	264 Win Mag		
	26 Nosler		

Es gibt zweifellos größere Kaliber, die sich seit Jahrzehnten bewährt haben, und genauso gibt es »heißere« Kaliber, die noch gestrecktere Flugbahnen haben. Wenn ich die hier nicht gelistet habe, dann nicht, weil ich ihnen die Eignung abspreche. Im Gegenteil. Aber die genannten Patronen sind (abhängig von der Größe des Wildes) wirklich allesamt ausreichend für alles, was in Europa auf vier Beinen herumläuft.
Bleibt noch der Hinweis auf die Patronenlänge.
Wenn Sie eine Langwaffe sportlich nutzen, haben Sie in aller Regel Zeit, sie als Einzellader zu verwenden. Ein als Einzellader ausgeführtes System ist überdies deutlich steifer, was sich positiv auf die Präzision auswirkt.
Für eine Jagdwaffe gilt das alles nicht. Da müssen wir in der Lage sein, den zweiten Schuss innerhalb einer Sekunde folgen zu lassen. (Das geht auch mit Einzelladern; aber das ist eine andere Geschichte.)
Bei den Präzisionspatronen für Sportwaffen ist es ratsam, das Geschoss so lang wie möglich zu setzen. Die in Abb. 106 dargestellte 6mm Dasher mit 6mm-105-Grain-Hybridgeschoss ist 2,5 mm länger (OAL) als die CIP-Patrone und 0,4 mm länger als das CIP-Maß der 6mm BR Norma. Also müsste man, wenn die Patrone vorwiegend jagdlich genutzt wird, prüfen, ob die Patrone überhaupt ins Magazin passt. Falls nicht, muss man das Geschoss ein wenig setzen. 0,2 mm tun der Performance keinen großen Abbruch, wenn der Übergangskegel passt.
Ist die OAL jedoch viel zu lang, gibt es drei Möglichkeiten.

1. Wir beißen in den sauren Apfel und setzen das Geschoss auf Kosten der Leistung so tief, bis es passt.
2. Fehlen nur 0,5–1 mm, so ist es unter Umständen eine Möglichkeit, das Magazin im Bereich der Geschossspitze zu schlitzen.
3. Sie fragen Ihren Büchsenmacher, ob die Möglichkeit besteht, den Magazinschacht und die Zuführungsrampe für ein anderes Magazin anzupassen. Wenn z. B. die oben erwähnte Dasherpatrone statt 0,4 mm ganze 2 mm zu lang gewesen wäre, könnte man auf das Magazin der 250-3000 Savage umsteigen. Die ist bei ähnlichen Hülsenabmessungen um das gewünschte Maß länger.

Jagdkaliber für große Entfernungen

Im Prinzip gelten hier die gleichen Anforderungen wie über die kurzen Distanzen. Nur in verstärktem Maße. Aber die Anforderungen an den Schützen sind jetzt ganz andere. Zunächst: es gibt keine GEE mehr. Die Entfernung wird immer wichtiger, je größer sie wird. Der Vitalbereich von 150 mm betrug bei der maximalen Schussweite im vorangegangenen Beispiel immerhin noch 2 MOA (Winkelminuten). Über 800 Meter sind das nur noch 2/3 MOA.

Das Geschoss aus dem Beispiel mit 6,5mm, v_0 = 870 m/s, 140 Grain, $BC_{(G7)}$ = 0,313 hat nach 800 Metern nur noch eine Restgeschwindigkeit von 521 m/s. Schlimmer noch, der Höhenunterschied der Treffpunktlage zwischen 775 und 800 Metern beträgt über 36 cm.

Jetzt kommt auch der Wind zum Tragen, der bei der Kurzstrecke für Jäger noch nicht so entscheidend war. Ein seitlicher Wind von 15 km/h verbläst das Geschoss um über einen Meter.

Wenn Sie Band 1 gelesen haben, werden Sie sich erinnern: Die seitliche Winddrift erfolgt nicht horizontal, sondern infolge der Kreisel-Wirkung auf einer je nach Stabilisierungsgrad mehr oder weniger geneigten Linie. Typisch für Jagdgeschosse sind 18–20 Grad. Also auch wenn Sie mit dem korrekten Betrag »in den Wind« halten, die Vertikale bleibt.

Für Entfernungen bis 500 Meter mag es angehen – viel Erfahrung vorausgesetzt –, die Entfernung mit dem Absehen des Zielfernrohres abzuschätzen. Mit einiger Übung, dem richtigen Absehen und Objekten bekannter Größe im Zielbereich geht das erstaunlich gut. Dazu komme ich noch. Für wirklich lange Entfernungen benötigen Sie einen Laser-Entfernungsmesser, der Ihnen die Entfernung bis 1200 Meter am besten metergenau angibt. Und Sie benötigen ein Ballistikprogramm mit höherer Auflösung als das von Hornady. Mit 25 Meterschritten ist es offensichtlich nicht mehr getan. Auch auf das Thema komme ich noch.

Die Nemesis des Long-Range-Schießens bleibt der Wind. Sie können beim jagdlichen Schießen den Wind an ihrem Standort mit einem Windmesser ermitteln. Aber eben nur an Ihrem Standort! Unterwegs erreicht das Geschoss eine Scheitelhöhe von mehreren Metern. Da oben bläst es stärker. Sehen Sie sich also die Windmarker (Gras, Zweige, Mirage, Staubwolken etc.) in Ihrer Umgebung und dann auf dem ganzen Weg zum Ziel an. Bilden Sie einen vermuteten Mittelwert für den Wind. Dann geben Sie die ganzen Variablen: (Ihren Standort, Kompassrichtung, in der Sie schießen (Corioliskraft), v_0, BC und Länge des Geschosses, Entfernung, Laufdrall, Höhe der Sichtlinie über der Laufachse, Neigung der Sichtlinie (schießen Sie bergauf, bergab, horizontal?), Luftdruck, Luftfeuchte, Temperatur) in Ihrem Tablet oder Laptop ein und lassen Sie Ihr Ballistikprogramm laufen. Sie haben sich immer gefragt, warum die Scharfschützen beim Militär immer zu zweit agieren?

Geschosswahl: Formfaktor oder BC?

Die Patrone aus dem obigen Beispiel ist für Entfernungen bis 265 Meter völlig adäquat. Wirkt sie über die 800 Meter schon etwas phlegmatisch (G_W = 67 kg), so bleiben davon auf 1000 Meter nur noch 42 kg übrig. Es ist also offensichtlich: wir benötigen eine sehr hohe v_0 und ein Geschoss mit möglichst großem BC. Das klingt einfacher als es ist. Der BC ist die Querschnittsdichte geteilt durch den Formfaktor. Nach der G7-Funktion liegt der Formfaktor um und bei 1,3 bis 0,9 (je kleiner, desto windschlüpfriger).Flachbodengeschosse nach G1 haben Formfaktoren von 0,65 bis 0,46.

Das Problem beim Erkennen der Windschnittigkeit anhand des BC liegt darin, dass hier zwei Faktoren zusammengeworfen wurden. Vergleichen wir zwei Hornady-Geschosse Kaliber .30 miteinander: Nummer 3090, ein 220 Grain RN Interlock mit einem BC von .300, und Nummer 3019, ein 125 Grain SST mit einem BC von .305. Beide haben praktisch den gleichen BC, und wir

verschießen beide aus einer 30-06.
Geschoss 1 startet mit 762 m/s, nach 500 Metern sind das noch 377 m/s, das entspricht ungefähr 1013 Nm oder einem G_W von rund 62 kg.
Geschoss 2 startet mit 990 m/s, nach 500 Metern sind das noch 523 m/s, das entspricht ungefähr 1109 Nm oder einem G_W von 54 kg.
Geschoss 1 ist schwer, hat eine hohe Querschnittsdichte, aber einen schlechten Formfaktor. Bei Geschoss 2 ist es umgekehrt. Es ist schneller, es hat nach 500 m eine geringfügig höhere Restenergie, Es hat eine gestrecktere Flugbahn, und es hat aufgrund der höheren Geschwindigkeit 1/3 weniger Winddrift. Aber in der Matunaformel liegt das schwere, langsame Geschoss trotzdem vorn.
Ich würde hier zunächst mal das leichtere Geschoss mit dem besseren Formfaktor wählen, denn um waidgerecht zu töten, muss ich erst einmal waidgerecht treffen. Für einen differenzierteren Vergleich lesen Sie bitte das Kapitel »Theoretische Außenballistik«.
Sehen wir uns also ein paar Kandidaten für das Long Range Hunting an, die auch bei größeren Geschossgewichten noch hohe bis sehr hohe Mündungsgeschwindigkeiten liefern. Dass solche Laborierungen tüchtig nach hinten treten (mit Mündungsbremse wird es erträglich) und dass sie Läufe fressen wie nichts Gutes, bedarf – denke ich – keiner näheren Erläuterung.

7mm	7,62mm	8mm & .338	9,3mm und größer
7mm Remington Mag	300 Norma Mag	8 x 68 S	9,3 x 64 Brenneke
7mm Weatherby Mag	300 Winchester Mag	338 Winchester Mag	375 Ruger
7mm Dakota	300 Weatherby Mag	338 Lapua Mag	375 Weatherby Mag
7mm STW	300 Dakota		375 Dakota
7.21 Lazzeroni Tomahawk	300 Remington Ultra Mag		375 Remington UltraMag
7.21 Lazzeroni Firebird	300 Lapua Mag		378 Weatherby Mag
	300-378 Weatherby Mag		416 Dakota
			416 Weatherby Mag
			416Barrett
			50 BMG

Wovon reden wir eigentlich? Greifen wir eine zugegeben recht heiße Nummer aus dem mittleren Kalibersegment heraus, die 300 Lapua Magnum. Mit einem 215-Grain-Geschoss, $BC_{(G7)}$ = 0,356 und einer Ladung von etwas mehr als 102 Grain Viht. 20N29 ist eine Mündungsgeschwindigkeit von 930 m/s realistisch. Das sind nach 800 Metern immerhin noch 606 m/s, die Energie bei 800 Metern beträgt 2557 Nm. Und das Matuna-Wildgewicht G_W wäre noch satte 247 kg.
Zum Vergleich: eine 7 x 57R Mauser mit 160-Grain-Geschoss bringt an der Mündung eine Energie von gerade mal 2831 Nm. Bei einem Matuna-Wildgewicht von G_W = 249 kg ist das nicht viel mehr. Und ich selbst habe noch nicht gesehen, dass jemand das Wild direkt vor der Mündung hatte.

Schonzeitkaliber

Kleinwild bis 200 Meter

Wir reden hier von Marder, Iltis, Fuchs, Hase und ggf. Federwild. In anderen Worten: alle bisher genannten Kaliber sind »too much gun«, zu groß. Über die kurze Entfernung sind die diversen Patronen in den Kalibern .17, .20 und .22 erste Wahl. Besondere Erwähnung verdient die .222 Remington, die vor der Ankunft der 22 PPC die wohl präziseste Patrone überhaut war.
Kleinwild ist – Überraschung! – klein und somit entsprechend empfindlich. Auch die Matuna-Formel trägt dem Rechnung. Die hat für Kleinwild einen entsprechend angepassten Faktor und lautet jetzt (im metrischen System mit G_W in kg, v in m/s und m in g):

$$G_W = v^3 \times m^2 \times 1{,}9 \times 10^{-8}$$

Entsprechend wichtig ist die Wahl eines geeigneten Geschosses. Anders als bei größerem Wild ist es jetzt keine gute Idee, ein Geschoss zu wählen, das all seine Energie im Wildkörper abgibt. Es bliebe kein Wildkörper übrig.
Der eine oder andere wird jetzt antworten: »Ist mir doch egal. Streunende Katzen oder Hunde haben in meinem Wald nichts verloren.« Als Jäger ist Ihnen das Bundeswaldgesetz ein Begriff. Mit Sicherheit kennen Sie auch den §14, der das Betretungsrecht regelt. Natürlich gilt das nur für Menschen und nicht für Hund und Katze. Aber denken Sie doch bitte einmal nach: Wenn Sie beobachten, wie Nachbars Kater voller Vorfreude durch den Wald stromert, weil es dort so wunderbar verführerisch nach rolliger Wildkatze duftet? Der hat genauso viel Recht wie Sie, sich in »Ihrem« Wald aufzuhalten. Auch wenn er keine Pacht entrichtet hat.
Also, wir wählen Geschosse, die damit beworben werden, sicheren Ausschuss zu gewährleisten. Das Brenneke TUG wäre ideal. Gibt es aber nicht in den kleinen Größen. In Kaliber 20 ist das NTX von Hornady eine gute Wahl, im Kaliber .22 das SP Geschoss oder die diversen Monolithen. Für Entfernungen von 200 bis vielleicht 325 Metern sind die 6 PPC und die heißen 22er wie die 22-250 Rem. oder die 220 Swift ernsthafte Optionen. Die beiden letztgenannten schießen mit leichten Geschossen traumhaft flach. Alptraumhaft ist dagegen die Windempfindlichkeit.

Schonzeitkaliber für lange Distanzen

Die gibt es genaugenommen nicht. Hier gelten die gleichen Kriterien wie bei den Match-Kalibern bis 1000 Meter. Auch bei den Geschossen kommen aus Gründen der Außenballistik nur HPBT-Geschosse infrage. Halten Sie nicht auf das Blatt, sondern etwas dahinter. Dann hält sich der Prozentsatz an zerschossenem Wildbret in Grenzen.
Wenn Sie auf Pelze schießen? Lassen Sie es bleiben.
Ich bin mit der Überzeugung aufgewachsen: Wenn ich etwas schieße, muss ich es verwerten: Essen, Pelz, Trophäe. Das ist nicht der Punkt. Aber nur schießen, um zu sehen, ob ich wohl treffe? Das reicht nicht und ist nicht legitim.
Natürlich habe ich selbst auch schon gegen diese meine Regel verstoßen. So habe ich einmal einen völlig abgemagerten Schakal mit einem gebrochenen Vorderlauf geschossen. Ich hoffe noch immer, ich habe ihm einen Gefallen getan ...

Die Jagd auf wehrhaftes Wild

Bei uns in Westeuropa gibt es kein wirklich wehrhaftes Wild. Für die meisten von uns wird dieser Abschnitt also immer graue Theorie bleiben. Ich muss noch eines vorweg schicken. Dieses

Kapitel heißt ja Praktische Außenballistik. Auf den folgenden Seiten finden Sie auch reichlich Praxis, aber die Ballistik hätte ich auch in einer 5 cm langen Tabelle unterbringen können. Wenn Sie das Thema nicht sonderlich interessiert, überspringen Sie es. Andererseits dachte ich mir: nach all der trockenen Zahlenjongliererei kann ein kurzer Abstecher in die wirklich aufregenden Aspekte der Jagd ganz erholsam sein.
Zunächst sei darauf hingewiesen: Wenn Sie irgendwo in der Welt gefährliches Wild jagen wollen, dann sind Sie praktisch überall verpflichtet, dies in Begleitung eines ortsansässigen, lizensierten Berufsjägers zu tun. In den USA ist das der Outfitter, in Afrika der PH, der Professional Hunter. Wenn Sie Vorstellungen von einer großen Jagdsafari à la Ernest Hemingway oder Robert Ruark mit sich herumtragen: Vergessen Sie es. Die Zeiten sind unwiederbringlich vorbei. Ihr PH arbeitet entweder auf eigene Rechnung, oder er ist bei einem größeren Unternehmen angestellt. Auch als Selbstständiger braucht er den Kontakt zu Agenten, die ihm die Kunden aus den USA, Westeuropa, Russland oder Fernost vermitteln. Sollte Ihnen, dem zahlenden Klienten, bei der Jagd etwas zustoßen, ist das für ihn der berufliche Super-GAU. Als Angestellter wird er entlassen, als Selbstständiger setzen ihn die Agenten auf die schwarze Liste.
Außerdem hat er in aller Regel gelernt, dass ein nicht unerheblicher Teil seiner Kundschaft nicht aus Jägern, sondern aus Trophäensammlern besteht. Er wird Ihr Jagderlebnis also immer so in Szene setzen, dass die Aufregung sich vorwiegend auf Ihre Wahrnehmung beschränkt. Um mit Ihnen wirklich so zu jagen, wie ich es auf den folgenden Seiten beschreibe – soll heißen, so wie die Ortsansässigen –, muss er schon die eine und andere Saison zusammen mit Ihnen gejagt haben und dabei zu der Überzeugung gelangt sein, dass Ihre Nerven genauso gut sind wie seine eigenen.
Beim wehrhaften Wild gibt es eigentlich nur 2½ Klassen. Die halbe zuerst.

Buschbock (Engl.: bushbuck, Zulu: Imbabala, Kiswahili: Mbawala)
Das ist eigentlich ein friedlicher Vertreter. Doch anders als seine nächsten und größeren Verwandten Kudu und Njala rennt er, wenn er angeschossen wurde, nicht davon, sondern greift an. Sie meinen, das gilt auch für den Elch? Stellen Sie sich vor, ein Elch wäre auf Ecstasy plus Speed. Dann haben Sie eine Idee von einem verwundeten Buschbock.
Die Lehre daraus ist einfach. Es gibt kein »Wird schon klappen!« Wenn Sie sich nicht absolut sicher sind, drücken Sie nicht ab.

Leopard (Engl.: leopard, Zulu: Ingwe, Kiswahili: Chui)
Der Jaguar und der Puma fallen in die gleiche Kategorie, aber mit denen habe ich keine Erfahrung. Den Geparden habe ich nicht vergessen. Den jagt man nicht.
Für den Chui sind Kaliber von 7mm Mag. bis .338 Mag. angebracht. Leoparden sind längst nicht so stark wie Löwen, aber sie sind unglaublich schnell.
Fall Sie vorhaben, einen Leoparden zu jagen, nehmen Sie eine doppelläufige Schrotflinte Kaliber 12/76 mit. Laden Sie einige Schrotpatronen mit Posten 2 (9mm) und füllen Sie die Zwischenräume mit Schrotkugeln der Größe 6 oder 7 (2,7 oder 2,5 mm). Die Pulverladung müssen Sie wegen des Mehrgewichtes etwas reduzieren. Das ist übrigens eine Kombination, die von den britischen SAS in den 60er Jahren in Borneo zum ersten Mal erfolgreich eingesetzt wurde. Um einen Leo zu jagen, wird Ihr PH ein Luder legen. Den besten Erfolg verspricht ein Wildschwein, das im aufgebrochenen Zustand einige Kilometer hinter dem Land Rover durchs Gelände gezogen und dann in einem Baum mit Kratzspuren aufgehängt wurde. Ihr Versteck wird beim üblicherweise vorherrschenden Wind auf der Leeseite liegen. Entfernung zirka 80

Meter. Das ist eine Entfernung, auf die man nicht danebenschießen kann!??
Wenn Ihr Schuss sitzt, dann war's das. Wenn nicht, haben Sie ein Problem. Sie wären nicht der erste, der vor lauter Aufregung halt doch nicht sauber trifft. Ihr PH wird Sie trösten: »Sowas passiert. Kopf hoch, den kriegen wir schon.« Und er wird dabei ein ganz mieses Gefühl in der Magengegend haben.
Dann wird er sich – wenn sonst kein erfahrener Jäger greifbar ist – allein an die Nachsuche machen.
Lassen Sie das nicht zu. Es ist für einen Mann allein zu gefährlich. Das ist jetzt die Situation, für die Sie die Doppelläufige mitgebracht haben. Wenn Sie jetzt auch ein flaues Gefühl haben: Gut so. Das hält Sie vielleicht am Leben.
Gehen Sie nebeneinander. Neben, nicht auf der Spur. Die wollen Sie nicht zertrampeln. Wenn einer von Ihnen Linkshänder ist, geht er auf der rechten Seite.
Achten Sie auf ungewöhnliche Geräusche wie Husten, Gurgeln, Knurren, Scharren oder das Brechen von Zweigen. Achten Sie nicht nur auf große, offensichtlich mögliche Verstecke.
Der Chui weiß, dass Sie kommen. Mit größter Wahrscheinlichkeit hat er irgendwann auf seiner eigenen Spur kehrt gemacht, sich dann seitwärts in die Büsche geschlagen und wartet jetzt. Die Chance, dass das auf Ihrer Seite ist, steht 50 : 50. Wenn er kommt, dann so schnell, dass Ihnen keine Zeit zum Zielen oder Nachdenken bleibt. Zielen ist auch nicht nötig. Richten Sie Ihre Waffe in seine generelle Richtung und drücken ab. Am besten beide Läufe gleichzeitig. Er wird nicht weiter entfernt sein als einen oder zwei Meter. Kommt er auf der Seite Ihres PH, behalten Sie um Gotteswillen die Nerven. Sie haben den Mann in diese Lage gebracht. Das letzte, was er jetzt gebrauchen kann, ist, dass Sie ihm vor lauter Aufregung in den Rücken schießen.

Löwe (Engl.: lion, Zulu: Imbube, Kiswahili: Simba)
Mindestkaliber ist die 375 H&H Mag., aber ich würde mich lieber auf die 416 Rigby oder Ruger verlassen. Das 400-Grain-DGX-Geschoss von Hornady ist bestens geeignet. Keine Vollmantelgeschosse, bitte.
Verwenden Sie wiedergeladene Munition? Jetzt ist nicht die Zeit für Experimente. Nehmen Sie auf jeden Fall ein Geschoss mit Crimp-Rille, wie z. B. das GMX. Setzen Sie es so tief, dass Sie mindestens 0,5 mm Freiflug haben. Setzen Sie das Geschoss mit Rollcrimp. Diese Kaliber treten ziemlich stark. Sie wollen, dass das Geschoss auf der Tiefe BLEIBT, auf die Sie es gesetzt haben.
Sie wollen unbedingt einen Löwen in Ihrer Trophäensammlung? Es sollte kein unüberwindliches Hindernis sein, einen Agenten zu finden, der Sie mit den richtigen Leuten zusammenbringt.
Sie wollen einen Löwen jagen? Das könnte ein Problem werden. Lesen Sie noch einmal die Vorbemerkung zu » Die Jagd auf wehrhaftes Wild«. Sie wollen noch immer einen Löwen jagen? Lassen Sie sich sowohl vom Landbesitzer als auch vom PH schriftlich bestätigen, dass es sich nicht um einen »Dosenlöwen« handelt. (Der englische Terminus hierfür ist: a canned lion.) Das ist ein Löwe, der in Gefangenschaft geboren und aufgezogen wurde. Wenn er das nötige Alter erreicht hat, wird er freigelassen. Es besteht keine Gefahr, dass er sich heimlich verdrücken könnte. Der arme Kerl hat nie gelernt, zu jagen und für sich selbst zu sorgen. Also kommt er täglich an seine Futterstelle zurück, an der er dann auch irgendwann erschossen wird. Der Klient wird – selbst wenn nicht ausdrücklich behauptet wird, es handle sich um einen wildlebenden Löwen, der sich zufällig auf der Durchreise befindet – im Glauben gelassen, dass genau dies der Fall ist.
Selbst wenn Sie diese schriftliche Zusicherung haben, kann es nicht schaden, abends im Pub einem der Einheimischen – der vorzugsweise nicht für Ihren Gastgeber arbeiten sollte – einen

Drink auszugeben und ihn zu dem Thema zu befragen. Wenn einer der Farmer Dosenlöwen züchtet, wissen die Nachbarn in der Regel Bescheid.
Also nehmen wir an, Ihr Löwe ist tatsächlich ein wildlebender. Vielleicht sind Sie ja auch gar nicht mit einem PH unterwegs, sondern mit einem befreundeten Farmer, der sein Vieh schützen will. Löwen jagt man zu Fuß. Sie mögen mit dem Land Rover unterwegs sein, um ein Rudel aufzuspüren. Sowie Sie etwas in der Ferne gesehen haben, gehen Sie zu Fuß. Simba ist nicht so schnell auf den Beinen wie der Chui, aber er ist immer noch sehr fix unterwegs. Und eines sollten Sie immer im Hinterkopf behalten: Laut offizieller Opferstatistik werden sehr wenige Menschen von Löwen angegriffen und getötet. Aber die Gegenden, in denen Löwen (wild) leben, sind extrem abgelegen. Die Dunkelziffer der Angriffe lässt sich nicht einmal abschätzen. Sie sind also am besten darauf vorbereitet, dass Ihr Löwe mit Ihnen das gleiche vorhat, wie Sie mit ihm. Ein Angriff erfolgt, wenn er denn erfolgt, aus weniger als 50 Metern Entfernung. Die legt der Bursche in unter drei Sekunden zurück.
Ein Löwe hat eine Schulterhöhe von knapp einem Meter. Überdies versucht er, sich klein zu machen, während er auf sie zukommt. Die Folge: es ist aufgrund seiner Geschwindigkeit sehr leicht, ihn viel zu weit hinten oder gar nicht zu treffen. Und schießen Sie einen Repetierer mit Zylinder-Verschluss, bleibt keine Zeit mehr für einen gezielten zweiten Schuss.
Es erfordert Nerven. Aber schießen Sie nicht. Gehen Sie runter auf ein Knie. Jetzt kommt der Löwe auf Ihrer Höhe auf Sie zu. Für einen kurzen Augenblick haben Sie ein stationäres Zielbild. Wenn Sie dann trotzdem daneben schießen, bleibt Ihnen nur noch kurze Zeit zu hoffen, dass Ihr Begleiter es besser macht.
Das war Methode 1, die bis etwa 10 oder 11 Uhr Erfolg verspricht. Nach dieser Zeit halten die Herrschaften Siesta. Es ist dann praktisch ausgeschlossen, Sie aus der Ferne zu sichten. Wenn Ihr Jagdführer weiß, welches Wasserloch die Löwen frequentieren, ist es gegebenenfalls möglich, eine Spur zu finden und ihr zu folgen.
Drittens gibt es natürlich noch immer die Möglichkeit, vier oder fünf Luder auszulegen. Halbwegs bewährt haben sich aufgebrochene Zebras, die man kreuz und quer durchs Gelände schleift und dann mit dem Kopf nach oben in einen Baum hängt. Bitte nur so hoch, dass der Löwe von unten rankommt. Anders als die Leoparden ist er nämlich ein lausiger Kletterer. Dann fährt man die verschiedenen Luder mehrmals täglich an und kontrolliert, ob Simba eines angenommen hat.
Das kann ein paar Tage dauern. Löwen scheinen eine Schwäche für Fleisch zu haben, das schon ein wenig »riecht« und von Maden übersät ist. Diese dritte Methode ist nicht so erfolgreich wie die beiden anderen. Ihr PH wird sie trotzdem favorisieren, weil er Sie – den Klienten – in einem Versteck sehr viel besser unter Kontrolle hat, als in einer in freiem Gelände ausgetragenen Konfrontation.

Bär

Braunbären und die amerikanische Spielart – der Grizzly – sind zwar massiger und schwerer als der Löwe, aber dennoch einfacher zu schießen.
Die übliche Methode ist: am Luder, aus der sicheren Position eines Ansitzes herab. Man klettert hinauf, wartet, schießt. Kaliber .338 Win. Mag. ist absolut ausreichend. Adiós, Bär.
Besonders aufregend ist das natürlich nicht. Allerdings: das ist wohl relativ. An dieser Stelle wollte ich eigentlich davon erzählen, wie sich der Vorsitzende einer Kreisjägerschaft im Landesjagdverband NRW in Kanada standhaft weigerte, von seinem Ansitz herunterzusteigen. Das war natürlich, nachdem er einem Schwarzbären durch die Eingeweide geschossen hatte.

Unser Nimrod bestand darauf, sich auf dem Dach des LUVs in Sicherheit bringen zu lassen. Schwamm darüber. Vielleicht haben wir alle irgendwann mal einen schwachen Moment.

Kap-Büffel (Engl.: cape buffalo, Zulu: Njaty, Kiswahili: Mbogo)
An dem scheiden sich die Geister. Game Ranger schießen sie regelmäßig, um Fleisch für die Kantine zu beschaffen. Dabei geht es allerdings nicht besonders jagdlich zur Sache. Der Ranger schießt entweder von der Ladepritsche seines Fahrzeugs, oder er sucht sich einen geeigneten Termitenhügel, hinter dem er in Deckung geht. Geeignet heißt 80 bis 100 Meter seitlich von einem von Büffeln auf dem Weg zur nächstgelegenen Wasserstelle genutzten Trampelpfad.
Wenn die Herde vorbeikommt, schießt er. Selbstverständlich auf eine Büffelkuh. Auch die ist noch ein formidabler Gegner, besonders dann, wenn das Stresshormon Adrenalin literweise ausgeschüttet wird. Das wäre gleich aus zwei Gründen schlecht: Das Fleisch wird für längere Zeit unglaublich zäh, und das Tier wird ebenfalls für eine Zeitlang praktisch unverwundbar.
Also behält er den Kopf unten und rührt sich für die nächsten 20 Minuten nicht. Nach dieser Zeit kann der Tierkörper dann irgendwo entlang der Strecke eingesammelt und an Bord gehievt werden.
Ein Risiko für den Schützen bestand nicht. Wozu auch. Der Ranger war nicht auf der Jagd; er war bei der Arbeit.
Für Sie als Jäger gilt das natürlich nicht. Sie wollen keine Kuh, Sie wollen einen starken Bullen. Trotzdem, Ihr PH wird für Sie eine Schussposition wählen, in der Sie nicht übermäßig gefährdet sind und in der er, falls nötig, die Möglichkeit für einen schnellen zweiten und gegebenenfalls dritten Schuss hat.
Um mit Ihnen einen Bullen auf die klassische Art zu schießen, muss er Sie sehr gut kennen. Zehn Tage reichen da nicht.
Da gibt es gleich zwei Methoden, und beide versprechen Adrenalin pur, die zweite noch ein bisschen mehr als die erste.
Sie suchen die Spur einer Herde und folgen ihr. Wenn Sie dann zur Herde aufschließen, werden Sie mit großer Wahrscheinlichkeit feststellen, dass sich einige Bullen zusammentun und die Herde nach hinten absichern. Von denen können Sie sich dann einen aussuchen.
Die Leute, die so etwas häufiger machen, empfehlen ein Mindestkaliber von .458. Zunächst ein 500-Grain-Softpointgeschoss, gefolgt von 500 Grain Rundkopf-Vollmantel. Berufsjäger verwenden eine doppelläufige Büchse, für den schnellen zweiten Schuss.
Nehmen Sie jede Schießhilfe an, die Sie kriegen können. Ein Felsbrocken, ein Ast, angestrichen an einen Baum, Shooting sticks – egal wie, Ihr erster Schuss muss sitzen.
Wenn Sie einen Büffel richtig treffen, fällt er genauso um wie jedes andere Stück Wild auch. Ein Problem entsteht nur, wenn Sie ihn nicht richtig treffen. Dann wird er böse. Richtig böse. So böse, dass ihn nur noch der Tod stoppen kann. Seiner oder Ihrer.
Was diese Art der Jagd so aufregend macht: Sie wissen nicht im Voraus, ob die anderen Büffel zusammen mit der Herde fliehen oder nicht. Büffel sind soziale Tiere. Es ist genauso gut möglich, dass der Rest der Gruppe den verwundeten oder getöteten Kameraden verteidigt.
Die zweite Art Büffel zu jagen, ist möglicherweise noch spektakulärer. Sie und Ihr PH setzen sich mitten auf die Spur, die zur Wasserstelle führt, und warten. Wenn Sie wirklich still sitzen, wird die Herde irgendwann rechts und links an Ihnen vorbeitrotten. Jetzt können Sie sich in aller Ruhe den Bullen ihrer Wahl aussuchen. Wenn Sie schießen, wird die ganze Herde in Panik losstürmen. Die Chancen stehen gut, dass Ihr Bulle – wenn er noch kann – mit der Herde davonrennt. Der Spur könnten Sie dann sogar ohne afrikanischen Tracker folgen.

Elefant, Rhino und Hippo habe ich selbst noch nicht gejagt. Dazu kann ich also keine eigenen Erfahrungen beisteuern. Wenn Sie gern mehr zu dem Thema erfahren möchten, empfehle ich: Aubrey Wynne-Jones, Hunting on safari in east and southern africa.

Das war ein kurzer Abstecher in »ballistische Gefilde« in denen Präzision nicht in Millimetern, sondern in Sekundenbruchteilen gemessen wird. Doch jetzt zurück zu unserem eigentlichen Anliegen.
Wir haben die Waffe; wir haben geladene präzise Munition. Es fehlen noch ein paar Kleinigkeiten, um aus beiden das Optimum herauszuholen.
Ihr Ballistikprogramm – ob frei aus dem Netzt oder hochkomplex für viele Euro – benötigt Daten, um eine Bahnkurve zu errechnen. Je umfangreicher und je korrekter der Input, desto besser die Lösung.
Bei den Datensätzen gibt es – mal wieder – zwei Gruppen. Solche, die sich mehr oder weniger exakt bestimmen lassen: Temperatur, Luftdruck und -feuchte, Entfernung, Schusswinkel, Himmelsrichtung. Und dann gibt es noch die anderen: Windstärke, Windrichtung, Bodenbeschaffenheit, Mirage und streng genommen auch die v_0.

Nützliche Zusatzgeräte für Long-Range-Schützen

Tragbare Wetterstation

Bei den Wetterstationen wie auch bei den Lasern geht der Trend offensichtlich dahin, mehr und mehr Elektronik einzubauen, die einen Teil der Ballistikprogramme abdecken soll. Meist sind das halbe Lösungen. Aber das ist eine Frage, die jeder für sich selbst beantworten muss. Es gibt allerdings auch Ausnahmen.
Tragbare Wetterstationen benötigen eine Art Fotostativ, um sie aufzustellen, und dann eine Windfahne, die an einen kugelgelagerten Arm montiert ist. Ein solches Gerät ist zum Beispiel das Skywatch GEOS 11 von JDC aus der Schweiz. Kostenpunkt (2016) zirka 500 Euro. Das liefert Windgeschwindigkeit, -richtung, Luftfeuchte, Luftdruck und Temperatur. Wenn Sie nicht gleich ein halbes Vermögen ausgeben wollen, für unter 200 Euro gibt es das 28 Skymate Pro. Das kann fast genauso viel, bis auf die Windrichtung, die müssen Sie dann irgendwie selbst rauskriegen.
Es geht aber auch raffinierter. Kestrel liefert mit dem Kestrel 5700 Elite (Abb. 132) eine Wetterstation, die das weiter unten vorgestellte Ballistikprogramm von Apllied ballistics schon an Bord hat. Das Gerät ist überdies in der Lage, über Bluetooth mit dem Laserentfernungsmesser Bushnell 7 x 26 Elite 1 Mile CONX zu kommunizieren. Sie geben die Geschoss- und Waffendaten ein, und das Programm verarbeitet dann wirklich alle relevanten Größen direkt und gibt Ihnen die erforderlichen Einstellwerte für Ihr ZF in MOA oder Mil.

Welchen Weg auch immer Sie bevorzugen: Ein System wie das letztgenannte ist aus mehreren Gründen praktisch. Die Wahrscheinlichkeit von Eingabefehlern ist minimiert, und Sie können sich voll auf das eigentliche Schießen konzentrieren. Das System hat aber seinen Preis.

Abb. 132

Laser-Entfernungsmesser (Rangefinder)

Wenn wir über weite Distanzen schießen wollen, benötigen wir so ein Ding. Der Entfernungsbereich sollte mindestens 1200 Meter betragen. Auch wenn Sie nie so weit schießen wollen. Die Entfernungsangaben sind immer ein wenig optimistisch gehalten. (Weiße, harte, senkrecht stehende Fläche, sehr klare Luft ohne Dunst, Mirage, Nebel. Solche Verhältnisse werden Sie im Gelände selten antreffen. Deshalb die Sicherheitsmarge.)

Bei den Range Findern gibt es aber nicht nur bei der »Maximalentfernung« Riesenunterschiede. Bei Amazon wird so ein Teil beworben, das bei 1200 Metern Reichweite eine »Genauigkeit« von +1 Meter hat. Ich habe mich ja schon weiter vorn über den Unterschied zwischen Genauigkeit und Auflösung ausgelassen. Das hier scheint mir wieder so ein Fall zu sein. Das CRF 1600 B von Leica (für das Victory PRF 8 x 26 T von Zeiss gilt dasselbe) schafft eine Genauigkeit von 1 Meter bis etwa 360 Meter, bis 730 Meter sind es +2 Meter, und darüber 0,5 % der Entfernung. Das dürften ehrliche Werte sein. Alles andere wird besser mit einem Körnchen Salz zur Kenntnis genommen.

Ein weiterer Punkt, der in keiner technischen Spezifikation auftaucht, ist die Frage, wie groß und von welcher Oberflächenbeschaffenheit ein Ziel sein muss, damit es erfasst wird. Und wie schnell das geht. Fragen Sie befreundete Schützen, wenn die so ein Teil haben, nach ihren Erfahrungen. Wenn die Option nicht besteht: Internet durchforsten. Nicht alle Blogs sind von Herstellern gesponsert.

Das nächste Merkmal, dass Sie unter Umständen benötigen, ist ein eingebauter Neigungsmesser (engl.: inclinometer). Wenn Sie im Emsland jagen, werden Sie sowas kaum benötigen. Aber nicht überall ist es so pott-eben. Wenn Sie Neigungen von mehr als 8° schießen, sollten Sie erwägen, so ein Ding am Mann zu haben. Sie wissen ja, bergauf oder bergab, die real zu korrigierende Schussentfernung verkürzt sich um den Cosinus des Sichtlinienwinkels ...

Sie suchen also einen Rangefinder mit eingebautem Neigungsmesser. Und wenn Sie sich selbst entlasten wollen, dann suchen Sie ein Gerät, das überdies noch per Bluetooth oder Schnittstelle mit Ihrem Wetterdaten-Sammler oder Ihrem Tablet kommunizieren kann.
Die folgenden Geräte haben alle eine Mindestreichweite von 1000 Metern und können Winkel messen. Einige davon gibt es mit Datenausgang, und das Apresis hat sogar einen eingebauten Kompass:

Apresis Pro Bino 3209 ic
True Pulse 200 X oder 360ger Serie
Leica Rangemaster CRF 1000 B oder 1600 B
Walter LRF
Bushnell Elite 1 Mile CONX (Abb. 133)
Bushnell Elite 1 Mile ARC
Bushnell G Force 1300 ARC

Abb. 133

Zielfernrohre

Auch ein Autor ist nur ein Mensch. Und als solcher sieht er sich hin und wieder seine Bewertungen zum Beispiel bei Amazon an. Ich denke, mit den Kritiken kann ich gut leben, denn sie sind fast ausnahmslos positiv. Dass ich mit grünen Unterhosen, die mehr mit dem Jagdhorn als mit der Waffe üben, Verständnisprobleme habe, ist nicht neu. Dass so etwas auf Gegenseitigkeit beruht, auch nicht. Aber bei den Kritiken war eine dabei, die hat mich ein wenig getroffen: »Ich hätte gern mehr über Zielfernrohre gelesen. Das, was ich gefunden habe, war nicht neu« (Zitat Ende). Der gute Mann hatte Recht. Die Zielfernrohre sind in Band 1 eigentlich nur unter dem Gesichtspunkt »Sportschütze, Anwendung über bekannte Entfernung bis 300 Meter« behandelt worden. Ich werde das also hier nachholen. Aber auch hier wird für manchen Leser nicht allzu viel Neues dabei sein. Denn soo viele wirklich neue Entwicklungen gibt es auf dem Sektor eigentlich nicht. Aber ein paar eben doch. Ich hoffe, ich habe das Wesentliche diesmal erfasst. Bei den Scopes für die taktischen Disziplinen findet man neben neuen Turmkonstruktionen vermehrt Mittenrohrdurchmesser von 34 Millimetern. Nicht aus Gründen der Stabilität, sondern um mehr Raum für eine größere Höhenverstellung zu haben.
Gehen wir's an. Was man nicht sieht, kann man nicht treffen. Binsenweisheit, aber wahr. Was ich über technische Daten und Preisvergleiche geschrieben habe, stimmt nach wie vor uneingeschränkt. Nehmen Sie das beste Glas, das gerade noch irgendwie ins Budget passt. Unter Umständen sind Sie mit einem sehr guten Glas mit fester Vergrößerung besser bedient, als mit einem recht guten variablen. Damit sind wir beim ersten Kriterium.

Feste oder variable Vergrößerung?

Vorteile der festen Vergrößerung sind: geringeres Gewicht (kann bei Sportdisziplinen mit Gewichtsvorgabe der Waffe ein entscheidender Punkt sein). Einfacher, wenig störanfälliger Aufbau. Preis. Mit einer variablen Vergrößerung hingegen sind Sie flexibel. Bei einer jagdlich genutzten Waffe spielt das Jagdgebiet eine große Rolle. Eine große Vergrößerung bedeutet ein kleines Sichtfeld. In einem Laubwald haben Sie aber nicht immer eine halbe Stunde Zeit, Ihr Wild im Glas überhaupt erst zu finden. Der Verstellbereich ist bei modernen Gläsern stetig ge-

wachsen. Vor nicht allzu langer Zeit war ein 6–24-faches Glas das höchste der Gefühle. Heute bekommt man für die Drückjagd oder für die Jagd auf gefährliches Wild Gläser mit einem Achtfach-Bereich wie das 1-8 x 24 Exos oder für den taktischen Einsatz das 5-45 x 56 PMII High Power (beide Schmidt und Bender).
Die zweite Frage, die sich stellt ist:

Absehen in der ersten oder in der zweiten Bildebene?
Was ist damit gemeint, und was bedeutet das in der Praxis? Liegt das Absehen in der Objektiv-Bildebene, also vorn (1. Bildebene, engl.: First Focal Plane =FFP), dann wird es bei variabler Vergrößerung mit vergrößert. Dies ist die Standardvariante bei europäischen Gläsern. Das Absehen erscheint im preiswerteren Segment gröber und verdeckt mehr vom Ziel. Schmutz und Staubteilchen werden ebenfalls mitvergrößert. De facto kann man heute aber Strichplatten so fein ätzen, dass praktisch kein Unterschied feststellbar ist. Und bei einem guten mitteleuropäischen Glas können Sie Haus und Hof darauf setzen, dass es keine Staubteilchen enthält. Bei einem variablen Glas mit Mil-Dot-Absehen oder MOA-Raster ändern sich die scheinbaren Abstände zwischen den einzelnen Markierungen, wenn Sie die Vergrößerung ändern. Das ist aber nur ein scheinbarer Nachteil. Das anvisierte Ziel ändert seine Größe nämlich in genau demselben Maßstab. Wenn also bei sechsfacher Vergrößerung ein Fichtenzapfen den Abstand von 6 Mil-Dot-Markierungen einnimmt (1 Dot ist oft = 0,1 Mil), dann tut er das auch bei 45-facher Vergrößerung. Sie können ein solches Glas also gut zur Entfernungsbestimmung verwenden. Dazu gleich mehr.
Bei Gläsern, bei denen das Absehen in der zweiten Bildebene, der Okular-Bildebene (engl.: Second Focal Plane, SFP) untergebracht ist, wird das Absehen nicht mit vergrößert. Um ein solches Glas zur Entfernungsbestimmung zu benutzen, muss es auf Maximalvergrößerung gestellt werden. Ob z. B. die Mirage das zulässt, interessiert hier keinen. SFP-Gläser waren in den USA lange Jahre Standard, da sie günstiger herzustellen sind. Da aber auch amerikanische Schützen ihr Glas zur Entfernungsbestimmung einsetzen wollen, findet hier so langsam ein Umdenken statt. Hier gibt es also keine zwei Meinungen: das Glas unserer Wahl hat das Absehen in der ersten Bildebene.

Absehenverstellung in MOA oder in Mil?
Damit kommen wir zur nächsten Schwachstelle vieler amerikanischer Gläser aus dem unteren und mittleren Preissegment. Fast alle Gläser aus dieser Kategorie haben eine Höhen- und Seitenverstellung in MOA. Wenn man das mit einen Mil-Dot-Absehen zur Entfernungsmessung kombiniert, erhält man ein System, in dem die Messgröße in einem anderen Maßsystem arbeitet als die Stellgröße. Die Folge ist eine wüste Rechnerei. Zur Erinnerung. Ein MOA ist ein Winkelmaß, nämlich eine Bogenminute. Für kleine Winkel ist der Tangens = dem Bogen = dem Sinus. Die Amis sagen jetzt: auf 100 Yard ist 1 MOA = 1 Zoll. Aufgeklärte Amerikaner, die die High-School besucht haben, wissen, dass π nicht 3, sondern 3,14159… ist. Die sagen: 1 MOA ist 1,047 Zoll auf 100 Yard. Übrigens für uns Europäer:

$$1\ MOA = \frac{200 \times \pi \times 100}{360 \times 60} = 2{,}90888\ cm$$

Entsprechend gilt, wenn ich auf 850 Meter Entfernung eine Korrektur von 46 cm benötige, sind das 1,8605 MOA. (Auf 100 m wären 46 cm 46 : 2,90888 = 15,8136 MOA. Auf 850 Meter sind es nur noch 15,8136 : 8,5 = 1,86 MOA.)

Die meisten Zielfernrohere mit MOA-Verstellung haben einen Verstellweg von ¼ (manche auch ⅛) MOA pro Klick. Mit einer ¼-MOA-Verstellung wären das also 7 Klicks. (Mit ⅛-MOA-Verstellung wären es 15.)
Zum Glück gibt es das Mil und das metrische System. Mil ist übrigens nicht die Abkürzung für Militärisches Winkelmaß oder irgendetwas in der Richtung. Vielmehr ist 1 Mil = 1 Milliradiant = 1 milrad = der Bogen (hier gleich Tangens oder Sinus), der einem Tausendstel des Radius (in unserm Fall der Entfernung) entspricht. Zunehmend findet man beidseits des Atlantik auch die Bezeichnung »mrad«.
Das klingt kompliziert, ist aber ganz einfach:
Auf 1000 Meter Entfernung entspricht 1 Mil einer Länge von 1 Meter.
Auf 850 Meter Entfernung entspricht 1 Mil einer Länge von 0,85 Meter.
Auf 1000 Schuhkartons Entfernung entspricht ein Mil einer Länge von einem Schuhkarton.

Viele Gläser werden bei uns nicht in Mil, sondern in 1 cm angeboten. Das ist streng genommen falsch. Richtig müsste es heißen: 1 cm pro 100 Meter. Der Zusatz »pro 100 Meter« wird hier stillschweigend vorausgesetzt. Wenn Sie jetzt kurz rechnen: 1 cm auf 100 m sind 0,1 Mil.
Wenn wir mit dieser Verstellung die 46 cm auf 850 Meter Entfernung korrigieren wollen, dann geht das zur Not im Kopf: 1 Klick sind 10 cm auf 1000 Meter, also 8,5 cm auf 850 Meter. 5 Klicks sind also 42,5 cm. 6 Klicks sind schon 51 cm, also weiter weg von den 46. Wir korrigieren deshalb um 5 Klicks. Ganz ohne Taschenrechner.
Wenn Sie mithilfe des Absehens die Entfernung abschätzen wollen, brauchen Sie ein Ziel oder ein Objekt direkt neben dem Ziel, dessen Größe Sie kennen. Das ist nicht immer ganz einfach. Ein Rehbock z. B. hat eine Schulterhöhe von 54 bis 84 cm. Damit kommt man nicht sehr weit. Wenn derselbe Bock aber unter einer Fichte mit Zapfen steht, von denen wir einen in Durchschnittsgröße als Standard nehmen, dann sieht die Sache schon besser aus. Es gibt die sogenannten Ranging-Absehen in großer Vielzahl. Die Geschmäcker sind da verschieden. Der eine liebt es eher simpel und wählt das einfache Mil-Dot-Absehen (Abb. 134), in dem die Messpunkte 1 Mil voneinander entfernt sind. Der andere hat gern mehr Möglichkeiten und eine feinere Auflösung. Zu den Absehen mit dem breitesten Anwendungsspektrum gehören das TReMoR2 (Abb. 135) und H59 von Horus, die unter Lizenz auch von Schmidt und Bender verwendet wer-

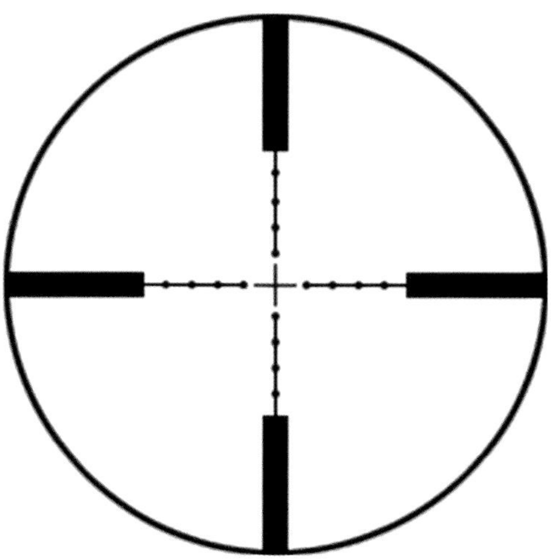

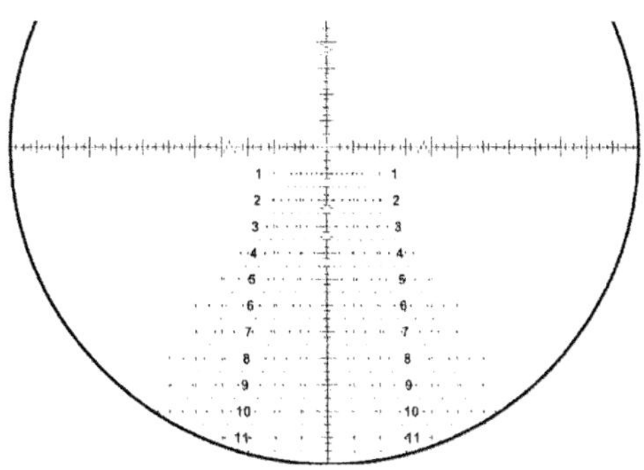

Abb. 134 + 135

den. Irgendwo dazwischen liegen die Schmidt-und-Benders-Absehen MSR und H2CMR, von denen letzteres mein persönlicher Favorit ist.
Einige Absehen wie z. B. das TReMoR2 liefern neben dem Entfernungsmessen noch sehr viel komplexere Anwendungen wie Vorhaltemaß bei bewegten Schüssen, Windkorrektur und vieles andere mehr. Da muss sich der geneigte Leser mit dem jeweiligen Handbuch intensiv auseinandersetzen. Sehen wir uns zum Abschluss des Themas Entfernungsmessung zwei Rechenbeispiele an.

Mil:
Gemessene Höhe am Zielort: 0,225 Mil (genau zwischen 0,20 und 0,25)
Vermutete Größe des Ziels: 17 cm
Es gilt:

$$\text{Entfernung (in m)} = \frac{\text{Höhe Ziel (in cm)}}{\text{Höhe Ziel (in Mil)}} \times 10 = \frac{17 \times 10}{0{,}225} = 755{,}5\ m$$

MOA:
Gemessene Höhe am Zielort: 0,825 MOA
Vermutete Größe des Ziels: 17 cm
Hier gilt:

$$\text{Entfernung (in m)} = \frac{\text{Höhe Ziel (in cm)}}{\text{Höhe Ziel (in Moa)}} \times 34{,}38 = \frac{17 \times 34{,}38}{0{,}825} = 708{,}25\ m$$

Noch ein Wort zu den Verstellmöglichkeiten der Türme. Da gibt's die eine oder andere Neuerung: Man verliert nämlich leicht die Orientierung, wenn man ein dutzend Mal hin und her gestellt hat. Die Funktion Zero Stop ermöglicht es, die einmal gefundene Nullstellung (z. B. bei 100 Metern) schnell wiederzufinden. Man kann die Verstellung an beliebiger Stelle arretieren, sodass man dort einen besonders festen Widerstand spürt. Einen ähnlichen Zweck erfüllt die MTC-Funktion (More tactical clicks). Da ist jeder 10. Klick härter eingestellt. Das erleichtert das Zählen. Bei der Double-Turn-Verstellung hat man zwei volle Umdrehungen des Turms zur Verfügung. Bei der zweiten Umdrehung wird im Sichtfenster eine andere Farbe angezeigt, sodass man stets weiß, welche Skala man ablesen soll. Bei der Multi-Turn-Verstellung sind es – für einen besonders großen Stellbereich – fünf statt zwei Umdrehungen.
Als ich Band 1 geschrieben habe, sagte ich, dass es keine geneigten Schienen über den Ladentisch zu kaufen gibt. Das gilt inzwischen nicht mehr. Entsprechende Montageschienen werden von verschiedenen Herstellern angeboten.
Damit stellt sich allerdings die Frage, ob man überhaupt eine geneigte Montageschiene braucht. Moderne Gläser (zumindest die für taktische Anwendungen) haben ja schon einen reichlichen

Verstellbereich

Erste Frage: wie viel braucht man eigentlich? Das hängt natürlich vom Kaliber ab. Nehmen wir erstens eine sehr präzise, aber recht zahme Patrone, die 7mm – 08 Rem. Geschoss: 162 A-Max. v_0 = 860 m/s, $BC_{(G7)}$ = .307. Die hat dann bei 1000 Meter (Zero bei 100 m) 1011 cm oder 10 Mil Höhe verloren. Wir müssen also 10 Mil mit dem Glas kompensieren.

Zweitens sehen wir uns eine etwas heißere Nummer an, die .338 Lapua Mag. Geschoss: Berger 300 Tactical OTM, v_0 = 860 m/s, $BC_{(G7)}$ = .417, Zero bei 100 Meter, Entfernung 1500 Meter. Die hat nach dieser Strecke 2544 cm entsprechend 17 Mil Höhe verloren. Hier müssen wir also 17 Mil mit dem Glas kompensieren.
17 Mil bedeutet, wir brauchen 34 Mil Stellweg in der Höhe, denn wir starten ja mit einer fast horizontalen Flugbahn. Wenn unser Glas also einen Stellweg von 35 Mil hätte, ginge das gerade. Allerdings mit zwei Einschränkungen. Das Absehen steht dann nicht mehr in der Bildmitte, und wir arbeiten im Randbereich der Verstellmöglichkeit, wo die Wiederholgenauigkeit vieler Gläser in die Knie geht. Die geneigte Schiene hat also die Aufgabe, die Null-Lage (das 100-Meter-Zero) in die obere, bisher ungenutzte Region des Verstellwegs zu verlagern. Übrigens, mit einem Glas mit MOA-Rasterung geht das natürlich genauso. Die Umrechnung ist denkbar einfach:

1 Mil = 1 milrad = 3,4378 MOA

Also, um den nötigen Verstellweg zu ermitteln, gehen Sie in eines der Ballistikprogramme, ermitteln die erforderliche Flugbahnkompensation und multiplizieren die mit 1,25. Das ist der Verstellweg, wenn Sie eine geneigte Montageschiene verwenden. Wollen Sie das nicht, multiplizieren Sie mit 2,5.
So viel zum erforderlichen Verstellweg. Gibt es noch weitere Kriterien? Eines wäre das

Leuchtabsehen

Braucht man ein beleuchtetes Absehen? Die Werbung sagt (natürlich) ja. Unser Leuchtabsehen gibt Ihnen mindestens eine halbe Stunde mehr Jagdzeit. So ähnlich wird argumentiert. Wenn damit gemeint wäre, Sie können eine halbe Stunde früher aufstehen, dann wäre das sogar richtig. Wird aber in aller Regel so ausgelegt, dass man in der Abenddämmerung eine halbe Stunde später schießen kann. Uns das stimmt nicht. Die Jagd ist ja nicht damit zu Ende, dass man abgedrückt hat. Schließlich müssen Sie das geschossene Stück ja auch noch finden. Und gerade bei Schüssen über größere Entfernungen kann das dauern.
Also bei taktischen Anwendungen macht ein Leuchtabsehen Sinn. Bei der Jagd nur, wenn Sie es in der frühen Morgendämmerung verwenden.
Zurück zur Auswahl unseres ZF. Die Aussage »Europa = gut und teuer, USA = preiswert und schlicht« gilt übrigens nicht mehr. Die Amis machen inzwischen richtig gute Gläser. Beispiele sind: Bushnell LRHS 4,5-18 x 44, das Vortex Razor HD Gen. II 4,5-27 x 56 und schließlich Nightforce-Gläser der ATACR- oder BEAST-Serie. Die sind kaum schlechter als beispielsweise die PM-II-High-Power-Serie in 3-27x56 (Abb. 136) oder 5-45x56 von Schmidt und Bender oder das K624i 6-24 x 56 CCW SKMR2 von Kahles, haben aber preislich längst gleichgezogen bzw. sind z. T. sogar deutlich teurer.
Ein ganz neuer Trend ist übrigens das in Abb. 136 dargestellte Schmidt-und-Bender-ZF in der Digitalausführung. Das bietet die Möglichkeit, die Messwerte anderer bluetoothfähiger Instrumente im Sichtfeld wiederzugeben, also z. B. Entfernung oder Wind. Das ist im Moment eine Entwicklung, die noch in den Kinderschuhen steckt, die aber ein Riesenpotenzial hat.

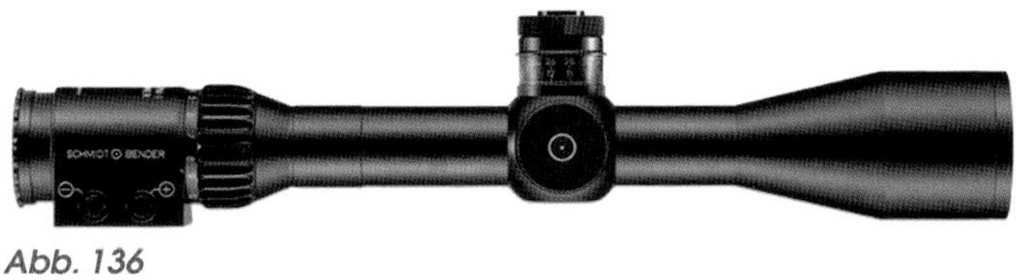

Abb. 136

Also nehmen wir an, Sie hätten sich für ein Zielfernrohr entschieden und haben es auch montiert. Was folgt als nächstes? Ein

Zielfernrohr-Test

Abb. 137

Es sind zwei Dinge, die Sie kontrollieren wollen. Steht das Fadenkreuz wirklich senkrecht? Stimmen die vom Hersteller angegebenen Verstellwerte? Nehmen wir an, Ihr Glas hat einen Verstellweg von 260 cm auf 100 Meter und verstellt sich mit 1 cm auf 100 Meter, also mit 0,1 Mil. (oder meinetwegen auch milrad).

Nehmen Sie ein großes Stück Karton, am besten 1,5 Meter hoch. Darauf malen Sie eine Linie und am unteren Ende einen Zielpunkt. Diese »Scheibe« befestigen Sie in hundert Meter Entfernung, mit mindestens zwei Nägeln und einer Wasserwaage oder einem Lot. Die Linie muss senkrecht stehen. Mit dem Laser oder einem Maßband kontrollieren Sie die 100 Meter. Wenn es 98 sind, macht das auch nichts. Notieren Sie es und rechnen später um.

Dann schießen Sie alle fünf Gruppen à fünf Schuss (Abb. 137) wie im Folgenden beschrieben auf den unteren Zielpunkt. Notieren Sie nach den ersten fünf Schuss das Gruppenzentrum (Gruppe 1).

Jetzt stellen Sie das Glas um 40 Klicks (cm) nach unten. Sie erinnern sich: up ist down und umgekehrt. Wenn Sie das Glas, also die Sichtlinie nach unten bewegen, und anschließend neu zielen, bewegt sich der Lauf (also die Treffpunktlage) um den entsprechenden Betrag noch oben. Es folgen fünf Schuss (Gruppe 2). Danach fünf Schuss nach weiteren 40 Klicks nach unten (Gruppe 3) und dann fünf Schuss nach neuerlichen 40 Klicks nach unten (Gruppe 4). Und zu guter Letzt noch fünf Schuss, nachdem Sie das Glas wieder 120 Klicks nach oben gestellt haben (Gruppe 5).

Sie sollten jetzt ein Schussbild wie in der Abbildung haben. Ermitteln Sie das Zentrum einer jeden Gruppe. Idealerweise liegen die Schüsse alle auf der Senkrechten. Wenn nicht, müssen Sie die senkrechte Montageposition Ihres Glases korrigieren. Jetzt messen Sie die Abstände der Gruppenzentren. Theoretisch sollten die alle gleich sein. Die Wahrscheinlichkeit ist aber gar nicht so gering, dass sie es nicht sind.

Die 5. Gruppe soll zeigen, dass das Absehen nach der Verstellung auch tatsächlich wieder zum Ausgangspunkt zurückkehrt.

Im Beispiel sind die Abweichungen so gering, dass Sie nicht ins Gewicht fallen. (Eine Abweichung von 3 mm auf 100 Meter macht lediglich 30 mm auf 1 km. Da bringen die anderen Unwägbarkeiten bedeutend mehr. Aber falls die Abweichungen hinreichend groß sind, muss man Sie natürlich berücksichtigen.

Zu den Spektiven kommen wir weiter unten.

Mündungsbremsen

Dies ist ein Buch über Präzisionsmunition. Gehören Mündungsbremsen dann überhaupt hierher? Nun, Munition und Ballistik gehen zusammen wie Braut und Bräutigam. Da kann es keine zwei Meinungen geben. Und so, wie das Zielfernrohr Teil der (praktischen) Außenballistik ist, gehören die Mündungsbremsen zur Abgangsballistik.

Die Meinungen sind geteilt. Es gibt eine ganze Menge Machos, die jeden, der mit so einem Ding schießt, zumindest hinter seinem Rücken als Weichei verspotten. Es kommt immer wieder mal vor, dass jemand bei einem Präzisionswettbewerb mit seiner 300 WSM aufkreuzt und die Jungs und Mädels mit den 6mm-Kalibern so richtig alt aussehen lässt. Jedenfalls eine Zeitlang. Irgendwann fängt er dann an zu mucken – wahrscheinlich, ohne es selbst zu merken. Dann ist plötzlich der Wind schuld, oder er hat ein schlechtes Los Pulver erwischt. Niemand – ich wiederhole, absolut niemand – schießt drei oder vier Tage eine ungebremste große Kanone ohne eigene Verschleißerscheinungen.

Bei der Jagd liegen die Dinge auch nicht viel anders. Da ist es nicht die Dauerbelastung. Aber ich habe in Afrika mehrfach deutsche und auch amerikanische Jäger erlebt, die da meinten, eine 460er Weatherby Magnum oder 505 GIBBS seien genau die richtige Medizin für Kudu und Njala. Vor dem Abschießen noch schnell die Augen schließen, ein kurzes Stoßgebet murmeln – man weiß ja nie – und dann verwundert die Waffe ansehen, mit der man nicht mal das Jagdfahrzeug des Landbesitzers auf fünf Meter Entfernung trifft. Nein, ich habe nicht übertrieben. Das gibt es.

Unter dem Oberbegriff Mündungsbremse kann man drei verschiedene Konstruktionen zusammenfassen: den Kompensator, die Mündungsbremse und den Schalldämpfer. **Kompensatoren** haben die Aufgabe, das Hochspringen der Mündung zu bremsen. Man findet sie hauptsächlich bei Faustfeuerwaffen. Da das Mündungsfeuer zum Großteil nach oben umgeleitet wird, haben sie einen Nachteil. Wenn man in der Dunkelheit schießt, sieht man für einige Zeit nichts mehr.

Bei den **Mündungsbremsen** (Abb. 138) werden die Gase entweder seitlich oder in drei bis vier Richtungen abgelenkt. Bei Ablenkung nach oben: siehe Kompensator. Bei Ablenkung nach unten kann Ihnen beim Liegendschießen das gleiche passieren. Auf jeden Fall werden Sie sich bald an den Geschmack von Dreck, toten Insekten und welkem Laub gewöhnen. Bei seitlichem Gasaustritt besteht diese Gefahr nicht. Sie sollten sich aber beim Sportschießen vor Anschaffung einer Mündungsbremse schlau machen, welche möglichen einschränkenden Regeln es z. B. in Bezug auf den Austrittswinkel der Gase geben mag.

Schalldämpfer schließlich fangen die ringsum austretenden Mündungsgase in einer Sekundärumhüllung auf und geben sie nach dem Schuss gedrosselt wieder ab. Ein gut gemachter Schalldämpfer schluckt fast genauso viel Rückstoß wie eine Mündungsbremse, hat aber den Nachteil, a) sehr voluminös und b) nicht überall legal zu sein.

Doch ob Schalldämpfer oder Mündungsbremse, die Dinger haben alle ein gemeinsames Problem: die Befestigung. Die übliche Methode ist es, vorn ein Gewinde auf den Lauf zu schneiden. Dabei wird die Mündung zunächst einmal größer. Dann schrauben sie die Bremse auf den Lauf und ziehen das Ge-

Abb. 138

winde fest. Jetzt wird die Mündung -unkontrolliert - enger. Fragen Sie mal Ihren Büchsenmacher, wie dem das gefällt.
Die zweite Methode ist es, das Gehäuse der Bremse zu schlitzen und mit zwei Inbusschrauben fest zu klemmen. Auch dabei verändern Sie den Durchmesser der Mündung.
Mein Vorschlag ist, die Mündung von außen zylindrisch zu überdrehen. So wenig Material entfernen wie möglich. Mündungsdurchmesser vorher und hinterher messen. Nehmen wir an, die Mündung sei um 3 µm größer geworden. Aufnahmebohrung in der Mündungsbremse so weit ausdrehen und polieren, dass sie 4–5 µm enger ist als der Lauf-Außendurchmesser. Mündungsbremse aufpressen und mit zwei Tangentialstiften sichern.
Lohnt sich eine Mündungsbremse? Für Sportschützen: Ja. Unbedingt.
Sie, der Schütze, schießen besser, und in vielen Fällen wird Ihre Waffe präziser. Nachteile? Kosten. Es wird lauter, aber schließlich tragen Sie einen Gehörschutz.
Der Schütze neben Ihnen leidet eventuell stärker unter Ihrem Mündungsfeuer als Sie selbst.
Mittelklassige Zielfernrohre, die nur dafür ausgelegt sind, Rückstoß zu verkraften, kommen gegebenenfalls mit einer nach vorn gerichteten Belastung nicht so gut zurecht. Einem guten Glas macht das aber nichts aus.
Neben der Mündungsbremse gibt es noch die **Mündungsfeuerdämpfer** (flash suppressor). Die Dinger sehen so ähnlich aus wie Mündungsbremsen, mindern aber nicht den Rückstoß, sondern verhindern das Blenden des Schützen in der Dunkelheit. Eine Mündungsbremse dagegen schluckt etwa die Hälfte des Rückstoßes.
Wer liefert so was? JEC, Badger, Surefire und Centre Shot Rifles in den USA, bei uns z. B. Roedale und Ebiarms.

Ballistikprogramme

Um den Gebrauch eines Ballistikprogramms kommen Sie als Schütze nicht herum, wenn Sie Entfernungen schießen wollen, die zu groß sind, um mit der GEE-Regel abgedeckt werden zu können. Um zu verstehen, was da eigentlich berechnet wird, sind gewisse Kenntnisse der theoretischen Ballistik hilfreich, zum Glück aber nicht erforderlich. Theoretische Ballistik ist extrem unanschaulich. Ich werde mich bemühen, sie einigermaßen verständlich darzustellen. Aber zum Glück ist der ganze theoretische Ballast nicht erforderlich, um ein Ziel über 1000 Meter mit dem ersten Schuss zu treffen. Der Umgang mit den diversen Varianten der Ingallschen Tabellen war einmal etwas für hauptberufliche Feuerleit-Offiziere, die einen guten Abschluss in Mathe brauchten, um für diese Laufbahn infrage zu kommen. Heute erledigt Ihr Tablet oder das Smartphone den schwierigen Teil. Aber auch so sollte man nie vergessen: garbage in, garbage out. Frei übersetzt: wenn Sie Ihren Computer mit Mist füttern, spuckt er auch Mist aus.
Es gibt drei grundsätzlich verschiedene Ballistikprogramme. Innenballistik, Außenballistik (Flugbahnkurven) und Stabilitätsprogramme.
Stabilisierung zuerst. Wir erinnern uns, dass der altehrwürdige Mr. Greenhill einmal eine Formel entwickelte, um den erforderlichen Drall zur Stabilisierung von Geschossen zu berechnen. Die ist inzwischen längst überholt. Besser ist die Miller-Formel, die für Boattailgeschosse (G7) und Geschwindigkeiten zwischen 800 und 900 m/s brauchbare Ergebnisse liefert. Für FB-Geschosse ist Miller zu konservativ. Die diversen Programme, die im Internet herumschwirren, sind meist auf Miller aufgebaut und haben deshalb die gleichen Einschränkungen.

Trotzdem: In Band 1 hatte sich bei der Miller-Formel ein Druckfehler eingeschlichen. Hier ist die berichtigte Version:

$$D = \sqrt{\frac{30 \times m \times d^2}{S \times L \times (d^2 + L^2)}}$$

mit

- D = Drall in Zoll
- m = Geschossgewicht in Grain
- d = Geschossdurchmesser in Zoll
- S = Stabilitätsfaktor (1,35–1,8), dimensionslos
- L = Geschosslänge in Zoll

In den 80er Jahren entwickelte Robert McCoy für die US-Army das Programm McGyro, dass später von William Davis verbessert wurde. Das ist das Programm, das Geoffrey Kolbe von BBT (Border Ballistics Technologies) veröffentlicht (Abb. 139). Meines Erachtens ist es das zurzeit beste freie Programm zur Drall-Ermittlung. Sie finden es unter

http://www.geoffrey-kolbe.com/barrel_twist.htm

Sehen wir uns ein Beispiel an (Abb. 139). Rechts im Formular – das habe ich hier aus Platzgründen weggelassen – befinden sich die Fenster für die Umweltparameter: Temperatur, Luftfeuchte, Luftdruck sowie die Fragen zum Geschosstyp. (Im vorliegenden Fall HP-Mantelgeschoss, mit Bleikern (ρ = 11,4 g/cm³).)

Border Barrels Barrel Twist form http://www.geoffrey-kolbe.com/barrel_twist.htm

BARREL TWIST CALCULATOR

Calculates the optimum barrel twist for a bullet of a given shape

This is a powerful and flexible program, but the usual rule applies - garbage in, garbage out.

READ THE TEXT AT THE BOTTOM OF THE PAGE TO ENSURE YOU GET USEFUL RESULTS

Required data	
Bullet diameter	6,17
Bullet length	21,6
Nose length	14,2
Meplat diameter	0,78
Either Base diameter	
Or Boat-tail angle (degrees)	12
. . . and Boat-tail length	1,8
(Optional) Barrel twist	
If the bullet has a secant nose . . . Secant radius (calibres)	12,5

Dimensional units
○ inches
● millimetres

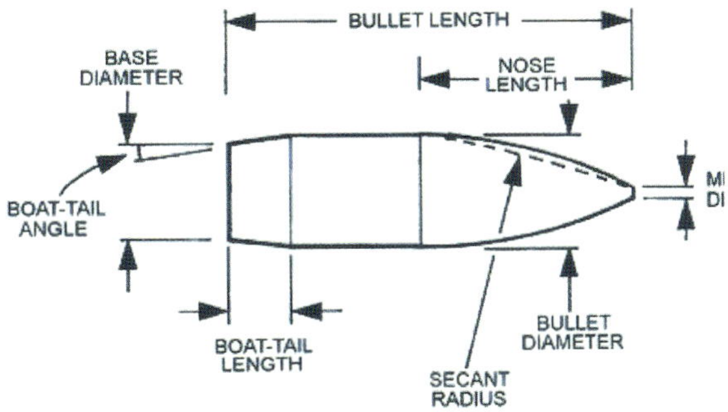

calculate

Abb. 139

Wenn man die obigen Parameter eingegeben hat, kommt die Kurve in Abb. 140 heraus. Das Programm verlangt also bei Stabilität 1,5 und einer Geschwindigkeit von 3350 ft/s eine Dralllänge von 345 mm = 13,5 Zoll. Das ist ziemlich konservativ, denn die Erfahrung lehrt, dass dieses Geschoss mit einem 14-Zoll-Drall ausreichend stabilisiert ist. Aber jetzt kommt der Herr Miller ins Spiel.

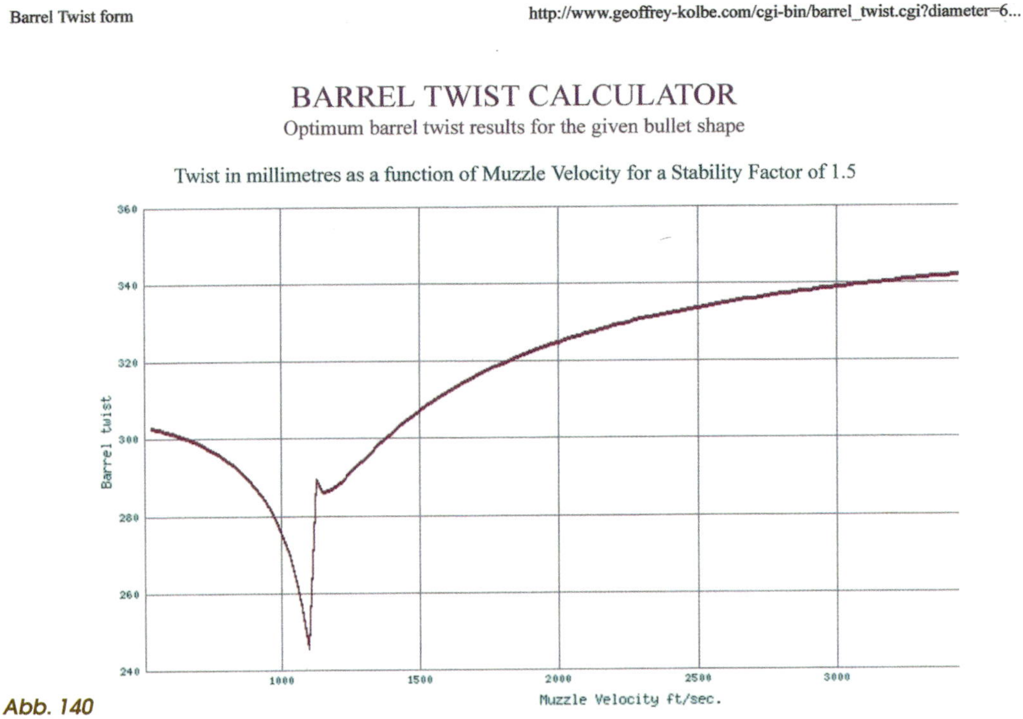

Abb. 140

Wir bilden das Quadrat von 345 mm, multiplizieren mit Stabifaktor 1,5 und dividieren durch 1,4. Daraus wieder die Wurzel gibt 357 mm. Das ist jetzt der erforderliche Drall, wenn wir uns mit einem Stabilitätsfaktor 1,4 begnügen. Das sind genau die 14 Zoll, die z. B. Shilen für 6mm-Geschosse bis 70 Grain empfiehlt. Genauso gut kann man natürlich die Miller-Wurzel nach S umstellen und so berechnen, welchen Stabilitätsfaktor man bei gegebenem Drall erhält.
Wenn Sie Hybrid-Geschosse schießen, gehen Sie mit dem größeren der beiden Radien in das Programm. Das ist zulässig, da Feldversuche ohne Ausnahme bestätigen, dass der BC eines guten Hybriden mindestens so groß ist wie der eines gleich schweren VLD-Geschosses.
Also, ich kenne kein besseres Stabilitätsprogramm als das von Geoffrey Kolbe.

Die diversen Flugbahnprogramme erfordern die Eingabe eines Ballistischen Koeffizienten. Den mag man kennen oder auch nicht. Die großen Herstellerfirmen geben in der Regel einen mehr oder weniger optimistischen BC an (meistens mehr). Kleine Hersteller haben nicht die Möglichkeiten für aufwändige Feldversuche und geben keinen oder einen berechneten Wert an. Der BC eines Geschosses basiert auf dem Widerstandsbeiwert (engl.: Drag Coefficient). Das ist sowas ähnliches wie der c_W-Wert beim Auto. Darauf komme ich in der theoretischen Ballistik noch zu sprechen.

Der Herr Kolbe hat jetzt ein Programm ins Netz gestellt, mit dem man diesen Beiwert für diverse Geschwindigkeiten als Kurve errechnen kann. Das muss uns im Moment nur am Rande interessieren. Das gleiche Programm liefert aber als Nebeneffekt auch die BC-Werte für verschiedene Geschwindigkeiten. Und das ist interessant.

http://www.geoffrey-kolbe.com/drag.htm

BULLET DRAG CALCULATOR

Calculates the drag function for a bullet of a given shape

Declared data	
Bullet diameter (mm.)	6,170
Bullet length (mm.)	21,6
Nose length (mm.)	14,2
Meplat diameter (mm.)	0,78
Drive-band diameter (mm.)	6,17
Base diameter (mm.)	5,5
Boat-tail angle (degrees)	26.5
Boat-tail length (mm.)	1,8
Secant radius (calibres)	12,5
(Estimated) **Bullet weight** (grains)	65
Bullet density (gm/cc.)	12

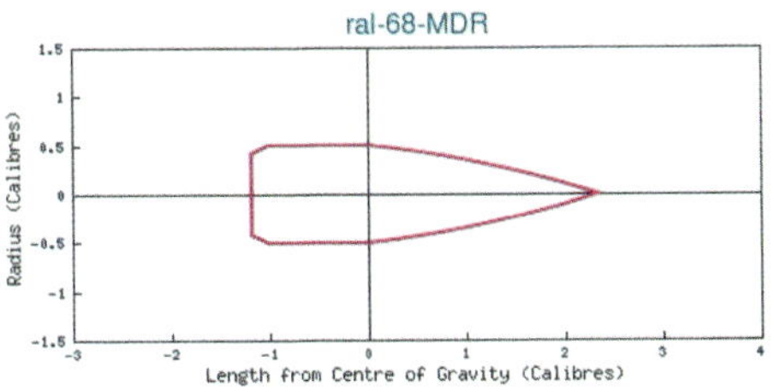

The outline above is the bullet described by the declared data on the left. Note that the drive-band (if declared) is not shown. If you wish to make changes to the bullet design, change the data fields as required and press the re-calculate button below.

re-calculate

Some of the calculated elements for this bullet are shown to the right. The Centre of Gravity calculation assumes a homogeneous bullet construction. The table gives G1 and G7 Ballistic Coefficients and barrel twists for various Mach numbers. (Mach 1 = 1116 ft/sec. in a standard atmosphere). The recommended barrel twists given are for muzzle velocities at the given Mach numbers and are for a Stability Factor S = 1.5. (The bullet is just stable at S = 1). The length unit for the twist rate is the same as for the declared bullet dimensions data on the left. The calculated curve for the zero yaw Drag Coefficient against Mach number for this bullet design is shown below.

If you would like to calculate ballistics data for this bullet design, press the ballistics button below.

Derived data			
Tangent ogive radius (calibres) **5.69**			
C of G from nose (mm.) **13.94**			
Mach	**G1 BC**	**G7 BC**	**Twist**
0.5	0.22	0.13	291
1.0	0.09	0.07	277
1.5	0.26	0.13	309
2.0	0.29	0.14	327
2.5	0.33	0.16	336
3.0	0.38	0.18	341

Abb. 141

Wir nehmen das gleiche Geschoss wie gehabt. Ich habe hier ein wenig gemogelt. Wegen des unüblich kleinen Meplatdurchmessers errechnet das Programm ein zu niedriges Geschossgewicht. Um in die Nähe der tatsächlichen 68 Grain zu kommen, habe ich die Dichte auf 12 angehoben. Wenn ich das nicht mache, ergeben sich 0,16 anstelle von 0,18 für den $BC_{(G7)}$. Die eigentliche Kurve für den Widerstandsbeiwert habe ich weggelassen, da sie hier nebensächlich ist. Mir kam es hier auf die BC-Werte an.

Kolbe stellt auch ein Programm zur Flugbahn Berechnung ins Netz, welches aber für unsere Zwecke zu grob gerastert ist. Da bietet das von Berger Bullets deutlich engere Schritte. Sie finden es unter

http.//www.bergerbullets.com/ballistics/

Wenn Sie für kürzere Entfernungen (sagen wir bis 300 Meter) mit 25-Meter-Schritten leben können, ist das Ballistikprogramm von Hornady vielseitiger, da es in der Advanced-Version auch die Winddrift liefert:

http://www.hornady.com/ballistics-resource/ballistics-calculator

Hornady®

Accurate. Deadly. Dependable.

BALLISTICS CALCULATOR

Your Input Variables

Ballistic Coefficient	0.18	Velocity (m/s)	1015	Weight (grains)	68
Maximum Range (m)	300	Interval (m)	25	Drag Function	G7
Sight Height (cm)	3.8	Shooting Angle (degrees)	0	Zero Range (m)	100
Wind Speed (km/h)	18	Wind Angle (degrees)	60	Altitude (m)	0
Pressure (hg)	29.53	Temperature (C)	20	Humidity (%)	0.78

Ballistics Results

RANGE (METERS)	VELOCITY (MPS)	ENERGY (JOULES)	TRAJECTORY (CM)	COME UP IN MOA	COME UP IN MILS	WIND DRIFT (CM)	WIND DRIFT IN MOA	WIND DRIFT IN MILS
Muzzle	1015	2270	-3.8	0	0	0	0	0
25	992	2169	-1.9	2.6	0.8	0.2	0.3	0.1
50	970	2071	-0.6	0.4	0.1	0.5	0.4	0.1
75	947	1977	0.1	0	0	1.1	0.6	0.2
100	925	1885	0	0	0	1.9	0.7	0.2
125	903	1796	-0.8	0.2	0.1	3	0.9	0.3
150	881	1711	-2.4	0.5	0.2	4.4	1.1	0.3
175	860	1629	-4.7	0.9	0.3	6	1.3	0.4
200	839	1550	-8	1.4	0.4	7.9	1.5	0.4
225	818	1474	-12.1	1.8	0.5	10.1	1.7	0.5
250	797	1401	-17.1	2.4	0.7	12.6	1.9	0.6
275	777	1331	-23.4	2.9	0.8	15.4	2.1	0.6

Abb. 142

Für die langen Distanzen kommen Sie aber nicht ohne ein »richtiges« Programm aus. Das soll heißen, Sie müssen eines kaufen. Am weitesten verbreitet ist wohl Quickload. Das gibt es als »Quickload« für so ziemlich alles, was innenballistisch errechnet werden kann (einschließlich der Laufschwingungen). Bei Geoffry Kolbe gibt es zwar ein freies Laufschwingungsproramm, das nach der Finite-Elemente-Theorie arbeitet (Abb. 143), aber ohne ein Innenballistikprogramm wie Quickload, das auch die Laufzeiten des Geschosses (barrel time) in Abhängigkeit von der Ladung, Pulversorte und Druckverlaufskurve liefert, kann man mit den Kolbe-Werten nicht sehr viel anfangen.

»Quickload Target« und »Quickload Target Unlimited« sind zwei außenballistische Programme, von denen die Unlimited-Version bis über 2000 Meter geht und auch Variable wie Schießrichtung, Standort auf der Erde und ähnliches berücksichtigt. Letzteres ist erforderlich, um den Coriolis- und Eötvös-Effekt zu berechnen. Ich selbst habe nie mit Quickload gearbeitet, kann hier also nicht aus eigener Erfahrung sprechen. Das Programm, das ich selbst verwende, ist der Point Mass Ballistics Solver 3.0 (Abb. 143) von Applied Ballistics, geschrieben von Bryan Litz. Das berücksichtigt zwar auch keine Coriolis-Werte, dafür aber immerhin den Spindrift, der automatisch mit der Winddrift verrechnet wird.

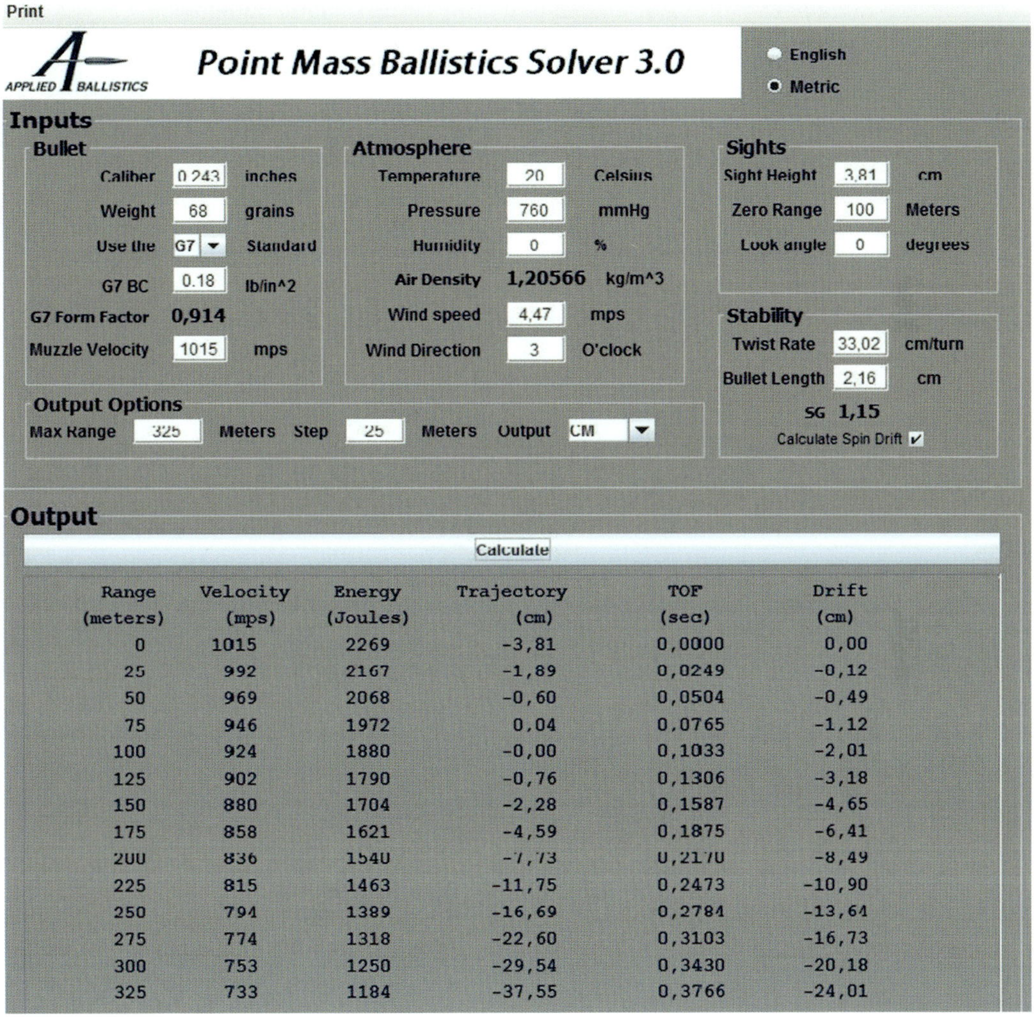

Range (meters)	Velocity (mps)	Energy (Joules)	Trajectory (cm)	TOF (sec)	Drift (cm)
0	1015	2269	-3,81	0,0000	0,00
25	992	2167	-1,89	0,0249	-0,12
50	969	2068	-0,60	0,0504	-0,49
75	946	1972	0,04	0,0765	-1,12
100	924	1880	-0,00	0,1033	-2,01
125	902	1790	-0,76	0,1306	-3,18
150	880	1704	-2,28	0,1587	-4,65
175	858	1621	-4,59	0,1875	-6,41
200	836	1540	-7,73	0,2170	-8,49
225	815	1463	-11,75	0,2473	-10,90
250	794	1389	-16,69	0,2784	-13,64
275	774	1318	-22,60	0,3103	-16,73
300	753	1250	-29,54	0,3430	-20,18
325	733	1184	-37,55	0,3766	-24,01

Abb. 143

Ich möchte doch noch auf einen Punkt bei Kolbes Laufschwingungsprogramm hinweisen. Ich habe ja schon in Band 1 erklärt, dass wir beim Lauftuning den Maximalausschlag in der Mündung sehen wollen, weil dann die Querbewegung für einen ganz kurzen Augenblick Null wird. Dort haben wir dann zwar den größten Winkelfehler, aber solange der konstant bleibt, kann man ihn mit Leichtigkeit über das Glas korrigieren. Das Kolbe-Programm lässt keine Mündungsbremse zu. Man muss also so tun, als sei diese fester Bestandteil des Laufs, und muss dann die Ladung so anpassen, dass sich die Laufzeit um den Betrag der Passage durch die Bremse verkürzt.

http://www.geoffrey-kolbe.com/articles/rimfire_accuracy/barrel_vibrations.htm

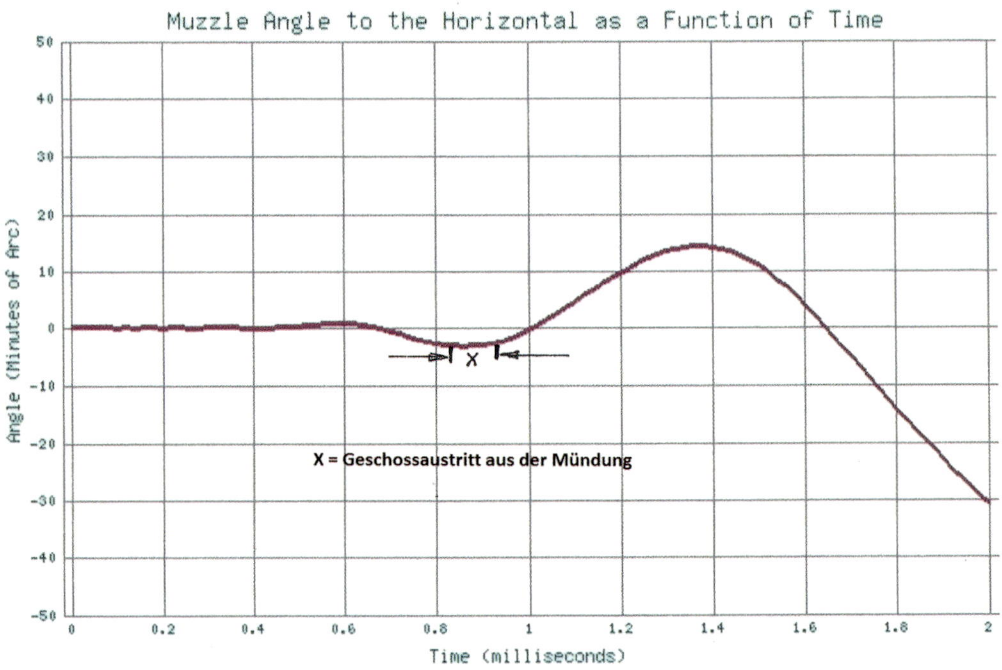

Abb. 144

Theoretische Außenballistik

Der Ballistische Koeffizient (geschichtliche Entwicklung)

Eines vorneweg: Das folgende Kapitel macht keinen besseren Schützen aus Ihnen. Oder vielleicht doch?

Man kann bei der Eingabe in ballistische Programme einiges falsch machen. Die Theorie ist letztlich der Unterbau für die Praxis. Wenn Sie mal vergessen haben, beim Programmieren das Feld »metrische Maße« anzuklicken, aber trotzdem munter metrische Maße eingeben, die dann als Zoll verarbeitet werden, dann hilft ein gewisses Verständnis der Grundlagen bei der Beurteilung der Frage, ob das, was da ausgespuckt wird, überhaupt stimmen kann. Oder wenn Sie sich wundern, weil Sie den viel kleineren G7 statt des G1 verwenden sollen … Wir werden sehen.

Selbst für den Rückblick in die Geschichte benötigen wir die vier Grundrechenarten und ein paar Winkelfunktionen. Die Ballistik, die Lehre von der Bewegung geschleuderter Körper, ist so alt wie die Menschheit selbst. Vielleicht sogar älter. Ein Affe, der mit einem Knüppel nach einem Artgenossen wirf, betreibt angewandte Ballistik. Der Begriff hat seine semantischen Wurzeln im griechischen ballein = werfen.

Die ersten Feuerwaffen waren relativ kleinkalibrig, sodass man die Flugbahn nicht mit bloßem Auge verfolgen konnte. Man vermutete aber, dass sich das Geschoss auf einer mehr oder weniger geraden Bahn voranbewegte, um dann, wenn seine Energie aufgezehrt war, ziemlich plötzlich zu Boden zu fallen.

Die Kaliber wurden größer, die Geschwindigkeiten geringer. Irgendwann konnte man die Bahn mit bloßem Auge verfolgen. Und siehe da: das Geschoss schien auf einer geraden Linie anzusteigen, dann einen Kreisbogen zu beschreiben und schließlich wieder auf einer Geraden nach unten zu fliegen.

Die genaue Kenntnis dieser Bahnen war natürlich von entscheidender Bedeutung für die Wirksamkeit des Waffensystems, und es überrascht nicht wirklich, dass sich unter den Ballistikern so ziemlich alles tummelt, was in Physik und Mathematik Rang und Namen hat. Das beginnt 1537 mit Nicolo Tartaglia und verläuft über Galileo und Isaac Newton direkt zu Euler, Majevsky und de Gavre.

Die oben beschriebene Flugbahn war natürlich völlig verkehrt, aber Wurfparabel und Fallgesetze waren eben zu dem Zeitpunkt auch noch gar nicht entdeckt worden. Aber auch, nachdem diese formuliert waren, stellte man fest, dass die Geschosse in der Theorie viel weiter fliegen wollten als in der Realität.

Newton machte den Luftwiderstand dafür verantwortlich. Er füllte Glaskugeln mit Luft, Wasser und Quecksilber und ließ sie fallen. Schließlich kam er zu der Erkenntnis, dass der Luftwiderstand im Quadrat zur Geschwindigkeit anstieg. Damit lag er übrigens völlig richtig. Der Luftwiderstand von Kraftfahrzeugen berechnet sich nach der Prandtl-Formel:

$$W = c_W \times \frac{\rho}{2} \times A \times v^2$$

Dabei ist

W = Luftwiderstand

c_W = der bekannte Luftwiderstandsbeiwert

ρ = Dichte der Luft

A = Spantfläche (Stirnfläche) des Fahrzeugs, der Wirkquerschnitt

Diese Gleichung geht also auf Newton zurück. Bei Geschossen bringt sie leider völlig falsche Ergebnisse. Warum? Mitte des 18. Jahrhunderts erfand der Engländer Benjamin Robins das ballistische Pendel. Im Prinzip funktioniert das wie folgt: Man schießt ein Geschoss in eine schwere Holzkugel, die an einer langen Schnur aufgehängt ist. Eine zweite, sehr dünne, flexible Schnur ist horizontal an der Holzkugel befestigt. Beim Schuss überträgt sich die Energie des Geschosses auf die Holzkugel. Diese wird dadurch ausgelenkt und schwingt in die Höhe. Dabei zieht sie die dünne Horizontal-Schnur hinter sich her, sodass man anschließend nachmessen kann, wie weit und damit wie hoch die Holzkugel geschwungen ist.

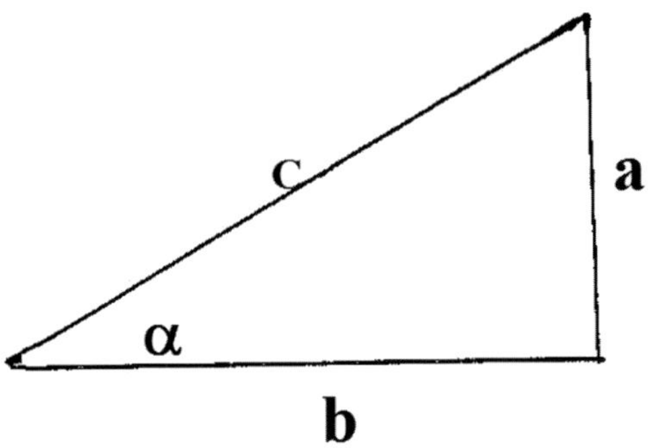

Abb. 145

Robins kam auf die unerhörte Geschwindigkeit von über 1500 Fuß/Sekunde. Das brachte ihn dazu, zu behaupten, dass unsere Alltagserfahrung (Newtonsche Fall-Versuche) nicht anwendbar sei.

Mit der Alltagserfahrung ist das halt so eine Sache. Die Hauptschwierigkeit war die Schussentfernung. Ein Büchsengeschoss fliegt etwa 4 bis 5 km weit. Wenn man den Luftwiderstand weglässt, müssten es aber 100 km sein. Und das sollte ein wenig Luft bewirken? Rechnen wir nach. Dazu zunächst ein paar Gleichungen aus der Realschule.

Im rechtwinkligen Dreieck (Abb. 145) gilt:

$$\sin\alpha = \frac{a}{c}\,;\quad \cos\alpha = \frac{b}{c}\,;\quad \tan\alpha = \frac{a}{b}$$

sowie

$$\frac{\sin\alpha}{\cos\alpha} = \tan\alpha\,;\quad \sin^2\alpha + \cos^2\alpha = 1\,;\quad 2\sin\alpha\cos\alpha = \sin 2\alpha$$

Außerdem wissen wir um folgende Zusammenhänge:

$$\textbf{Geschwindigkeit}\ v = \frac{\text{Weg } s}{\text{Zeit } t} \longrightarrow s = v \times t$$

und (vereinfacht)

$$\textbf{Beschleunigung} = \frac{\text{Geschwindigkeitsänderung}}{\text{Zeit}} = b = \frac{v}{t} \longrightarrow v = b \times t$$

Die Beschleunigung (Verzögerung) wird in m/s^2 angegeben (bei den Yankees natürlich in ft/s^2). Beträgt die Geschwindigkeit am Anfang Null, dann gilt beim freien Fall:

$$b = g = 9{,}81 \frac{m}{s^2} = \frac{v_e}{t} = \frac{2v_m}{t}$$

Darin ist v_m die mittlere, also die Durchschnittsgeschwindigkeit. Weg s wird beim Fall zur Höhe h. Also ist

$$g = \frac{2h}{t^2} \quad \text{oder} \quad h = \frac{gt^2}{2} \quad \text{oder } t = \sqrt{\frac{2h}{g}}$$

Außerdem gilt seit Isaac Newton: **Kraft** F = Masse m × Beschleunigung b, oder im Fall der Erdbeschleunigung: G = m × g. Wenn man die Erdbeschleunigung einsetzt, wiegt ein Kilogramm also ein Kilopond (kp). Nimmt man den allgemeinen Fall und beschleunigt das Kilogramm mit 1 m/s^2, dann setzt es dem eine Widerstandskraft von 1 Newton (N) entgegen.
Da man Masse nicht direkt wiegen kann, drückt man sie durch das Gewicht aus und sagt

$$1\ kg = \frac{1\ kp \times s^2}{9{,}81\ m}$$

Energie = Arbeit = Kraft × Weg =

$$E = F \times s = m \times b \times s = \frac{m \times b \times bt^2}{2} = \frac{m \times (b \times t)^2}{2} = \frac{mv^2}{2}$$

Die Energie wird in Joule angegeben, 1 Joule = 1 Nm = 1 Wattsekunde (Ws) = 0,102 kpm.

Leistung ist Arbeit pro Zeiteinheit =

$$P = \frac{E}{t} = \frac{F \times s}{t} = F \times v = \frac{mv^2}{2t}$$

So, mit diesem Rüstzeug können wir uns an die Arbeit machen. Für die Bewegung durch Luft reicht das zwar noch nicht, aber die Flugbahn im luftleeren Raum können wir jetzt berechnen.

Frage: Wie weit kann man bei gegebener v_0 maximal schießen, und bei welchem Winkel erzielt man die maximale Schussweite?

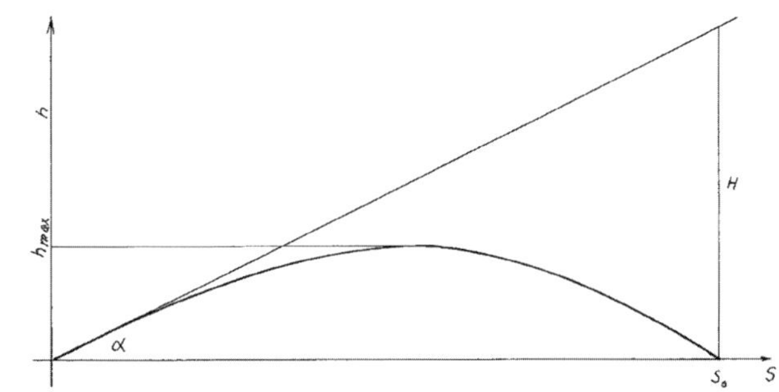

Abb. 146

Das Geschoss startet mit der Geschwindigkeit v_0 unter dem Winkel α. Ohne Erdanziehung hätte es nach einer Zeit t den (schrägen) Weg $v_0 \times t$ zurückgelegt. Dieser entspricht einer Höhe H = $v_0 \times t \times \sin\alpha$. Die horizontale Strecke ist $s_0 = v_0 \times t \times \cos\alpha$. Mit Erdanziehung kommt jetzt aber die senkrecht nach unten gerichtete Fallbeschleunigung hinzu. Solange das Geschoss unterwegs ist, fällt es. Diese Dauer war die Zeit t. Wenn also die Fallstrecke H* gleich der Steigstrecke H ist, schlägt das Geschoss auf dem Boden auf.

$$H^* = \frac{gt^2}{2} = v_0 \times t \times \sin\alpha$$

Die Flugdauer beträgt also

$$t = \frac{2v_0 \times \sin\alpha}{g}$$

Damit wird die Horizontale

$$s_0 = \frac{v_0 \times 2v_0 \times \sin\alpha \cos\alpha}{g} = \frac{v_0^2 \times \sin 2\alpha}{g}$$

Da der Sinus seinen Maximalwert 1 bei 90 Grad erreicht, folgt: die größte Schussweite erzielt man bei einem Abschusswinkel von 45 Grad. Jedenfalls im luftleeren Raum.

Nehmen wir eine v_0 von 1000 m/s an, dann werden das immerhin 101.937 Meter. Unter realen Umweltbedingungen schießt man aber nur etwa 4000 Meter weit bei einem optimalen Winkel von 29 bis 30 Grad. Der Unterschied ist gewaltig. Kein Wunder, dass die frühen Ballistiker Probleme hatten, sich von ihrer Alltagserfahrung zu lösen. (Moderne Physiker stehen übrigens vor genau dem gleichem Problem.)

Aber bleiben wir noch für einen kurzen Augenblick im luftleeren Raum. Wie hoch kann man eigentlich schießen?

Die jeweilige Höhe des Geschosses ist h - h* Die Maximalhöhe erreicht es im Scheitelpunkt, also nach der halben Flugzeit.

$$h_{max} = \frac{v_0 \times t \times \sin\alpha}{2} - \frac{g \times (t/2)^2}{2}$$

Wenn man jetzt hergeht und für t den Ausdruck

$$\frac{2v_0 \times \sin\alpha}{g}$$

aus der obigen Gleichung einsetzt, dann ergibt sich nach einigem Rechnen

$$h_{max} = \frac{v_0^2 \times \sin^2\alpha}{2g}$$

D. h., die Höhe im Scheitelpunkt ist gleich der halben Weite. Und – wer hätte das gedacht – die größte Höhe wird beim senkrechten Schuss nach oben erreicht.

Damit soll jetzt aber Schluss sein mit dem luftleeren Raum. Die Realballistik ist nicht so einfach. Jedenfalls ist es bis heute niemandem gelungen, auch nur annähernd genau zu berechnen, wie sich ein gegebenes Geschoss verhalten wird.

Weiter vorn haben wir ja schon das Luftwiderstandsgesetz von Prandtl kennengelernt, das letztlich auf Newton zurückgeht. Bei niedrigen Geschwindigkeiten wächst der Widerstand mit dem Quadrat der Geschwindigkeit. Bei hohen Geschwindigkeiten bildet sich eine Verdichtungswelle, die sich in unstetigen Verdichtungsstößen auf die Geschossspitze äußert und zu einem erheblichen Staudruck und dem sogenannten Wellenwiderstand führt. Ich zitiere aus Dubbels Taschenbuch für den Maschinenbau:

Widerstand bei Überschallgeschwindigkeit

Die Wellenfront der Verdichtungswelle, die später im Machschen Winkel ausläuft, verursacht einen besonderen Widerstand des Körpers, der zu dem Flächen- und Formwiderstand hinzukommt und u. U. beachtliche Werte erreichen kann. Dieser zusätzliche Wellenwiderstand kann durch die Ausbildung der Profilnase beeinflusst werden. Spitze Ausbildungen der Nase verkleinern den Wellenwiderstand. Bemerkenswert ist, dass die gleichen Maßnahmen, die zur Verminderung des Wellenwiderstandes von Schiffen bekannt sind, auch hier empfehlenswert sind. In beiden Fällen sind die Körper vorn spitz auszubilden.

Wenn man ein Geschoss abfeuert und dann seine tatsächliche Flugbahn misst, stellt sich heraus, dass die Prandtl-Gleichung sich jetzt als

$$W = c_w \times v^n \times x$$

darstellt. In dieser Gleichung ist x eine Konstante, während sowohl c_W als auch n geschwindigkeitsabhängig sind.

Es besteht keine feste Beziehung zwischen Strömungsgeschwindigkeit und Luftwiderstand.

Und als wäre die Gleichung nicht kompliziert genug, setzt sich der c_W-Wert aus drei Einzelteilen zusammen:

$$c_W = c_{Ww} + c_{Wr} + c_{Wb}$$

mit

- c_{Ww} = Wellenwiderstand
- c_{Wr} = Reibung zwischen Oberfläche und umgebender Luft
- c_{Wb} = Bodensog

Nicht nur c_W ist stark geschwindigkeitsabhängig, sondern auch das Verhältnis der Teilwerte untereinander.

Nachdem man der Geschichte also mathematisch nicht beikommen konnte, ersannen die Praktiker einen Ausweg. Sie nahmen ein Standard-Geschoss und ermittelten mit diesem und im Prinzip mit einem ballistischen Pendel die Geschossgeschwindigkeit in 10, 50, 100, 150 und so weiter Meter Entfernung.

Der erste, der eine brauchbare Form des Widerstandsgesetzes formulierte, war der russische Ballistiker Majewsky, der folgende Beziehung aufstellte:

$$R = A \times v^n$$

Hierin ist

R = Geschossverzögerung (Retardation) in ft/s²
A = Widerstandsbeiwert
v = Geschossgeschwindigkeit in ft/s
n = Exponent

In Wirklichkeit gibt es aber gar nicht die eine Majewski-Gleichung, sondern eine ganze Reihe von Gleichungen, jeweils eine für jeden Geschwindigkeitsbereich. Zusammengefasst sind sie in den sogenannten Majewski-Tafeln, die in der von Ingall bearbeiteten Form allerdings nicht im metrischen, sondern im angloamerikanischen System vorliegen. Ich spare mir die Mühe, das alles umzurechnen, zumal die meiste Literatur ohnehin im Zollsystem daher kommt.

0–790 ft/s:
791–970 ft/s:
971–1230 ft/s:
1231–1370 ft/s:
1371–1800 ft/s:
1801–2600 ft/s:
2601–3600 ft/s:

Nach Majewski kamen die Briten und nach diesen die La-Gavre-Kommission in Frankreich zu ganz ähnlichen Ergebnissen. Sie waren es auch, die eine derartige Tabelle dann in Form einer

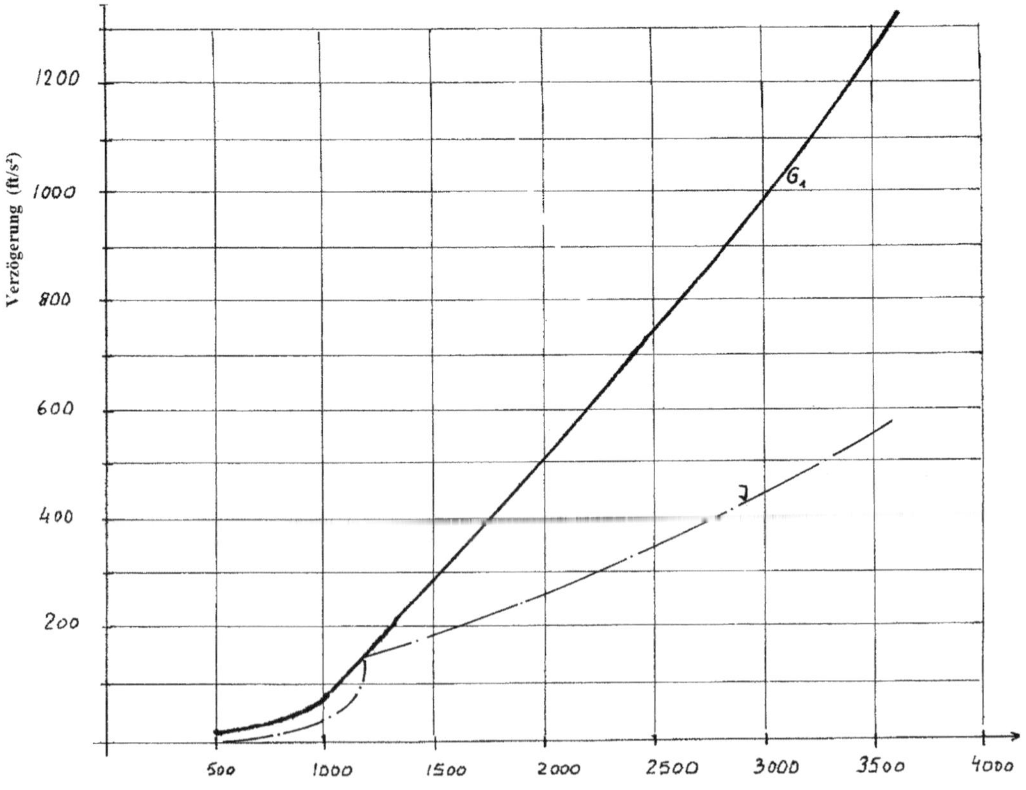

Abb. 147

Kurve darstellten, indem sie in Schritten von jeweils 50 ft/s die zugehörigen Verzögerungswerte ausrechneten (Abb. 147, Volllinie). Da sie eine solche Kurve als erste ermittelten, spricht man von einer Gavre- oder auch G-Funktion. Und da das verwendete Einheitsgeschoss der Artillerie mit den damals üblichen drei Kalibern Länge und einem kleinen Ogivenradius von zwei Kalibern auch das erste war, spricht man bis heute von der G1-Funktion. Längere und mit schlanker Spitze ausgeführte Geschosse und solche mit einem Bootsheck folgten später; die hatten dann aber ganz anders verlaufende Kurven (Strichpunktlinie).

Und genau das ist der Knackpunkt.
Das britische Aberdeen-Geschoss (J-Funktion) hatte einen Durchmesser von 1 Zoll und wog 1 lb. Kann man die Kurve auch auf ein kleineres Geschoss anwenden? Man kann. Wenn man es richtig macht. Die Verzögerung war $R = A \times v^n$. Was wir suchen, ist die Verzögerung R für ein in Größe, Masse und Form abweichendes Geschoss. Nehmen wir zunächst an, wir verwenden zwei gleiche Monolith-Geschosse, aber eines besteht aus Blei, das andere aus Aluminium. Unser Umrechnungsfaktor – wir nennen ihn C – muss also proportional zur Geschossmasse größer werden, denn ein viermal schwereres Geschoss, das ansonsten gleich ist, wird nur mit einem Viertel abgebremst. Jetzt nehmen wir an, das Geschoss hat einen kleineren Durchmesser. Dann verringert sich die angeströmte Fläche im Quadrat des Durchmessers. Unser Umrechnungsfaktor C wächst also mit der Abnahme der Fläche. D. h., er wächst umgekehrt proportional zum Quadrat des Durchmessers. Und schließlich die Form. Die beschreiben wir mal durch einen Faktor i. Ein windschnittiges Geschoss wird weniger stark abgebremst als eines mit Rundkopf. Wenn wir also festlegen, ein stumpfes Geschoss habe einen großen und ein spitzes Geschoss einen kleinen Formfaktor, dann muss C wiederum umgekehrt proportional zu diesem Formfaktor wachsen. Mathematisch formuliert sieht das dann so aus:

$$C = \frac{m}{d^2 \times i} \quad \text{bzw.} \quad r = \frac{A \times v^n}{C} = \frac{A \times v^n \times d^2 \times i}{m}$$

Genauso wie die Geschossverzögerung kann man auch die Bremskraft berechnen, die auf das Geschoss wirkt. Es gilt:

$$W = R \times \frac{G}{g}$$

Da das Standardgeschoss 1 lb wiegt und im amerikanischen Maßsystem $g = 32{,}18\ ft/s^2$ ist, gilt für das Standardgeschoss:

$$W = \frac{R}{g}$$

Ich bin sicher, Sie haben C sofort wieder erkannt. Es ist nichts anderes als unser altbekannter Ballistischer Koeffizient BC, so wie m/d^2 die Querschnittsdichte ist.

Es gibt noch eine zweite Möglichkeit, den BC zu definieren:

$$BC = \frac{R}{r} = \frac{\text{Verzögerung Standardgeschoss}}{\text{Verzögerung Geschoss}}$$

Wenn man sich den Abstand (den BC) der beiden Kurven in Abb. 147 ansieht, fällt sofort auf, dass dieser nicht konstant ist. Und das heißt nichts anderes, als dass man falsche Ergebnisse bekommt, wenn man mit einem festen BC arbeitet.
Die Sache hat einen Haken. Theoretisch ändert sich der BC ja nicht, da die Größe, das Gewicht und die Form ja konstant sind. Nun, die Form ändert sich nicht, der Formfaktor schon.
Der BC ist nur dann eine feste, unveränderliche Größe, wenn das untersuchte Geschoss in der Form dem Geschoss entspricht, das der G-Funktion zugrunde liegt. Das ist bei modernen Boattail-Match-Geschossen aber nicht der Fall. Die sind einem Geschoss, das mit der G7- oder G2-Funktion beschrieben wird, sehr viel ähnlicher.
So viel zur geschichtlichen Entwicklung. Wenden wir uns der Moderne zu.

Außenballistische Einflüsse auf das Geschoss

Über die G1-Funktion haben wir gerade den BC abgeleitet. In handelsüblichen Maßen stellt er sich dar als

$$BC = \frac{G}{7000 \times d^2 \times i}$$

mit

G = Geschossgewicht in Grain
d = Geschossdurchmesser in Zoll und
i = dimensionsloser Formfaktor

Dieser Formfaktor definiert sich als

$$i = \frac{\text{Luftwiderstand des zu untersuchenden Geschosses}}{\text{Luftwiderstand des (Gn) Standardgeschosses}}$$

Natürlich haben unterschiedliche Standardgeschosse auch unterschiedliche Formfaktoren. Auf jeden Fall aber folgt aus der Formel für den Formfaktor: Je ähnlicher sich Geschoss und Standardgeschoss sind, umso näher liegt der Formfaktor bei 1.

Wir erinnern uns an die Luftwiderstandsformel für niedrige Geschwindigkeiten.

$$W = \frac{c_W \times V^2 \times \rho \times d^2 \times \pi}{8}$$

Hierin ist c_W der vom Auto bekannte Luftwiderstandsbeiwert (engl.: Coefficient of Drag).
Beim Auto ist c_W ein fester Wert. Aber wenn wir in Hochgeschwindigkeitsbereiche vorstoßen, gilt das nicht mehr. Aber – nachdem man im Versuch den tatsächlichen BC ermittelt hat – kann man so tun, als hätte das Geschoss einen geschwindigkeitsabhängigen c_W-Wert. Graphisch dargestellt sieht das so aus:

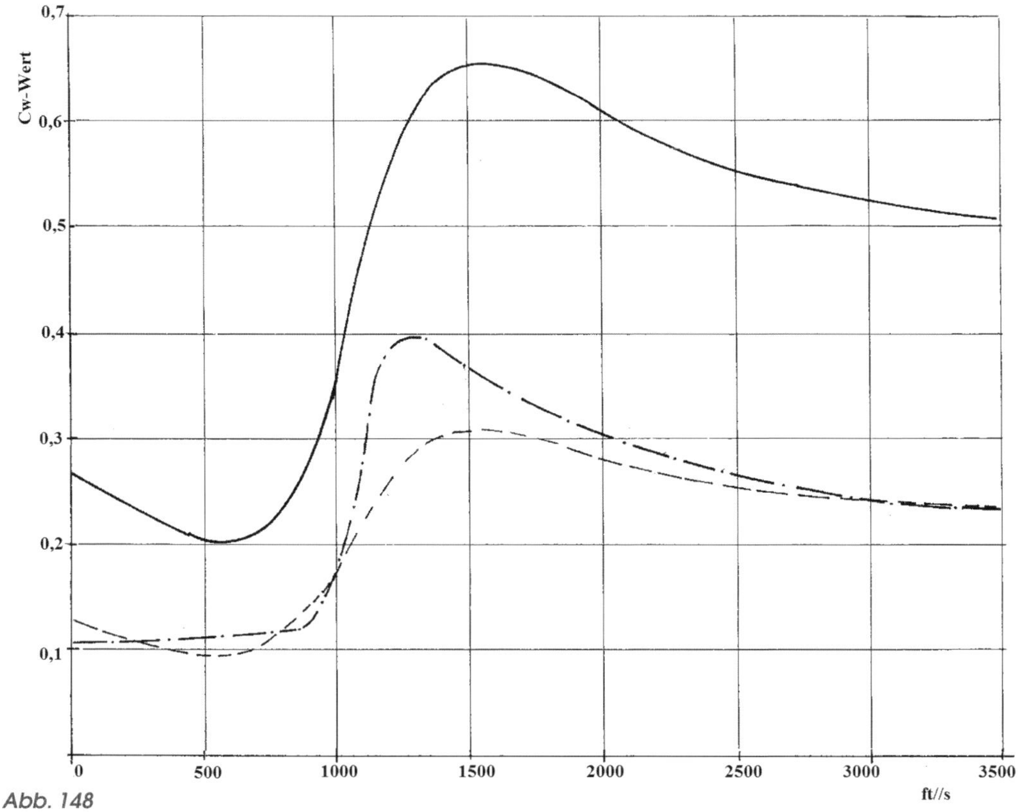

Abb. 148

Die Volllinie ist der »c_W-Wert«, also der Widerstandsbeiwert des G1-Standardgeschosses. Bei 3000 ft/s hat das G1-Standardgeschoss einen (dimensionslosen) Beiwert von 0,52. Die Strichpunktinie stellt die Kurve für ein .264 Kaliber (6,5mm) Matchking-Geschoss mit einem Gewicht von 142 Grain von Sierra dar. Dieses hat laut Hersteller folgende BC-Werte:

> 2850 ft/s:	0,626 (G1)	i = 0,291 : 0,626	=	0.4649 (siehe nächster Absatz)
2400–2850 ft/s:	0,611	i	=	0,4763
2050–2400 ft/s:	0,606	i	=	0,4802
< 2050 ft/s:	0,581	i	=	0,5009

Das Matchking-Geschoss hat eine (unveränderliche) Querschnittsdichte von 0,291. Diese geteilt durch den jeweiligen BC ergeben die Formfaktoren für die diversen Geschwindigkeitsbereiche. Es war:

$$W = \frac{W_{Geschoss}}{W_{Standardgeschoss}}$$

dann gilt auch

$$i = \frac{c_{W\,Geschoss}}{c_{W\,Standardgeschoss}}$$

also ist

$$c_{W\,Geschoss} = i \times c_{W\,Standardgeschoss}$$

Damit kann man die Volllinie zeichnen (jedenfalls im Überschallbereich).
Die gestrichelte Linie stellt den Verlauf des c_W-Wertes (und damit des BC) bei fest vorgegebenem Verhältnis i = 0,4649 bei den verschiedenen Geschwindigkeiten dar. Es ist der Verlauf, den das Programm ermittelt, wenn wir nur einen BC-Wert eingeben. Ergo: die errechnete Flugbahn stimmt nicht mit der wirklichen überein.
Man kann dem abhelfen, wenn man den BC stückelt und die verschiedenen Geschwindigkeitsbereiche einzeln rechnet. Aber wozu der Aufwand? Die meisten Programme akzeptieren die G7-Funktion, die dann eine Kurve liefert, die der eines modernen Matchgeschosses mit Boattail sehr nahe kommt. Sehen wir uns das doch einmal an:

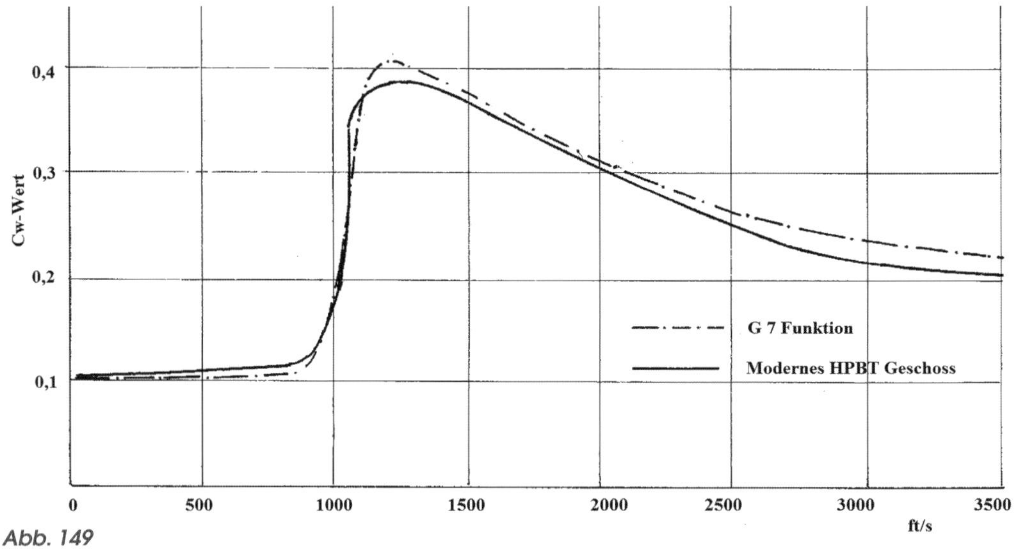

Abb. 149

Damit ist klar. Für die langen Distanzen schießt man ohnehin Boattails, und deren Kurve wird durch die G7-Funktion sehr viel besser abgebildet als durch G1. Sie gehen also mit dem BC(G7) in Ihr Ballistikprogramm. Über die kurze Distanz (< 300 Meter), auf der FB-Geschosse mit sehr schlank ausgeführter Ogive Vorteile bieten, sitzen Sie allerdings irgendwie zwischen Baum und Borke. So ein Geschoss entspricht in etwa der G8-Funktion. Aber damit haben Sie noch keinen BC(G8), und Sie werden auch kaum ein Programm finden, das diesen akzeptieren würde. Aber die praktischen Auswirkungen sind gering. Nehmen Sie den G1 und beschränken Sie sich mit diesen Geschossen auf kurze Entfernungen. Da benötigen Sie die ganze Rechnerei ohnehin nicht. Über die langen Distanzen verwenden Sie HPBT-Geschosse und die G7-Funktion. Dann sind Sie immer auf der sicheren Seite.
Aber folgenden Satz sollte man sich merken:
Geschosse mit gleichem BC haben – wenn sie mit der gleichen v_0 starten – völlig unabhängig von Kaliber, Gewicht und Form immer die gleiche Flugbahn, die gleiche Endgeschwindigkeit.

Je größer der BC (bei gleicher v_0 und gleichem Bezugsgeschoss G1 oder G7), desto flacher die Flugbahn und desto geringer die Winddrift. Ich weiß, ich nerve Sie so langsam mit diesem Satz. Aber er ist für die Ballistik nun mal nicht ganz unwichtig.

So, das war ein schwieriger Abschnitt. Nicht nur für Sie als Leser. Für mich als Autor, war es auch einigermaßen mühsam. Es hat mich daran erinnert, warum ich mich als junger Mann, der eigentlich Astrophysiker werden wollte, nach vier Semestern doch für eine Laufbahn als Maschinenbau-Ingenieur entschieden habe. Da dreht sich etwas, man kann Dinge anfassen, und am Ende kommt irgendwo ein brauchbares Produkt heraus, nicht nur Formeln. Deshalb versprochen: der Rest dieses Kapitels über theoretische Ballistik wird wieder »greifbarer«.

Der Einfluss der atmosphärischen Bedingungen

Über die kurzen Entfernungen ist dieser Einfluss vernachlässigbar. Über lange Distanzen benutzen Sie eine Software für die Flugbahnberechnung. Die hat die entsprechenden Eingabefelder für die Umweltbedingungen: Temperatur, Luftdruck bzw. Höhe über dem Meeresspiegel und relative Luftfeuchte. Die alle können das spezifische Gewicht der Luft verändern und haben somit Einfluss auf den Luftwiderstand. Der der relativen Feuchte ist allerdings so gering, dass er sich kaum bemerkbar macht.
Wenn Sie die beiden anderen selbst umrechnen wollen?
Viele Programme gehen von einer Standardtemperatur von 15 °C und einem Standardluftdruck von 760 mm HG (das sind 1013 hPa = 1013 mbar) aus.

$$BC_{Ort} = \frac{Temperatur_{Ort} + 273}{15 + 273} \times \frac{1013}{Luftdruck_{Ort}}$$

In Meereshöhe nimmt der Luftdruck übrigens um etwa 1 hPa pro acht Meter Höhe ab. Das sind dann 12,5 hPa pro 100 Meter. In tausend Meter Höhe reduziert sich dieser Wert auf zirka 11,5 hPa pro 100 Meter.

Der Einfluss der Schussentfernung auf die Flugbahn

Für die meisten Sportschützen ist die exakte Entfernung zum Ziel und damit die Flugbahn von nachrangiger Bedeutung, da sie über bekannte, vorgegebene Entfernungen schießen. Man wechselt z. B. von 100 auf 300 Meter. Mein Glas hat ein ⅛-MOA-Raster. 18 Klicks, und ich bin auf der Scheibe. Ein Probeschuss, dann das Z.F. nachrichten auf das Schussloch, und ich bin im Geschäft.
Für Jäger, im taktischen Bereich und bei einigen Sportdisziplinen, bei denen über unbekannte, wechselnde Entfernungen geschossen wird, gilt das nicht. Da gibt es auch keinen Probeschuss. Der erste Schuss muss sitzen, aus einem kalten Lauf.
Bei kurzen Entfernungen hilft da das Konzept der GEE (englisch: point blanc range).
Bei den langen Distanzen galt immer, man muss einen guten Kompromiss finden zwischen einem leichten Geschoss, um eine möglichst gestreckte Flugbahn zu erzielen, und einem schweren, das weniger vom Wind beeinflusst wird.

Die moderne Literatur ist sich allerdings nicht so sicher, ob das heute wirklich noch so ganz richtig ist. Das Argument geht so: Eine gestreckte Flugbahn verzeiht größere Fehler bei der Entfernungsmessung. Das wird nicht bestritten. Aber die modernen Laser sind so gut, da sollten wir uns ganz auf den Wind konzentrieren. Und das heißt, wir wählen bei den wirklich langen Entfernungen ein möglichst schweres Geschoss mit größtmöglichem BC, weil es weniger Winddrift hat.

Das Argument ist stichhaltig, aber meines Erachtens nicht immer und nicht in jedem Fall. So ist es denkbar, dass unser Batteriepack im Laser gerade in dem Moment den Dienst einstellt, wo wir es am wenigsten gebrauchen können. Dann gibt es Ziele, die reflektieren nicht oder nicht genug für die Entfernung. Schließlich sollten wir auch dem militärischen Bereich nicht aus dem Auge verlieren, in dem ein Scharfschütze möglicherweise auf den Einsatz des Lasers verzichten muss, wenn er seinen Standort nicht kompromittieren will. In all diesen Fällen heißt es: zurück zu den Anfängen. Wir müssen wieder auf die alte Methode der Entfernungsmessung zurückgreifen, indem wir das Ranging-Absehen unseres Zielfernrohres benutzen. Und eine derart ermittelte Entfernung ist nun mal ungenau. Deshalb wäre es gut zu wissen, welches Geschoss auf welche Entfernung den größten Messfehler verzeiht.

Das bringt uns zu einem Tool, das es schon seit hundert Jahren gibt, von dem man aber kaum etwas hört. Gemeint ist der Gefährdungsbereich. Auf Englisch : danger space. Ich bin nicht einmal sicher, ob ich den richtigen deutschen Ausdruck gewählt habe. Aber ich denke, er beschreibt das Konzept am besten. Das ist so was Ähnliches wie die GEE, aber »schräg«. Wie werden gleich sehen, wie das zu verstehen ist. Veranschaulichen wir uns erst noch einmal die GEE. Da ist es so, dass wir eine bestimmte Zielgröße vorgeben und dann als Einschießentfernung die Distanz wählen, bei der die maximale Flugbahnüberhöhung und der tiefste Treffpunkt am Ende der Flugbahn die gleiche Abweichung haben und beide innerhalb der gewählten Zielgröße liegen (Abb. 150).

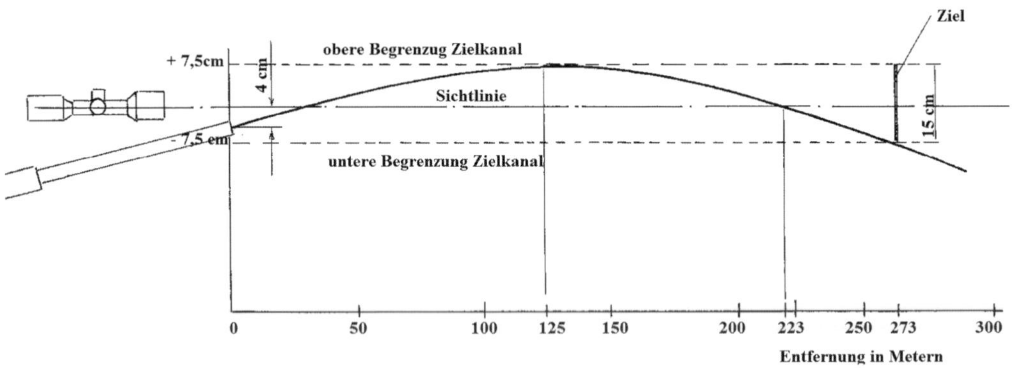

Abb. 150

In Deutschland hat man sich auf eine Zielfernrohr-Höhe von 5 cm über der Laufseele und auf eine zusätzliche Flugbahnüberhöhung über die Sichtlinie von 4 cm verständigt. In meinem Rechenbeispiel auf den Seiten 149 und 150 bin ich von etwas anderen Werten ausgegangen, aber ich denke, 15 cm Zielgröße sind in den meisten Fällen nicht unrealistisch.

Klar ist, je flacher die Kurve, umso länger wird sie, bevor sie die obere und untere Begrenzungslinie erreicht. Was aber, wenn wir jetzt den Bereich der nahen Distanzen verlassen? Ein

68-Grain-Geschoss aus einer 6PPC hat sicherlich bis 300 Meter eine gestrecktere Flugbahn als zum Beispiel ein 162-Grain-Amax-Geschoss aus einer 7mm-08. Aber wie sieht das bei 500 oder 600 Metern aus? (Abb. 151) Beide Büchsen sind auf 400 Meter eingeschossen.

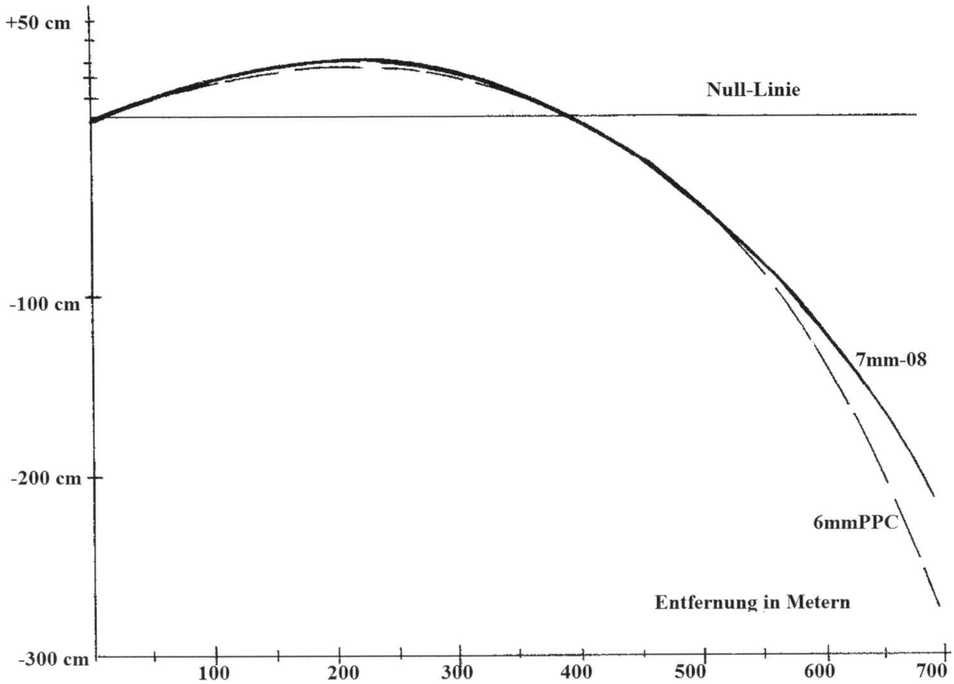

Abb. 151

Wie erwartet, ist das schnellere PPC-Geschoss bis 400 Meter auf einer flacheren Flugbahn unterwegs. (In beiden Fällen wurden Maximalladungen zugrundegelegt.) Bei 400 Metern durchschneidet seine Bahn die des schwereren Geschosses, da es noch immer etwas flacher unterwegs ist. Bei 450 Metern schneidet die Flugbahn der PPC die des 7mm-Geschosses ein zweites Mal. Ab hier ist seine Vertikalabweichung größer. Wenn man jetzt die Einschießentfernung von 400 auf 200 Meter reduziert, ändert sich das Bild ein wenig. Die 7mm hat jetzt bei 100 Metern 5,6 cm Hochschuss; bei der PPC sind es 4 cm. Beide kreuzen sich das erste Mal bei 200 Metern und dann wieder bei 550 Metern.

Man sieht also, einmal schießt die kleinere Waffe bis 450 Meter flacher, bei einer kürzeren Fleckschussentfernung erst bei 550 Metern. Es liegt also nahe, zu sagen, bis 450 (bzw. bis 550) Meter ist das leichtere Geschoss dem schwereren überlegen, danach ist es umgekehrt. Aber was nahe liegt, ist nicht unbedingt die Wahrheit. Zunächst: Die »Güte« eines Geschosses kann ja wohl nicht gut davon abhängig sein, wie ich gerade mein Glas eingestellt habe. Zweitens: Die Montagehöhe des Glases hat einen ähnlichen Einfluss. Um zu bestimmen, welches Geschoss für unseren Zweck das geeignetste ist, suchen wir ein Kriterium, dass nicht von den Einstellparametern der Waffe abhängig ist: den Gefährdungsbereich.

Abbildung 152 hat eine gewisse Ähnlichkeit mit Abb. 150. Die Entfernung hat sich allerdings verdoppelt, die Größe des Ziels ebenfalls. 600 Meter und 30 cm respektive. Da wir wissen wollen, wie sich unsere Geschosse bei 600 Meter benehmen, haben wir das Glas auf diese Entfernung eingestellt (Abb.152).

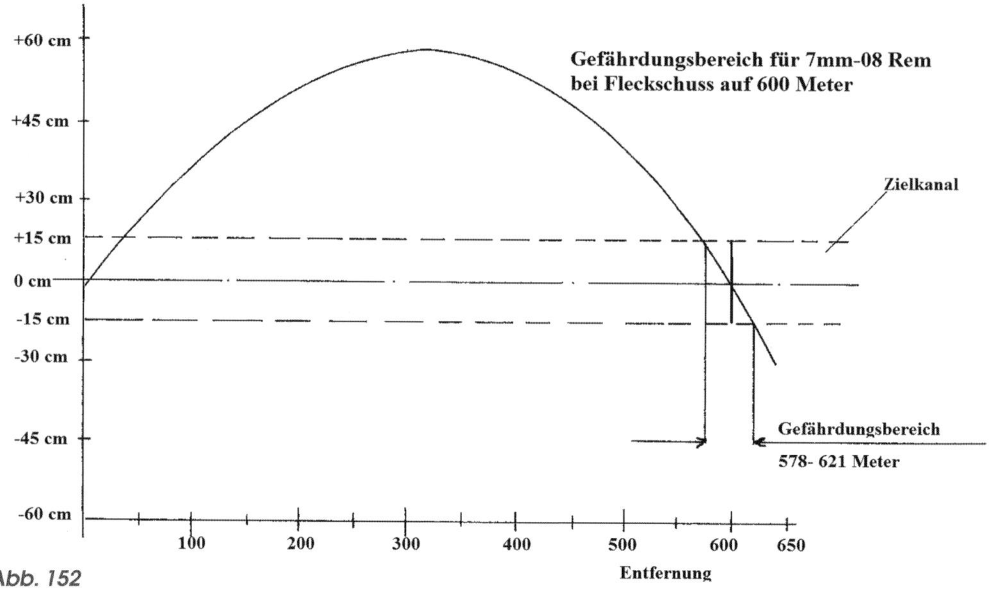

Abb. 152

Es zeigt sich, dass wir unser Ziel in einem Bereich von 578 bis 621 Meter Entfernung treffen würden. Anders ausgedrückt, unser Geschoss verzeiht einen Messfehler in Bezug auf die Entfernung von 43 Metern. Wenn man die gleiche Übung mit dem anfänglich schnelleren PPC-Geschoss anstellt, ergibt sich ein Gefährdungsbereich von lediglich 582–615, also 33 Metern. Das ist signifikant weniger.

Was bedeutet das im wirklichen Leben? Das Verfahren zum Abschätzen des zulässigen Entfernungsmessfehlers wurde ursprünglich für die Artillerieoffiziere der Kriegsmarine entwickelt. Und zwar lange bevor man auf eine metergenaue, satellitengestützte Positionsangabe des eigenen und des gegnerischen Schiffes zurückgreifen konnte. Die Marine braucht das System heute nicht mehr. Aber wir als Schützen handgehaltener Langwaffen sind gut beraten, es zu verwenden. Dazu legen wir erstens den Maximalbereich fest, über den wir schießen wollen. Zweitens wenden wir die Matuna-Formel an, um festzustellen, welches Geschossgewicht bei der zur Verfügung stehenden v_0 die besten Ergebnisse bringt (s. Seite 136 ff.). Drittens verifizieren wir, bis zu welcher Windstärke wir noch schießen können, um Aussicht auf einen Treffer zu haben. (Auf die Winddrift komme ich noch zurück). Und wenn wir dann wissen, welches Geschoss und welche v_0 wir haben, können wir viertens den Gefahrenbereich ermitteln und wissen dann, mit welchem Messfehler wir leben können. Alle vier Überlegungen sind zeitraubend, können aber bequem an einem regnerischen Sonntagnachmittag zu Hause erledigt werden. Bei einer kürzeren Entfernung als den im Beispiel angenommenen 600 Metern wird die Flugbahn flacher. Der Gefährdungsbereich wird dann größer. Mit dem Wert für die angenommene Maximalentfernung liegen Sie also immer auf der sicheren Seite.

Nichthorizontale Schüsse

»Bergauf oder bergrunter, halt immer drunter.« So oder so ähnlich lernt man das bei der Ausbildung für den deutschen Jagdschein. Natürlich stimmt das. Ist aber trotzdem ein bisschen dürftig. Wie viel drunter bitteschön?
Die Amerikaner haben die sogenannte »Riflemans Rule«, die da besagt, man nehme die Winkelabweichung, bilde den Cosinus und multipliziere die schräge Entfernung mit diesem. Die derart verkürzte Schussentfernung wird als wirksame Entfernung angenommen.
Beispiel: Ich schieße in den Bergen unter einem Winkel von 18° bergauf (oder bergab, das ist egal). Die Entfernung betrage 520 Meter. Cos 18° = 0,9511. Damit ergeben sich 520 x 0,9511 = 494,5 Meter. Ich stelle das Glas also so ein, als würde ich über 495 Meter schießen.
Diese Regel stimmt nicht genau, denn sie lässt die zusätzliche Geschossverzögerung durch die längere Flugstrecke außer Acht. Ebenso wenig berücksichtigt sie die Längskomponente, die bergauf das Geschoss verzögert, bergab dem Luftwiderstand entgegenwirkt. Aber es ist ein guter Näherungswert.
Wenn wir uns vor Augen halten, dass auch sehr gute Laser Mühe haben, 1 % der tatsächlichen Entfernung zu halten, dann folgt daraus: Alle Winkel bis etwa 8° können wir vergessen. Um ein Gefühl für 8° zu bekommen: das sind auf 100 Meter Entfernung 14 Meter Höhe. 14 Meter. Das ist schon eine Menge Holz. Und bis dahin braucht uns bergauf oder bergrunter nicht zu kümmern.
Es gibt auch die sogenannte verbesserte Schützenregel, die etwas genauere Ergebnisse liefert. Da ermittelt man zunächst den Drop des Geschosses (also die Vertikale) und multipliziert diesen Wert mit dem Cosinus des Winkels. Der derart reduzierte Drop ist der, den wir dann mit dem Glas korrigieren müssen.
Aber letztlich ist das alles graue Theorie. Denn um die Flugbahn zu berechnen, brauchen wir ein Ballistikprogramm. Da können wir dann auch gleich den Höhenwinkel eingeben.
Das gilt aber nicht für das Schießen bis 300 Meter. Die GEE stimmt nicht mehr, wenn man die Horizontale verlässt. Ein Beispiel: 30-06 Springfield, Geschoss 155 Grain, v_0 = 915 m/s. Bei 15 cm Zielgröße ergibt das eine GEE von 229 Metern, bei einer Maximalreichweite von 268 Metern. Größte Flugbahnüberhöhung ist bei 128 Metern.
Nehmen wir an, wir schießen jetzt im Gebirge unter einem Winkel von 30 Grad. Wenn wir alle Einstellungen unverändert lassen, haben wir dann eine Maximalweite von 263 Metern. Bei 268 Meter sitzt der Schuss lediglich 1 cm unter der Sichtlinie, aber die größte Flugbahnüberhöhung tritt jetzt bei 147 m auf und beträgt 9,1 cm. Wir liegen also um 1,6 cm zu hoch.
Also, auch wer nichts mit Ballistikprogrammen am Hut hat, sollte sich für seine Laborierung doch einmal ansehen, welchen Einfluss die verschiedenen Winkel haben, und diese Beträge verinnerlichen.

Der Coriolis-Effekt

Der Coriolis-Effekt ist uns allen aus einschlägigen Hollywood-Filmen bekannt. Er macht sich in einer horizontalen Abweichung bemerkbar. Um wie viel bzw. wie wenig, werden wir gleich sehen. Coriolis (die Betonung liegt übrigens auf dem ersten i) tritt auf, wenn wir Richtung Nord- oder Südpol schießen.
Corioliskräfte sind keine wirklichen, sondern Scheinkräfte. Sie sind eine Folge der Erdrotation. Etwas simpel ausgedrückt geht das so: Stellen Sie sich vor, Sie schießen eine Kanonenkugel irgendwo am Äquator Richtung Norden. Bevor Sie das Projektil abfeuern, bewegt es sich ja

schon mit einer Geschwindigkeit von 40.000 km/24 Std. nach Osten. Sie befinden sich, sagen wir in Libreville in Gabun und schießen mit Ihrer Kanone bis 10 Grad nördlicher Breite. Dort dreht sich die Erde ebenfalls nach Osten, aber nur mit cos 10° × 40000 km/24Std.
D. h., je weiter die Kugel nach Norden fliegt, umso größer wird ihr Geschwindigkeitsüberschuss in Richtung Osten in Bezug auf den Grund. Von ihnen als Schützen aus gesehen, wird sie also erheblich nach rechts abweichen (Abb. 153). Sollten Sie einen zweiten Schuss Richtung Süden abgeben, wird dieser ebenso, aber nach links abgelenkt.
Für einen in Bezug auf die Sonne stillstehenden Beobachter außerhalb der Erde würde sich das Geschoss also schräg nach Nordosten bewegen (Abb. 154). Auf der geraden gestrichelten Linie, wenn es wie ein Marschflugkörper mit konstanter Durchschnittsgeschwindigkeit unterwegs wäre. Auf der gekrümmten Linie, wenn es durch den Luftwiderstand verzögert wird.

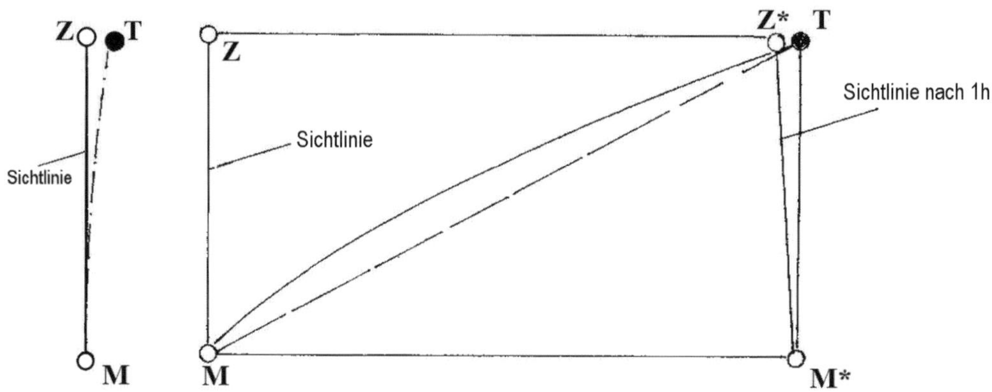

Abb. 153 + 154

Zurück zu den Zahlen. Nehmen wir an, das Geschoss legte die Strecke von der Mündung M bis zum Ziel Z in einer Stunde zurück. 10 Grad in Nord-Süd-Richtung sind übrigens 1111 km. In der Stunde bewegt sich Libreville 40000/24 km = 1666 km nach Osten. Es befindet sich dann bei M*. Das Ziel Z bewegt sich aber nur cos 10°, also 0,9848 × 40000/24 = 1641 km. Das Ziel befindet sich also bei Z*. Ihr Schuss landet aber bei T, also 25 km rechts von Z*.
Nehmen wir jetzt an, Sie schießen eine zahmere Ladung. Ihr Geschoss braucht dann zwei Stunden bis ins Ziel. Dann verdoppeln sich alle Strecken. Die Abweichung beträgt jetzt 50 km.
Jetzt wiederholen Sie den Versuch. Sie starten diesmal in der Gegend von Genua und schießen wieder in einer Stunde in Richtung Hamburg. Das liegt auch ziemlich genau im Norden und macht wieder 10° Unterschied, denn Hamburg liegt auf dem 53sten Breitengrad und Genua fast auf dem 43sten. Genua dreht sich mit 1219 km/h nach Osten (1666,666 × cos 43°). Hamburg nur um cos 53° × 1666,666 = 1003 km/h. Der Unterschied beträgt jetzt 216 km. D. h., obwohl die Entfernung wieder 10 Breitengrade beträgt, ist die Coriolisabweichung näher zum Pol viel größer geworden.
Genauso gilt, wenn man auf der Nordhalbkugel von Nord nach Süd schießt, dann wird das Geschoss nach Westen, also vom Schützen ausgesehen wieder nach rechts abgelenkt.
Soweit also das Prinzip. Aber wie berechnet man das in allgemein gültiger Form?
Die Umfangs-Geschwindigkeit einer Kreisbewegung ist:

$$U = R \times 2 \times \pi \times n$$

mit R = Radius, n = Drehzahl. Den Term $2\pi n$ nennt man auch die Winkelgeschwindigkeit ω. Man kann also auch sagen:

$$U = R \times \omega$$

Die Winkelgeschwindigkeit der Erde beträgt dann

$$\omega = 2 \times \pi \times \frac{1}{24 \times 3600\,s} = \frac{7{,}2722 \times 10^{-5}}{s}$$

Die Umfangsgeschwindigkeit der Erde an einem beliebigen Punkt ist also

$$U = r \times \omega = R \times \cos\alpha \times \omega$$

mit r = wirksamer Radius am betreffenden Breitengrad α und R = Erdradius = 6366,1977 km.
In einer Zeit t bewegt sich dieser beliebige Punkt um die Strecke A = U × t nach Osten. Wenn ich also von Süden nach Norden schieße, ergibt sich eine Coriolisabweichung von

$$C = U_{Mündung} \times t - U_{Ziel} \times t = (U_M - U_Z) \times t = (r_M - r_Z) \times \omega \times t = \Delta r \times \omega \times t$$

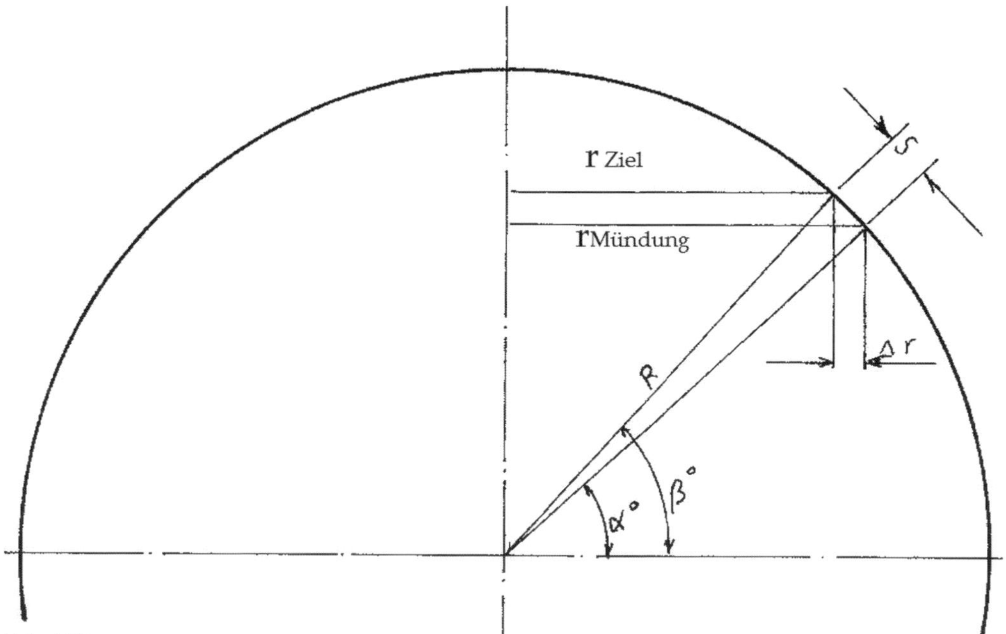

Abb. 155

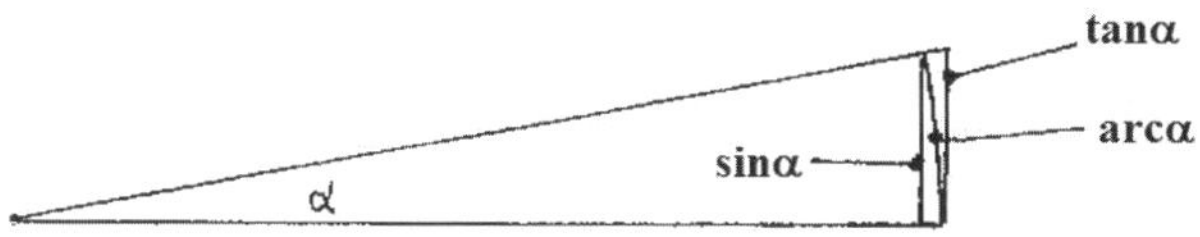

Abb. 156

In Abb. 156 ist noch einmal die Relation Sinus zu Arcus (= Bogen) zu Tangens dargestellt. Wenn der Winkel α klein wird, nähern sich die drei einander immer mehr an. Bei realen Schussentfernungen (s = 1 km) und Erdradius R = 6366 km wird α in der Tat sehr klein, werden Sinus und Arcus gleich groß, und für alle praktischen Belange kann man sagen, Breitenwinkel α wird gleich Breitenwinkel β Dann kann man aber sagen

$$\Delta r = s \times \sin \alpha$$

Und damit wird die Coriolisabweichung für Schüsse in Nord-Süd-Richtung

$$C = s \times \sin \alpha \times \omega \times t$$

Das gilt wie gesagt für Schüsse in Nord-Süd-Richtung. Auf der Nordhalbkugel nach rechts, auf der Südhalbkugel nach links.

Wir rechnen gleich ein Zahlenbeispiel. Aber zunächst möchte ich auf eine Streitfrage hinweisen. Bryan Litz, der Chefballistiker der Firma Berger Bullets – ein Mann, der immens viel von Außenballistik versteht –, behauptet, die horizontale Coriolisabweichung wäre völlig unabhängig von der Schussrichtung.

Wir alle können uns irren. Ich selbst allemal. Aber ich behaupte: hier irrt Herr Litz. Wenn ich genau nach Osten oder Westen schieße, kann es keinen Coriolis Effekt geben, da sich die Erde auf jedem Punkt desselben Breitenkreises gleich schnell dreht. (Streng genommen gibt es nahe am Nordpol eine Abweichung, weil sich das Ziel auf einer Kreisbahn bewegt, das Geschoss aber nicht. Der Betrag ist aber so klein, dass ihn der Taschenrechner kaum sichtbar machen kann.)

Ich muss also noch den Schusswinkel, bezogen auf den Nordpol, berücksichtigen. Diesen Winkel nennt man auch den Azimutwinkel. Norden = Null Grad, Osten = 90°, Süden = 180° und Westen = 270°. Der Azimutwinkel γ geht mit dem Cosinus ein. Also Nord = 1, Osten = 0, Süden = -1 und Westen = 0. (In Südrichtung gesehen dreht sich die Erde ja eigentlich anders herum. Die beiden Minuszeichen heben sich also auf, oder anders gesagt: wir berücksichtigen nur den Betrag des Cosinus. Das Vorzeichen interessiert nicht). Also:

Nordhalbkugel immer nach rechts

Südhalbkugel immer nach links

$$C = s \times \sin \alpha \times \omega \times t \times \cos \gamma$$

Dabei ist

C = Coriolisabweichung in Meter

α = Geographische Breite

ω = Winkelgeschwindigkeit der Erde = $7{,}2722 \times 10^{-5}$ pro Sekunde

t = Flugzeit des Geschosses

γ = Winkel der Schussrichtung, bezogen auf Nord-Süd-Achse

Dazu ein Zahlenbeispiel: Schussentfernung 920 Meter; 52 Grad nördlicher Breite, Schussrichtung 150° SSO; Kaliber 6,5mm; Geschoss 140 grn Hybrid; v_0 = 910 m/s; $BC_{(G7)}$ = 0,317. Wenn man mit diesen Werten ins Ballistikprogramm geht, erhält man eine Flugzeit von 1,361 Sekunden. In diesem Fall ist dann

$$C = 920\ m \times \sin 52° \times 7{,}2722 \times 10^{-5} \times \cos 150° = -0{,}0621\ m$$

Die Coriolisabweichung beträgt also in unserem Beispiel 6,21 cm nach rechts. (Das Vorzeichen interessiert nicht.) Das ist jetzt zwar nicht gerade der Risenfaktor, aber vernachlässigen sollten wir das vielleicht auch nicht gerade.

Der Eötvös-Effekt

Der Eötvös-Effekt (manchmal sagt man auch Coriolis-Senkrechte dazu) ist etwas eingewickelter. Durch die Erdrotation entsteht ja eine nach außen gerichtete Fliehkraft, die der Erdanziehung entgegenwirkt. Schießen wir nach Osten – also mit der Erddrehung – dann vergrößern wir die Fliehkraft. Schießen wir nach Westen, wird die Fliehkraft kleiner.
Außerdem gilt umgekehrt zur horizontalen Coriolisabweichung: Am Äquator ist der Effekt am größten, an den Polen wird er null. Folge: Schießt man in Ostrichtung, dann reduziert sich die Senkrechte. Wir haben Hochschuss. Schießt man in Westrichtung, ist es umgekehrt. Wir haben Tiefschuss.
Der Korrekturfaktor F berechnet sich wie folgt:

$$F = 1 - \frac{2\,\omega \times v_0}{g} \times \cos(\text{Breitengrad}) \times \sin(\text{Schussrichtung})$$

mit
ω = Winkelgeschwindigkeit der Erde
v_0 = Mündungsgeschwindigkeit (m/s)
g = Erdbeschleunigung 9,81 m/s^2
Schussrichtung: Norden = 0° (sin = 0); Ost = 90° (sin = 1), Süd = 180° (sin = 0) und West = 270° (sin = -1). Die Werte gelten für die Nord- und die Südhalbkugel gleichermaßen.

Beispiel: Gleiche Waffe und Munition wie oben. v_0 = 910 m/s, 920 Meter Schussentfernung, Glas auf 100 Meter Fleck eingestellt. 52° Breite, Schussrichtung 60 Grad nach NOO.

$$F = 1 - \frac{2 \times 7{,}2722 \times 911}{100000 \times 9{,}81} \times \cos 52° \times \sin 60° = 0{,}9928$$

Ohne Korrektur hätten wir auf 920 Meter Entfernung 665,5 cm Tiefschuss. Korrigiert werden das 665,5 x 0,9928 = 660,7 cm. Wir müssen also unter Berücksichtigung des Eötvös-Effektes den Drop um 5 cm weniger korrigieren.
Bisher haben wir uns mit den Störgrößen beschäftigt, die das Geschoss von der idealisierten Flugbahn abweichen lassen und die dabei nicht von der Drallstabilisierung des Geschosses abhängen. Es gibt aber einige Störungen, die direkt auf die Drallstabilisierung zurückzuführen sind oder doch zumindest von ihr beeinflusst werden. Da ist zunächst einmal

Die gyroskopische Seitenabweichung (Spindrift)

Die ist schwierig zu erklären, aber leicht zu korrigieren.
Für Sportschützen, die über bekannte und für die Dauer des Wettkampfes gleichbleibende Entfernungen schießen, stellt sich das Thema gar nicht. Grund: bei einigermaßen konstanter v_0, gleichem Drall und gleicher Schussweite bleibt die Spindrift immer gleich groß. Die besseren Ballistikprogramme liefern den Wert. Man berücksichtigt ihn bei der ersten Grobeinstellung, und das war's dann. Wenn man mit dem Glas erst mal auf der Scheibe ist, kann man die Spindrift getrost vergessen.
Nicht so Jäger und Scharfschützen. Da muss der erste Schuss aus einem kalten Lauf sitzen. Auf große Entfernungen kann man es sich einfach nicht leisten, irgendeine Störgröße, die man berücksichtigen könnte, außen vor zu lassen. Das summiert sich. Und es gibt noch immer genug

Probleme mit dem Wind. Da sollte man alles Vermeidbare aus dem Weg geräumt haben.
Wie entsteht Spindrift, und über wie viel reden wir?
Wenn ein drallstabilisiertes Geschoss die Mündung verlässt, zeigt die Geschossspitze relativ zur Sichtlinie zunächst schräg nach oben. Ein überstabilisiertes Geschoss würde diese Position beibehalten und schräg auf das Ziel treffen.
Ein korrekt stabilisiertes Geschoss folgt allerdings mit der Spitze der Flugbahn. Dazu wird es von seiner ursprünglichen Lage abgelenkt, und das führt bei drallstabilisierten Körpern zu einer seitlichen Schwenkbewegung. Es ergibt sich die bekannte Nutations- und Präzessionsbewegung. Beim – allgemein üblichen – Rechtsdrall dreht sich das Geschoss von hinten gesehen im Uhrzeigersinn und die Geschossspitze befindet sich im Durchschnitt etwas rechts von der Achse. Sie weicht auch nach unten und oben aus, aber die zwei kompensieren sich gegenseitig.
Durch diese (statistische) Rechtsverlagerung der Geschossspitze wird das Geschoss von hinten gesehen auf der linken Seite stärker vom Fahrtwind angeströmt und so ein wenig nach rechts verschoben.
Um das präzise zu berechnen, benötigt man ein ziemlich aufwändiges Computerprogramm. Es gibt aber eine Näherungsformel, die sehr brauchbare Ergebnisse liefert. Hier ist die metrische Variante. Das Original stammt – glaube ich – von dem bereits oben erwähnten Bryan Litz.

$$SD = 3{,}175 \times (S + 1{,}2) \times t^{1{,}83}$$

Hierin ist

SD = Spindrift in Zentimetern
S = Stabilitätsfaktor (vgl. Millerformel)
t = Flugdauer des Geschosses in Sekunden

Beispiel: Wir bleiben bei dem Fall aus der Coriolisabweichung. v_0 = 910 m/s, Kaliber 6,5mm, $BC_{(G7)}$ = 0,317, Entfernung 920 Meter. Da war die Flugzeit des Geschosses 1,361 Sekunden. Stabilitätsfaktor nach Miller = 1, 45. Wenn wir das einsetzen, ergibt sich eine Spindrift von

$$SD = 3{,}175 \times (1{,}45 + 1{,}2) \times 1{,}361^{1{,}83} = 14{,}79\ cm$$

Wenn ich in mein Ballistikprogramm gehe, dann erhalte ich einen Wert von 14,82 cm. Also ich finde, da ist der Wert aus obiger Näherungsformel genau genug.

Der Wind

Bis hierher hatten wir es mit bestimmbaren Variablen zu tun. Entfernungen und Luftdruck kann man messen. Die v_0 kann man messen. Es bleibt ein Streubereich, aber auch den kann man quantitativ eingrenzen.
Einen BC kann man messen, berechnen oder dem gedruckten Wert des Herstellers glauben. Wenn wir all diese Werte in ein Ballistikprogramm eingeben und die ausgedruckten Flugbahnwerte am Glas einstellen, und wenn dann Waffe und Schütze ihr Scherflein beitragen, dann können wir an einem windstillen Tag davon ausgehen, dass der erste Schuss sitzt.
Im wirklichen Leben ist das zu schön, um wahr zu sein. Wann gibt es schon mal einen windstillen Tag? Und selbst wenn, dann bleibt immer noch die Mirage. Beide haben mit turbulenter Luft zu tun, und beide sind unberechenbar. Natürlich gibt es physikalische Gesetze, die beides beschreiben. In der Realität nützt uns das aber herzlich wenig.

Der Wind zuerst.

Winddrift

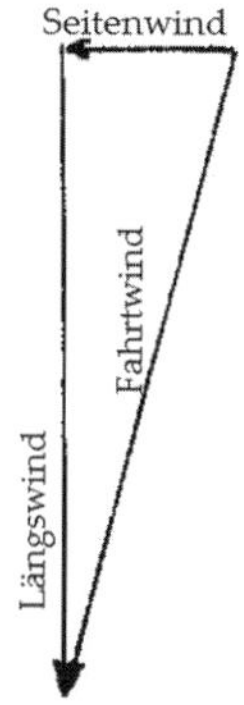

Abb. 157

In Band 1 habe ich mich über die Vorgänge, die das Geschoss mit dem Wind zur Seite »schieben«, lang und breit ausgelassen. Auf die detaillierte Betrachtung verzichte ich hier. Es mag genügen, zu sagen, der Wind schiebt das Geschoss mitnichten zur Seite. Es ist vielmehr so, dass bei Seitenwind der Fahrwind nicht mehr direkt von vorn, sondern ein klein wenig schräg auf das Geschoss trifft (s. Abb. 158). Dieser »schräge« Wind setzt sich aus den zwei Komponenten Längswind und Seitenwind zusammen. Der Längswind ist natürlich deutlich stärker als der Seitenwind; der Winkel ist also sehr klein.

Aufgrund der Kreiselwirkung dreht sich die Geschossspitze in den Wind. Seine Achse bildet also denselben Winkel zur Flugrichtung wie der Fahrtwind zum Längswind. Analog zu den Windgeschwindigkeiten bilden auch die Kräfte ein Dreieck mit denselben Proportionen (Abb. 157).

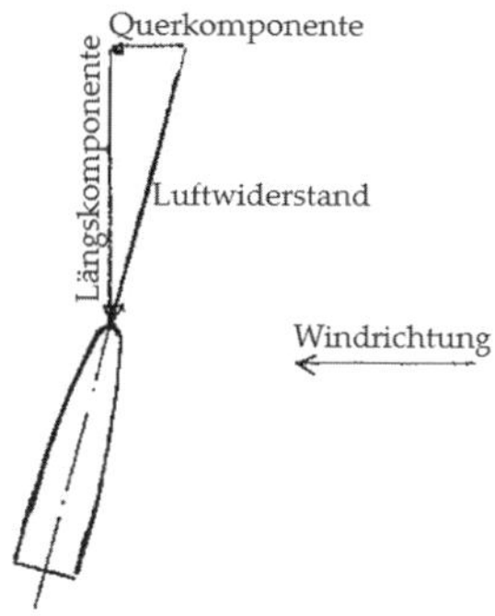

Abb. 158

Hätte das Geschoss einen kleinen Raketenantrieb im Heck, der den Luftwiderstand gerade aufwiegen würde, dann wäre dieser eliminiert. Das Geschoss würde so weit fliegen wie im Vakuum, und es gäbe keine Winddrift. Im wirklichen Leben hat es keinen Raketenantrieb (Abb. 158). Es wirkt der Luftwiderstand, und zwar in einer Längskomponente, die das Geschoss verzögert, und in einer Querkomponente, die es seitlich in Windrichtung versetzt. Wir können also die Flugzeit des Geschosses in zwei Anteile aufdröseln: Die Vakuumzeit $t_{Vak.} = s/v_0$ und die Verzögerungszeit $t_{Verz.}$, die das Geschoss braucht, um den Luftwiderstand zu überwinden. Diese Verzögerungszeit ist im Englischen übrigens die Lagtime.

Die Winddrift ist proportional zur Windgeschwindigkeit (oder genauer: zur 90°-Komponente der Windgeschwindigkeit) und zur Verzögerungszeit. Je länger die Querkomponente wirkt, umso größer die Winddrift. Damit wird

$$Wd = 100 \times v_w \times t_{Verz.} = 100 \times v_w \times (t - \frac{s}{v_0})$$

mit

Wd = Winddrift in cm

v_w = 90°-Komponente des Seitenwindes in m/s

$t_{Verz.}$ = Flugzeit t (aus Ballistikprogramm) minus s/v_0 in s

beziehungsweise

$$Wd = 27{,}78 \times v_w \times t_{Verz.}$$

mit Wd in cm und v_w in km/h.

Beispiel: 6,5mm; v_0 = 910 m/s; $BC_{(G7)}$ = 0,317; s = 920 Meter. Wind bläst aus 2 Uhr mit 7,8 m/s; Flugdauer Geschoss 1,361 s.

Wir haben es mit einem Wind zu tun, der nicht aus 90° bläst. Wenn Schussrichtung = 12 Uhr = Null Grad, dann ist der wirksame Wind = Wind × sin Winkel, in unserem Fall also

$$v_w = 7{,}8 \times \sin 60° = 6{,}76\ m/s$$

Als Richtlinie mag gelten:

v_w = v bei Wind aus 3 und 9 Uhr
= 0,87 × v bei Wind aus 2, 4, 8 und 10 Uhr
= 0,7 × v bei 45°-Wind
= 0,5 × v bei Wind aus 1,5,7 und 11 Uhr
= 0 bei Wind aus 6 oder 12 Uhr

$$Wd = 100 \times 6{,}76 \times (1{,}361 - \frac{920}{910}) = 236{,}6\ m/s$$

Wow! Das sind 2,37 Meter. So viel also zu der Einschätzung: Mein Geschoss ist viel zu schnell, dem kann der Wind gar nichts anhaben.

Sie schießen nur über kurze Entfernungen? Okay. Der Wind war ziemlich happig? Okay. Noch ein Beispiel. .308 Winchester. 155 grn. v_0 = 915 m/s; 280 Meter; $BC_{(G7)}$ = 0,233. Wind kommt mit 5 m/s (Radfahrgeschwindigkeit) aus drei Uhr. Dann gilt: tVerz. = t - 280/915 = 0,3427-0,3060 = 0,0367 s. Dann ist Wd = 100 × 5 × 0,0367 = 18,34 cm. Auch das ist über die kurze Distanz kein Pappenstiel.

Gut, damit sind wir jetzt also in der Lage, die Winddrift zu berechnen. Oder doch nicht? Seien wir realistisch:

1. Selbst wenn wir einen Wind aus dem Lehrbuch hätten, in der Zeit, die wir brauchen, um die Winddrift auch nur einigermaßen korrekt abzuschätzen, hat der Wind schon fünfmal gedreht.
2. Und selbst, wenn wir ein Windmessgerät hätten: das zeigt nur einen lokalen Messwert.
3. Bei einigen Schießsportdisziplinen kann man Windfahnen aufstellen. Dann wissen wir: Unmittelbar vor der Mündung bläst der Wind von rechts. Auf dem letzten Drittel bläst er von links. Und in der Mitte gibt es es ein paar tüchtige Turbulenzen. Da drehen sich die Windfahnen wie wild im Kreis. Welcher Fahne glauben Sie denn jetzt? Ihr Ballistikprogramm können Sie jedenfalls getrost vergessen.
4. Bei den etwas schwereren Geschossen und sehr großen Entfernungen beschreibt das Geschoss auf dem Weg zum Ziel eine ziemlich stark gekrümmte Flugbahn. Der obere Scheitelpunkt der Kurve kann locker fünf Meter erreichen. Da oben wirkt der Wind deutlich stärker als am Boden. Aber um wie viel?
5. Im Gebirge. Wenn Sie von einem Berg zu einem anderen schießen, gibt es überhaupt keine Windmarker. Durch den Venturi-Effekt mag der Wind zwischen den Bergen noch deutlich stärker sein als am Standort des Schützen.

Ich denke mal, mit dieser kleinen Auswahl an kleinen Schweinereien, die der Wind für uns bereithält, habe ich meinen Standpunkt deutlich gemacht. Ich sehe drei Möglichkeiten, die Probleme mit dem Wind zu reduzieren. Wohlgemerkt: Zu reduzieren! Mehr geht gar nicht.

I. Sie können versuchen, den Wind zu »lesen« und dann durch entsprechendes Vorhalten der Winddrift entgegenzuwirken.
II. Sie können Ihre Ausrüstung optimieren. Das gilt für die Waffe, besonders aber für die Munition.
III. Als Jäger haben Sie eine dritte Möglichkeit. Sie können sich nach nüchterner Beurteilung der Lage dazu entschließen, Ihre Sachen zusammenzupacken und nicht zu schießen.

Zu I.: Es gibt Schützen, denen wird nachgesagt, sie könnten

Den Wind lesen

Ich weiß nicht, ob das stimmt. Meine eigenen Erfahrungen sprechen eher dagegen. Ich bin mir sicher, dass einige Schützen als Teil ihrer Wettkampfpsychologie gewollt oder unbewusst diesen Nimbus verbreiten, um die Gegner einzuschüchtern. Aber ich denke, das war's dann auch schon. Für die meisten Wettkampfteilnehmer, die ich beobachtet habe, besteht das Problem darin, überhaupt auf den Wind zu achten.

Was ich meine, ist: da stellt jemand zwei Stunden lang akribisch seine Windfahnen an strategisch sorgsam ausgewählten Stellen auf. Und im Wettkampf schafft er es dann gerade mal für ein paar Schuss, seine Fahnen auch wirklich zu beobachten. Dann übernimmt das Adrenalin, und alle guten Vorsätze gehen den Bach runter. Dann kann man beobachten, wie die Windfahnen genau das unter Punkt 3. beschriebene Szenario anzeigen, und der gute Mann drückt trotzdem ab.

Sie mögen lächeln. Tatsächlich ist es ungeheuer schwer, im Wettkampfstress die anfängliche Konzentration auf den Wind aufrecht zu erhalten.

Ich selbst war noch nie ein besonders guter Winddoper. Aber vielleicht ist ja meine eigene Technik, mit dem Wind klarzukommen, für den einen oder anderen Schützen, der ähnliche Probleme hat, von Nutzen. Ich beobachte die Windverhältnisse auf der Bahn, auf der ich als nächstes schießen werde, schon bevor ich an der Reihe bin. Der Plan ist, ein Gefühl dafür zu bekommen, wie sich der Wind zeitlich verhält. Wie oft wechselt er die Richtung? Gibt es einzelne Fahnen, die »verrückt spielen«? Wie lang sind die Pausen, wenn der Wind dreht?

Das mache ich vor jedem Durchgang, den ich schieße.

Bei ständig wechselnden Winden schieße ich in den Pausen. Pause heißt: Der nahe und der Zielwind kommen gerade zur Ruhe. Das passiert allerdings nicht allzu oft. Aber allgemein formuliert, schieße ich, wenn die Windmarker ein Bild zeigen, das relativ häufig vorkommt. Wenn so eine Kondition längere Zeit anhält, hat man es naturgemäß eilig, möglichst viele Schüsse rauszubringen. Und da liegt die Schwierigkeit. Auch dann sollte man versuchen, die Konzentration aufrecht zu erhalten. Das Problem ist nicht: schnell zu schießen. Das Problem ist, den letzten Schuss eben nicht mehr rauszuhauen, wenn die Kondition gerade wechselt. Rechtzeitig aufhören. Das ist der Trick, der die auf dem Treppchen von denen unterscheidet, die nur applaudieren.

Die meisten Schützen, die ich kenne, stellen ihre Fahnen so auf, dass sie sie durch das Glas sehen können. Das hat den Vorteil, dass man sie immer im Auge hat. Ich habe es immer vorgezogen, mit zwei offenen Augen zu schießen. Das rechte kontrolliert, ob ich noch sauber auf der Scheibe bin, das linke versucht, so viele Windmarker wie möglich wahrzunehmen. Nicht nur die auf meiner Bahn, sondern auch Bäume und Sträucher im peripheren Sichtfeld. Denn die sind es, die einen sich anbahnenden Wechsel der vorherrschenden Windverhältnisse anzeigen. Beide Bilder verschmelzen dann (mehr oder weniger) zu einem.

Das braucht ein wenig Übung, aber es geht.

Ich habe eben von nahen und Zielwinden gesprochen. Das ist natürlich eine alte Streitfrage. Wenn ich zwei sich widersprechende Windfahnen habe: welche ist wichtiger? Die nahe der Mündung oder die nahe am Ziel?

Die beste Antwort ist natürlich: nicht schießen. Aber das ist nicht immer möglich. Also noch einmal: welche ist wichtiger?

Es gibt für beide Meinungen stichhaltige Argumente. Wir werden gleich sehen, dass eine hohe Geschwindigkeit weniger Abdrift bedeutet. Die Geschwindigkeit ist an der Mündung natürlich höher. Also bringt der Wind im Bereich des Ziels mehr Abdrift. Pro Zielwind. Die Zeitverzögerung $t_{Verz.}$ ist bei hohen Geschwindigkeiten kleiner. Noch ein Punkt pro Zielwind.

Nach Mündungsaustritt taumelt das Geschoss für eine gewisse Strecke, bevor es zur Ruhe kommt. Während dieser Zeit ist es anfälliger für Störungen. Pro Mündungswind. Aber der nach meiner Meinung wichtigste Punkt ist folgender: Wenn ich dem Geschoss nahe der Mündung einen seitlichen Schubs gebe, wirkt dieser über die gesamte Flugstrecke. Bei einem Zielwind nur auf den letzten Metern. Ich denke, dieser Punkt überwiegt alle anderen. Also mein Fazit lautet: pro Mündungswind, die Windmarker in der Nähe sind die wichtigsten.

So viel zum Winddopen. Übung hilft, wenn auch nicht viel. Der Wind ist und bleibt die Nemesis aller Schützen. Aber ich hatte ja unter Punkt II. erwähnt, dass es vorbeugende Maßnahmen gibt.

Vorbeugende Maßnahmen

Sehen wir uns die Gleichung für die Winddrift doch noch einmal an.

$$Wd = 100 \times v_w \times t_{Verz}$$

Am Wind können wir wenig ändern. Bei einer gestrecktere Flugbahn fliegt das Geschoss zwar näher am Boden, da es keinen so hohen Bogen beschreibt, aber diesen Effekt lassen wir im Augenblick mal außen vor. Bleibt also die Zeitverzögerung, bei der wir ansetzen können. Ein Geschoss mit Raketenantrieb ist illusorisch, aber die nächstbeste Lösung ist ein möglichst großer BC. Denn der ist ja per Definition das Vermögen des Geschosses, sich gegen den Luftwiderstand durchzusetzen. Bei gegebenem Kaliber bedeutet großer BC aber nicht nur einen möglichst kleinen Formfaktor, sondern auch immer großes Gewicht. Großes Gewicht aber bedeutet niedrige v_0. Das muss einen Einfluss haben. Aber welchen? Was überwiegt? Sehen wir uns das doch einmal an. Zunächst lassen wir den BC konstant und variieren nur die Mündungsgeschwindigkeit v_0.

s = 500 Meter; Kaliber = 6,5mm; Geschoss = Berger VLD 140 grn; $BC_{(G7)}$ = 0,304; Wind = 5 m/s

v_0 (m/s)	Flugzeit t (s)	Flugzeit in Vakuum (s)	Verzögerung $t_{Verz.}$ (s)	Wd (cm)
950	0,6143	500 : 950 = 0,5263	0,6413 - 0,5263 = 0,0880	44
900	0,6514	0,5556	0,0958	47,9
850	0,6929	0,5882	0,1047	52,35

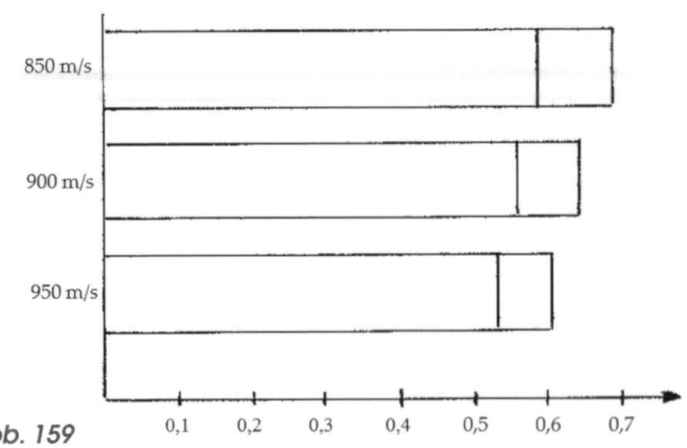

Abb. 159

In der Grafik sieht das dann so aus wie in Abb. 159.

Man erkennt: Obwohl das schnellere Geschoss ja stärker abgebremst wird, ist seine Verzögerungszeit sowohl prozentual als auch absolut kleiner als bei den langsameren Geschossen. Das ist zunächst mal überraschend. Aber wenn wir uns an den Verlauf der

Widerstandsbeiwert-Kurve c_W erinnern, dann nicht mehr. Der nimmt ja mit zunehmender Geschwindigkeit ab, genauso wie die Verzögerungszeit.
Also, bei gleichem BC nimmt die Winddrift mit zunehmender Geschossgeschwindigkeit ab. Jetzt der umgekehrte Fall: Wir halten die Geschwindigkeit konstant und variieren den BC.
Und zwar sehen wir uns Geschosse mit ähnlichem Formfaktor, aber unterschiedlichen Kalibern an. Wieder gilt:
s = 500 Meter; v_0 = 950 m/s; Wind = 5 m/s; alle BC sind (G7)-bezogen.

Kaliber 1: .224 Berger 90 grn VLD, BC = 0,273
Kaliber 2: .243 Berger 115 grn VLD, BC = 0,289
Kaliber 3: .264 Berger 140 grn VLD, BC = 0.304

Dann sieht die Tabelle wie folgt aus:

v_0 (m/s)	Gewicht (grn)	$BC_{(G7)}$	t (s)	$t_{Vak.}$ (s)	$t_{Verz.}$ (s)	Wd (cm)
950	90	0,273	0,6262	0,5263	0,0999	50
950	115	0,289	0,6197	0,5263	0,0934	46,7
950	140	0,304	0,6143	0,5263	0,0880	44

Das Ergebnis ist wieder eindeutig. Der größere BC macht erwartungsgemäß das Rennen. Das waren drei ähnlich geformte Geschosse. Wir können aber den BC auch variieren, wenn wir den Formfaktor und Gewicht ändern, das Kaliber aber gleich lassen. Der Vergleich ist zunächst noch akademischer Natur, denn die leichteren Geschosse starten im wirklichen Leben mit höherer v_0. Aber das wird dann der nächste Schritt.
Wir vergleichen vier verschiedene 6mm-Geschosse, und auch hier gilt wieder:
s = 500 Meter; v_0 = 950 m/s; Wind = 5 m/s; alle BC sind (G7)-bezogen.

Berger 65 grn Boattail, BC = 0,126
Hornady 87 grn BTHP, BC = 0,178
Berger 87 grn VLD, BC = 0,219
DTAC 117 grn Boattail, BC = 0,276

v_0 (m/s)	Gewicht (grn)	BC	t (s)	$t_{Vak.}$ (s)	$t_{Verz.}$ (s)	Wd (cm)
950	65	0,126	0,8025	0,5263	0,2762	138
950	87	0,178	0,6962	0,5263	0,1699	85
950	87	0,219	0,6568	0,5263	0,1305	65,3
950	117	0,283	0,6220	0,5263	0,0957	47,8

Dass der bessere BC bei gleicher v_0 weniger Winddrift hat, war klar. Interessant ist dennoch, dass die zwei 87-grn-Geschosse einen solchen Unterschied aufweisen.
Und damit zurück in die Wirklichkeit. Jetzt ändern wir beides, v_0 und BC. Wenn ich jetzt willkürlich irgendwelche Traumdaten festlegen würde, hätte das Ganze wenig Aussagekraft. Um nicht Äpfel mit Birnen zu vergleichen, lege ich fest, dass für jedes der betrachteten Kaliber die Mündungsenergie gleich sein soll. Wir erinnern uns: Bei der Innenballistik ist die Mündungsenergie nicht nur $\frac{1}{2}mv^2$, sondern auch die Fläche unter dem Druck: Weg-Diagramm der Pulverabbrandes. Für den Vergleich wird diese Fläche als gleich groß angenommen, obwohl das nicht genau stimmt. Schwere Geschosse verlangen in aller Regel langsamere Pulver. Diese aber

haben, wenn der Maximaldruck gleich ist, meist einen flacheren Druckabfall zur Folge, sodass die Fläche bei gleichem Spitzendruck in Wirklichkeit eher größer wird. Es ist also zu erwarten, dass schwere Geschosse in Wirklichkeit etwas besser abschneiden als in der Theorie.
Wenn $\frac{1}{2}mv^2$ = const. und m = G/g, dann gilt:

$$G_1 \times V_1^2 = G_2 \times V_2^2$$

sowie

$$V_2 = V_1 \times \sqrt{\frac{G_1}{G_2}}$$

Das ist die Beziehung, nach der die Mündungsgeschwindigkeiten umgerechnet werden. Ein Wert wird gewählt. Wenn die beiden anderen der Umrechnung entsprechen, ist die Mündungsenergie gleich groß.
Ich vergleiche drei Patronen über 500 Meter Schussweite mit jeweils drei Geschossen; Wind = 5 m/s.

6mm Dasher		6,5 x 47 Lapua		7mm Rem. SAUM	
Sierra 95 Matchking	BC = 0,231	GS Custom 112	BC = 0,189	Hornady 139 Inter.	BC = 0,248
Berger 105 Hybrid	BC = 0,275	Hornady123 Amax	BC = 0,239	Berger 168 VLD	BC = 0,316
DTAC 117 BT	BC = 0,283	Hoover 136	BC = 0,314	Cauterucio 189	BC = 0,360

Folgende Geschwindigkeiten wurden zugrunde gelegt:
6mm, 105 Grain: 930 m/s; 6,5mm, 136 Grain: 875 m/s 7mm, 139 Grain: 940 m/s
Die Mündungsgeschwindigkeiten für die anderen Gewichte sind umgerechnet. Die gewählten Geschwindigkeiten sind zum Teil an der »warmen« Seite, aber realistisch.

Patrone	Gewicht (grn)	v_0 (m/s)	BC	t (s)	$t_{Vak.}$ (s)	$t_{Verz.}$ (s)	Wd (cm)
6mm Dasher	95	978	0,231	0,6277	0,5112	0,1165	58,2
	105	930	0,275	0,6400	0,5376	0,1024	51,2
	117	881	0,283	0,6753	0,5675	0,1078	53,9
6,5 x 47 Lapua	112	964	0,189	0,6721	0,5187	0,1534	76,7
	123	920	0,239	0,6668	0,5435	0,1233	61,7
	136	875	0,314	0,6678	0,5714	0,0964	48,2
7mm Rem. SAUM	139	984	0,248	0,6139	0,5081	0,1058	52,9
	168	895	0,316	0,6511	0,5587	0,0924	46,2
	189	844	0,360	0,6794	0,5924	0,0870	43,5

Das Ergebnis ist ziemlich eindeutig. Die schwereren Geschosse haben in Bezug auf den Wind die Nase vorn. In Bezug auf den Wind. Das möchte ich hier noch einmal betonen. Rückstoß oder Lauferosion bleiben im Moment unberücksichtigt.
Die Gewichte mit der geringsten Winddrift sind die optimalen Gewichte für das jeweilige Kaliber. Bei 6mm also 105 Grain, bei 6,5mm 136 bis 142 Grain und bei 7mm 180 bis 190 Grain. Wenn man z. B. bei den 7mm ein noch schwereres Geschoss wie das 195 Hunting Hybrid nimmt, dann geht die Winddrift wieder nach oben.

Jetzt könnte jemand einwenden: Gut und schön. Ich schieße nicht über 500 Meter. Und ich glaube auch nicht, dass bei schweren Geschossen der Wind über die kurze Distanz eine große Rolle spielt.
Sehen wir uns auch das noch einmal an. Kaliber .308 Win., Geschoss 180 Grain Interlock, $BC_{(G1)} = 0{,}425$, $v_0 = 762$ m/s. Das ist die Maximalladung aus dem Hornady-Handbuch. Der Wind sei wieder 5 m/s, die Entfernung 225 Meter. Dann haben Sie bei 192 Meter Fleckschuss jeweils 7,5 cm Hoch- und Tiefschuss bis zu dieser Entfernung.
Damit haben wir:

v_0	Gewicht t	$BC_{(G1)}$	t	$t_{Vak.}$	$t_{Verz.}$	Wd
762 m/s	180 Grain	0,425	0,3286 s	0,2953 s	0,0333 s	16,66 cm

Also auch auf die kurze Entfernung ist ein vergleichsweise moderater Wind von 5 m/s (entsprechend 18 km/h) in der Lage, Ihr Geschoss um fast 17 cm zu verblasen. Das ist mehr als die angenommene Zielgröße von 15 cm.
Also, wenn man dem Wind schon nicht im Gelände beikommt, so kann man doch zu Hause Kaliber und Geschoss so wählen, dass die Winddrift minimiert wird. Darüber hinaus ist es ein guter Plan, sich für die Laborierung, die man schließlich ausgewählt hat, für verschiedene Windstärken eine Tabelle auszudrucken und auswendig zu lernen. Dann muss man »nur« noch abschätzen, wie stark der Wind bläst, aber nicht mehr, um wie viel man dagegenhalten muss.

Vertikalabweichung durch horizontalen Seitenwind
So viel zum windbedingten Seitenversatz unserer Geschosse. Aber ein seitlicher Wind hat nicht nur den horizontalen Fehler zur Folge, sondern auch einen senkrechten. Das klingt zunächst mal nach absurdem Theater, ist aber ähnlich wie der Spindrift auf die Kreiselwirkung zurückzuführen.
Wenn Sie Band 1 gelesen haben, erinnern Sie sich vielleicht, dass dort ein Verfahren beschrieben war, wie man an einem windigen Tag bei wechselndem Seitenwind den Stabilitätsfaktor seiner Ladung kontrollieren kann. Man schießt ohne zu korrigieren immer auf denselben Haltepunkt. Die entstehende Winddrift bewirkt, dass die Einschüsse alle auf einer geneigten Geraden liegen (Abb. 160). Die Neigung setzt sich aus der horizontalen und vertikalen Winddrift zusammen.

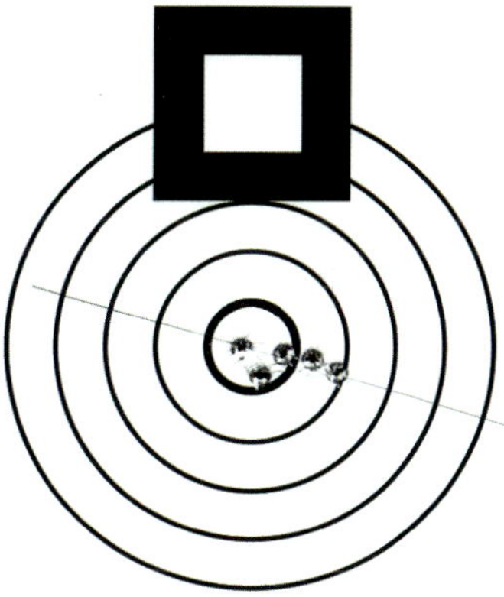

Abb. 160

Die vertikale Abweichung ist deutlich kleiner als die horizontale, aber nicht vernachlässigbar.
Der Herr Litz hat auch hier eine Formel entwickelt, die gut geeignet ist, den Betrag abzuschätzen, und die der Wirklichkeit schon recht nahe kommt.
Die Litzformel liefert für einen Seitenwind von 90° und eine Windgeschwindigkeit von 1 mph einen Höhenversatz in MOA. Das ergibt eine einfache Formel, aber ein kompliziertes Ergebnis. Ich habe sie deshalb dahingehend umgestrickt, dass ein Höhenversatz in Zentimetern herauskommt. Ein negatives Ergebnis bedeutet Tiefschuss. Also:

Wind von rechts = Hochschuss; Wind von links = Tiefschuss

Zur Umrechnung diente: 1 m/s = 3,6 km/h; 1 Meile = 1,609344 km; 1 MOA = 2,9089 cm/100 m = 0,29089 milrad = 0,29089 mil. Dann ist der Höhenversatz (in cm)

$$H = (3{,}20 + SG - 0{,}24 \times L) \times 6{,}507 \times s \times v_W \times \sin\alpha \times 10^{-4}$$

mit

- SG = Stabilisierungsfaktor aus der Millerformel (dimensionslos)
- L = Geschosslänge in Kalibern
- s = Schussweite in Metern
- v_W = Windgeschwindigkeit in m/s
- α = Windrichtung (12 Uhr = 0°, 3 Uhr = 90°, 6 Uhr = 180°, 9 Uhr = 270°)

Beispiel:
SG = 1,65; Seitenwind vW = 5,77 m/s aus 10 Uhr → sin 300° = -0,8660; L = 32,5 mm, d. h. mit Kaliber 7,82mm → L = 4,156 Kaliber; Schussentfernung s = 225 Meter

$$H = (3{,}20 + SG - 0{,}24 \times L) \times 6{,}507 \times 225 \times 5{,}77 \times -0{,}866 \times 10^{-4} = -2{,}82$$

Das Minuszeichen vor dem Resultat steht für einen Tiefschuss.

Der Magnus-Effekt

Was hat es damit auf sich? Wenn sich ein Geschoss um seine Längsachse dreht, nimmt es eine Grenzschicht Luft mit, die sich zusammen mit dem Geschoss dreht. Bei Rechtsdrehung (im Uhrzeigersinn) dreht sich auch Luft mit nach rechts. Prallt diese auf einen von rechts kommenden Seitenwind, dann entsteht über dem Geschoss Über- und unter dem Geschoss Unterdruck. Das Geschoss bewegt sich also entgegen dem gyroskopischen Versatz. Allerdings ist die Magnus-Wirkung so klein, dass wir sie getrost vergessen können. Der Betrag verschwindet gegenüber all den anderen Variablen. Deshalb verzichte ich auf eine quantitative Betrachtung.
So viel also zum Seitenwind. Aber da gibt es natürlich auch noch den

Längswind

Auch die Höhenwirkung eines Längswindes ist gering. Man kann die Längskomponente des Windes, wenn sie in Richtung Ziel geht, zur v0 hinzuzählen, wenn einem der Wind entgegenkommt, von der v0 abziehen. Das gilt sowohl für die Kompensation der Flugkurve als auch für die Winddrift.
Kompliziert wird Längswind, wenn wir es mit Bodenwellen oder Sichtblenden zu tun haben. Dann entsteht eine Vertikale. Bei Sichtblenden nach unten, bei Bodenwellen nach oben. Wie stark die sich bemerkbar machen? Kommt darauf an. Allgemein gültige Berechnungen gibt es da nicht.

Mirage

Sie alle haben schon von Wüstenreisenden gehört, die glaubten, in der Ferne eine Oase zu sehen, die sich dann als Luftspiegelung herausstellte. Nun, das ist eine Sonderform der Mirage, nur dass wir als Schützen nicht nur gelegentlich, sondern immer damit zu kämpfen haben. Das gilt nicht für alle von uns. Pistolenschützen können das Thema getrost ignorieren. Jäger, die mit Zielkreisen von 1 MOA oder mehr zufrieden sind, auch. Aber dann würden Sie wahrscheinlich dieses Buch nicht lesen.

Mirage entsteht durch die unterschiedliche Dichte der Luft infolge von Temperatur-, Feuchtigkeits- und Druckschwankungen. In Luft unterschiedlicher Dichte breitet sich das Licht unterschiedlich schnell aus. In Vakuum mit 299.792,458 km/h, in Luft (Normalzustand) mit etwa 298.635 km/h, und in Wasser nur noch mit 225.000 km/h. Seit Einstein weiß man, dass das Licht einen Weg wählt, auf dem die zu durchlaufende Strecke in kürzester Zeit geschafft wird. In unserem Fall ist das naturgemäß keine gerade Linie, wenn die Dichte der Luft sich ständig ändert. Der Ausgangsort des Lichtes erscheint unserem Auge aber unter dem Winkel, in dem es auf unser Auge trifft. Wenn sich jetzt dieser Winkel ständig ändert, dann ändert sich auch die scheinbare Position der Stelle, die wir sehen.

Wie gesagt, die erwärmte Luft ist alles andere als homogen. Sie benimmt sich eher wie kochendes Wasser, mit Wirbeln und aufsteigenden Blasen, die sich bei Windstille nach oben, bei Wind zusätzlich seitwärts bewegen.

Darin liegt der Nutzen der Mirage. Sie ist in der Lage, den Wind sichtbar zu machen.

Manche glauben, Mirage gäbe es nur an heißen Tagen. Das stimmt nicht. Mirage liegt immer dann vor, wenn der Wind nicht so stark ist, dass er sie zerbläst. Mit dem bloßen, unbewaffneten Auge mag sie nicht zu erkennen sein. Vorhanden ist sie trotzdem. Wer ein starkes Glas auf seinem Gewehr hat, kann sie direkt sehen. Ansonsten braucht man ein Spektiv (spotting scope).

Mit zunehmender Windgeschwindigkeit werden die Blasen und Strudel »flacher« und verschwinden bei etwa 5 m/s (18–20 km/h). Das heißt, sie verschwinden nicht völlig, sondern werden eher zu ziemlich geraden Strömungslinien, die dann allerdings schwer auszumachen sind.

Um die Mirage zu lesen, ist es hilfreich, das Spektiv auf eine kürzere (sagen wir die halbe) Entfernung einzustellen. Die Mirage ist dann deutlicher zu sehen. Bei wirklich langen Distanzen kann man den Wind in den verschiedenen Entfernungen gegebenenfalls sichtbar machen, indem man das Spektiv nacheinander in 50-Meter-Schritten auf die verschiedenen Entfernungen einstellt. (Wenn man das mit dem Zielfernrohr macht, bitte nicht vergessen, vor dem Schuss wieder auf die richtige Entfernung zu gehen!)

Die allgemeine Auffassung unter Schützen und in den meisten Büchern (einschließlich des von mir geschriebenen) ist die, dass die Mirage die Position des Ziels bei Windstille (in einem Boil) nach oben und bei Seitenwind in Windrichtung verlagert. Die allgemein vertretene Auffassung besagt also, dass sich ein doppelter Fehler ergibt. Einmal durch den Wind, und sozusagen oben draufgesattelt durch die scheinbare Verlagerung des Zielpunktes. Es gibt da ein aufschlussreiches Buch (inzwischen nur noch antiquarisch zu bekommen) von Desmond T. Burke: Canadian Bisley Shooting, an Art and a Science. Da wird die These vertreten, dass die überwiegende Mehrheit der Schützen im Unrecht ist. Demzufolge – und inzwischen tendiere ich dazu, dem guten Mann recht zu geben – ändert sich die durchschnittliche Position des Zielpunktes nicht. Hochschüsse in einem Boil, so seine These, seien allein auf aufsteigende Luft zurückzuführen, und Linksschüsse bei einem Seitenwind von rechts nur auf den Wind.

Wie auch immer. Eine leichte Mirage ist wie schon gesagt hilfreich. Sie macht den Wind sichtbar. Aber wenn die Luft so richtig am Kochen ist: das ist teuflisch. Man weiß nicht mehr, wohin man halten soll. In einem Boil, aber auch beim seitlichen Verspringen des Ziels ist es am besten, auf den Punkt zu halten, auf den das Ziel zurückspringt. Das hilft nicht viel, aber etwas. Und man sollte nie vergessen: den anderen geht es genauso. Die haben die gleichen Probleme.

Spektive

Spektive sind im Prinzip Fernrohre mit größerer Vergrößerung, die von Schützen meist zur Scheibenbeobachtung, von Jägern zum Absuchen des Geländes (Gebirge) benutzt werden. Die meisten sind so aufgebaut, dass die einfallenden Lichtstrahlen durch die Objektivlinse und ein sogenanntes Porroprisma seitenrichtig gebündelt und dann im Okular entweder gerade oder unter 45 Grad noch oben abgelenkt auf Endformat vergrößert werden. Durch die große Vergrößerung ergeben sich speziell im Randbereich Farb- und Bildfehler, denen man durch Verwendung besonderer Glassorten zu begegnen versucht. (So hat das Glas in Bak4-Prismen einen höheren Brechungsindex als das BK7-Glas.) Die Farbtreue wird dadurch verbessert. Das Bild wird insgesamt schärfer.

Man darf sich aber keinen falschen Hoffnungen hingeben. Mit zunehmender Vergrößerung wird auch die Mirage immer schlimmer. Wenn Sie also das Spektiv in erster Linie nutzen wollen, um den Wind zu lesen: kein Problem. Das geht. Und Sie brauchen auch keine Hypothek aufs Haus aufzunehmen, um ein Zeiss- oder Leica-Modell zu erwerben.

Wollen Sie aber Schusslöcher auf 1000 Meter sehen – theoretisch geht das ja –, dann dürfte das nur an wenigen Tagen im Jahr problemlos funktionieren. Auch mit sehr teuren Gläsern. Natürlich: Zum präzisen Ansprechen des Wildes kann das Glas gar nicht gut genug sein. Da haben die teuren Gläser natürlich die Nase vorn.

Auf dem Schießstand ist ein Spektiv kein Problem. Scharfschützen beim Militär arbeiten heutzutage immer im Zweierteam. Da kann der Spotter die ganzen Zusatzgeräte herumschleppen. Als Jäger haben wir diesen Luxus nicht. Ein Mensch, der nach alter Väter Sitte auf seinen zwei Hinterläufen pirscht, wird seine Ausrüstung also auf das Nötigste beschränken. Anders sieht es aber aus, wenn Sie von einer Stelle aus schießen, die relativ schnell und einfach erreichbar ist. Dann können Sie auch noch ein Spektiv mitführen.

Wenn Ihre Schießposition nicht von vornherein das Liegendschießen ausschließt, dann würde ich immer ein Glas mit Schrägeinblick von oben vorziehen (Abb. 161). Gerade geht zwar auch, ist aber hochgradig unbequem.

Abb. 161

Das Angebot reicht von sehr günstig bis ziemlich teuer. Spektive der Klasse 80 bis 300 € sollten Sie gar nicht erst in Betracht ziehen. Dafür kann man kein auch nur halbwegs vernünftiges Glas bekommen, es sei denn als gebrauchtes Schnäppchen. Fangen wir am oberen Ende der Skala an. Die bekanntesten Premiumhersteller sind wohl Zeiss, Leica, Nikon, Meopta und Swarowsky. Ich werde jetzt nicht alle Gläser herunterbeten, die auf dem Markt sind, sondern mich auf ein Beispiel beschränken, das Zeiss Victory Diascope 85T*FL 45° aus Abb. 161.

Zeiss bewirbt das nächstkleinere Glas, das 65T*FL, mit seinen geringeren Abmaßen. Das große

Glas wiegt 1480 g, das »kleine« nur 1100 g. Also ich kann darin keinen entscheidenden Vorteil sehen. Natürlich ist das kleinere Glas mit zirka 2000 € rund 500 € billiger als sein größerer Bruder. Wer die bessere Sicht bei einbrechender Dunkelheit nicht braucht und mit 56-facher Maximalvergrößerung anstelle von 75-fach leben kann, ist mit dem kleinen Glas sicher gut gerüstet. Die Mindestentfernung beim 85er ist fünf Meter. Das Sichtfeld beträgt je nach Vergrößerung 40 bis 16 mil. Das Scharfstellen erfolgt in zwei Geschwindigkeiten, die sich automatisch umstellen, je nachdem, wie schnell man am Rad dreht.
Man darf sich übrigens von Preisen um 2000 € für das Spektiv nicht täuschen lassen. Da kommt der Preis für das Okular D 20–75 noch obendrauf. (Beim kleinen Glas heißt das zugehörige Okular D 15–56). Die Spektive der Konkurrenz heißen dann: Leica Apo Televid, Meopta Meostar S, Nikon Fieldscope oder Swarowsky ST x 80 HD.
Das war die Oberklasse. Wenn man, so wie unter Mirage beschrieben, das Spektiv in erster Linie dazu nutzen will, den Wind im Gelände in verschiedenen Entfernungen sichtbar zu machen, dann braucht man kein High-End-Glas. Das geht auch mit einem vernünftigen Spektiv aus dem mittleren und unteren Preissegment. Als Beispiele seien das Bresser Dachstein 20–60 x 80 ED 45° für rund 800 € (Gesamtpreis) sowie das Yukon 6–100 x 100 für etwa 320 € genannt (Abb. 162 und 163).
Das Bresser-Spektiv wiegt 2000 g, ist also ein ziemliches Schwergewicht. Objektivdurchmesser 80 mm, Vergrößerung ist variabel von 20–60-fach. Auch dieses Spektiv hat zwei Verstell-Geschwindigkeiten für den Fokus, die allerding manuell umgeschaltet werden müssen. Die Gläser sind ebenfalls mehrfach vergütet – wenn auch nicht im gleichen Grad wie in der Oberklasse. Das Prismensystem ist nach Porro, die verwendeten Gläser sind Bak4. Der Fokussierbereich beginnt bei acht Metern, das Glas hat ein Sichtfeld von 30 bis 10 mil.

Das Yukon kommt bei eBay auf 320 €, sonst sind es zirka 30 € mehr (2016). Das Gehäuse ist ein Kompositkunststoff, die Gläser sind BaK4, das Gewicht beträgt 1500 g. Das Spektiv hat die derzeit größte Vergrößerung, den größten Verstellbereich und einen gewaltigen Objektiv-

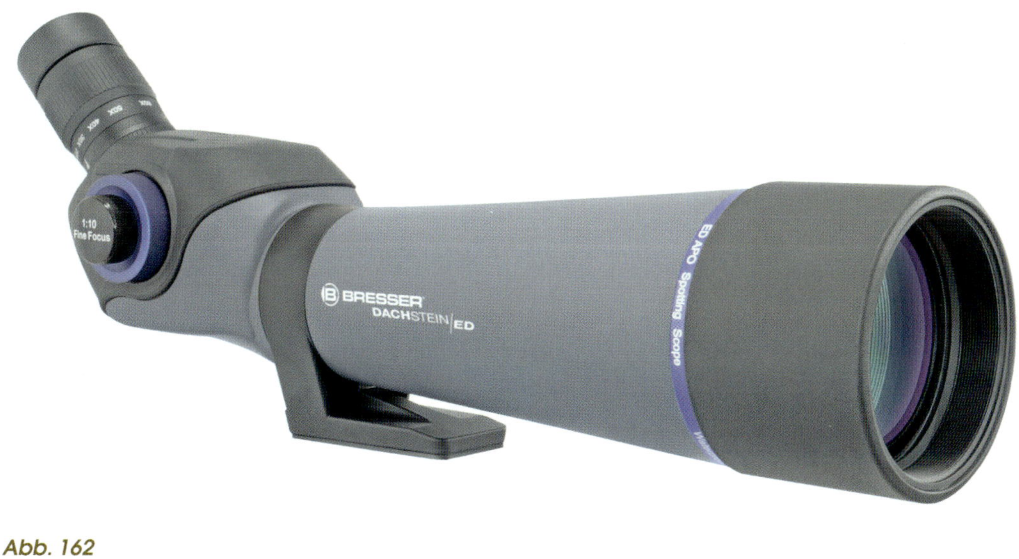

Abb. 162

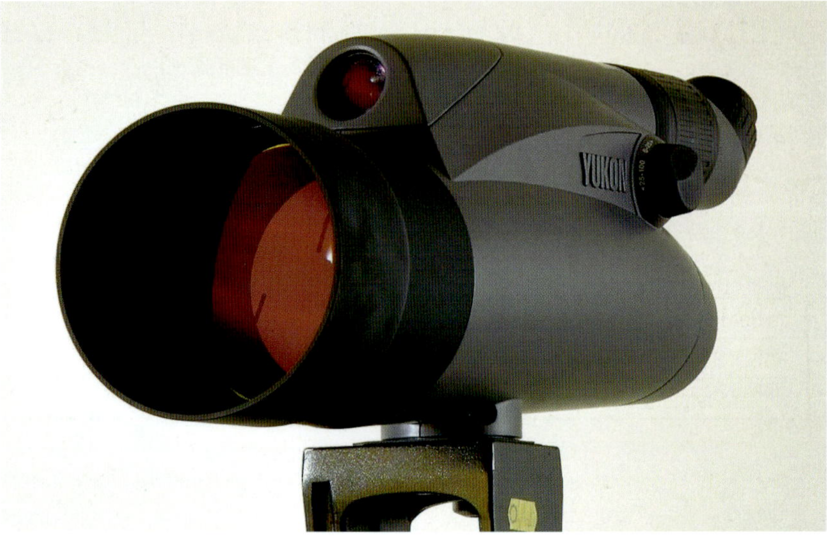

Abb. 163

durchmesser von 100 mm. Die ersten zwei werden erreicht, weil es eigentlich zwei separate Optiken in einem Gehäuse sind. Ein 25-mm-Objektiv dient als Spottingscope, um mit geringer Vergrößerung von 6–25 und einem Sichtfeld von 120 bis 40 mil das Ziel überhaupt zu finden. Ist das erreicht, legt man »den Schalter um« und hat dann die 25–100-fache Vergrößerung zur Verfügung. Wie gut die zwei Sichtlinien tatsächlich zueinander ausgerichtet sind, sei mal dahingestellt. In diesem Bereich bleiben dann noch 40 bis 10 mil. Auch die Frage, wie gut die 100-fache Vergrößerung mit der bekanntlich immer vorhandenen Mirage zurechtkommt, sei gestattet. Aber der Preis ist heiß, und zum Sichtbarmachen des Windes sollte das Spektiv allemal ausreichend sein.

Zum Spektiv gehört auf jeden Fall ein vernünftiges, stabiles Stativ. Eines, das man nicht nur in der Höhe, sondern auch in der Neigung mit einer Stellschraube fein justieren kann. So ein Ding muss nicht einmal teuer sein: Bei Amazon bekommt man das K&F Concept Professional, Tragkraft 12 kg, für unter 100 €. Ein Stativ wie dieses dürfte absolut ausreichend sein.

Abb. 164

Maße und Toleranzen von Zündern und Zündglocken

Zünder

Maße und Toleranzen (nach SAAMI, alle in mm)

Zünder Typ	Durchmesser	Höhe
Kleiner Pistolen- oder Büchsenzünder	4,458 ± 0,0254	3,048 ± 0,127
Großer Büchsenzünder	5,379 ±0,0318	3,251 ± 0,127
Großer Pistolenzünder	5,359 ± 0,0254	3,048 ± 0,127

Zündglocken

Maße und Toleranzen (nach SAAMI, alle in mm)

Glockentyp	Durchmesser	Tiefe
Kleiner Pistolen- oder Büchsenzünder	4,413 ± 0,0191	3,048 ± 0,076
Großer Büchsenzünder	5,315 ± 0,0191	3,264 ± 0,089
Großer Pistolenzünder	5,315 ± 0,0191	3,048 ± 0,076

Lieferanten

Wiederlade-Artikel (Werkzeuge, Komponenten)

Fa. Grauwolf: *www.grauwolf.net*
Fa. Heinz Henke: *www.henke-online.de*
Fa. Reimer Johannsen *www.johannsen-jagd.de*
Fa. Metallhandel Kärst *www.schrottmax.de*
Fa. ral – Engineering *www.ral-bullets.com*
Fa. Sinclair Int´l *www.sinclairintl.com*

Büchsenmacher

Fa. Menke *www.menke-rifle.de*

Handgemachte Präzisionsgeschosse

Fa. ral-Engineering *www.ral-bullets.com*